建筑工程质量检测技术系列丛书

结构材料

主　审　高小旺
主　编　武海蔚

中国建材工业出版社

图书在版编目（CIP）数据

结构材料/武海蔚主编．--北京：中国建材工业
出版社，2018.11（2020.11 重印）
（建筑工程质量检测技术系列丛书）
ISBN 978-7-5160-2416-4

Ⅰ.①结…　Ⅱ.①武…　Ⅲ.①建筑工程—结构材料—
工程质量—质量检验　Ⅳ.①TU712

中国版本图书馆 CIP 数据核字（2018）第 211684 号

内 容 提 要

随着城镇化建设和检测技术的发展，各类建筑工程对结构材料检测的要求日益
提高。本书依据最新标准规范，以检测项目为核心，全面阐述了各检测项目的检测
方法、操作步骤以及结果判定等，并结合工程经验对有关注意事项进行了说明。

本书涵盖了当前结构材料检测的主要方面，力求规范、系统、实用。本书既为
刚涉足此领域的技术人员提供了一本入门指南，也为具有一定专业水平的检测人员
提供了一本内容充实的工具书。本书可作为结构材料检测人员的培训教材，也可供
相关工程技术人员参考使用。

结构材料

主审　高小旺
主编　武海蔚

出版发行：中国建材工业出版社
地　　址：北京市海淀区三里河路 1 号
邮　　编：100044
经　　销：全国各地新华书店
印　　刷：北京雁林吉兆印刷有限公司
开　　本：787mm×1092mm　1/16
印　　张：16.25
字　　数：360 千字
版　　次：2018 年 11 月第 1 版
印　　次：2020 年 11 月第 2 次
定　　价：87.00 元

编 委 会

主审： 高小旺

主编： 武海蔚

参编： 韩素玉　李如林　赵　斌　刘　颖

　　　　李　治　张艳菊

前　言

当前，我国城镇化建设已跨入以城市群为主体的区域协调发展新格局，大中小城市和小城镇的各类建筑工程也逐步由规模扩张转向品质提升，社会各界对建筑工程的质量也愈加关注。为保证工程质量，推动建筑工程质量检测行业的发展，编写了《建筑工程质量检测技术系列丛书》。

本丛书以检测标准为依据，以检测项目为核心，在总结教学培训以及检测实践的基础上，对各检测项目的环境条件、仪器设备、试验步骤、结果判定以及注意事项等方面进行了全面系统的阐述。丛书由《结构材料》《功能材料》和《主体结构》3个分册组成。在编写过程中，总结了当前工程各方对质量检测的实际需求，参考了行业相关文献及技术资料，结合了国家及地方主管部门对检测人员的考核要求，征求了工程领域有关专家的意见，突出实用性和操作性。本丛书既是建筑工程质量检测人员的培训教材，也可供建设、设计、施工、监理、质监等单位技术人员学习、参考。

《结构材料》共分7章，包括胶凝材料、钢筋及连接件、骨料、混凝土、砂浆、外加剂和简易土工。第1章、第2章、第6章、第7章由武海蔚编写，第3章由韩素玉编写，第4章、第5章由李如林编写，各章中化学分析部分由刘颖编写。全书由武海蔚统稿，李治、张艳菊配图、校对并参与部分编写工作，赵斌总校审。本书所引用标准规范均为当前最新版本，使用本书时应注意相关标准规范的修订变更情况。

由于编者的水平和经验有限，编写时间仓促，书中错误和不足之处敬请读者、专家通过邮件（武海蔚，18033878255@189.cn）批评指正。

编者

2018 年 6 月

目　　录

第1章 胶凝材料

1.1 水泥

1. 概述

水泥是由水泥熟料和适量的石膏以及规定的混合材料经细磨而成的水硬性胶凝材料。水泥遇水后会发生一系列物理化学反应，由可塑性浆体变成坚硬的石状体，并能将砂、石等散粒状材料胶结成为整体。水泥浆体不但能在空气中硬化，也能在水中硬化，是建筑工程的主要结构材料之一。

水泥按熟料的矿物成分可分为硅酸盐水泥、铝酸盐水泥、硫铝酸盐水泥、铁铝酸盐水泥等。根据某些特定性能或用途，水泥品种还包括膨胀水泥、快硬水泥、低热水泥、白色水泥、砌筑水泥、道路水泥、油井水泥等。

通用硅酸盐水泥根据其矿物混合材料的不同主要分为硅酸盐水泥、普通硅酸盐水泥、矿渣硅酸盐水泥、火山灰质硅酸盐水泥、粉煤灰硅酸盐水泥和复合硅酸盐水泥，其代号及对应矿物组分见表1-1。

表1-1 通用硅酸盐水泥代号及矿物组分 质量分数（%）

品种	代号	熟料＋石膏	矿渣	火山灰	粉煤灰	石灰石
硅酸盐水泥	P·Ⅰ	100	—	—	—	—
	P·Ⅱ	≥95	≤5	—	—	—
		≥95	—	—	—	≤5
普通硅酸盐水泥	P·O	80～95	5～20			—
矿渣硅酸盐水泥	P·S·A	50～80	20～50	—	—	—
	P·S·B	30～50	50～70	—	—	—

品种	代号	熟料＋石膏	矿渣	火山灰	粉煤灰	石灰石
火山灰质硅酸盐水泥	P·P	60～80	—	20～40	—	—
粉煤灰硅酸盐水泥	P·F	60～80	—	—	20～40	—
复合硅酸盐水泥	P·C	50～80	20～50			

2. 检测项目

通用硅酸盐水泥的检测项目主要包括：标准稠度用水量、凝结时间、安定性、胶砂强度、胶砂流动度、细度、密度、比表面积、氯离子含量、碱含量。

3. 依据标准

《水泥标准稠度用水量、凝结时间、安定性检验方法》GB/T 1346—2011。
《水泥胶砂强度检验方法（ISO法）》GB/T 17671—1999。
《水泥胶砂流动度测定方法》GB/T 2419—2005。
《水泥细度检验方法 筛析法》GB/T 1345—2005。
《水泥密度测定方法》GB/T 208—2014。
《水泥比表面积测定方法 勃氏法》GB/T 8074—2008。

4. 标准稠度用水量

1）方法原理

水泥净浆对标准试杆或试锥的沉入有一定的阻力。通过试验不同含水量下水泥净浆的穿透性（标准试杆或试锥的下沉深度），以确定达到标准稠度时净浆所需的加水量。

标准稠度用水量的检测方法分为标准法和代用法。标准法采用试杆，代用法采用试锥。当两种方法的结果有争议时，以标准法为准。

2）仪器设备

（1）净浆搅拌机

水泥净浆搅拌机主要由搅拌锅、搅拌叶片、传动机构和控制系统组成，其外形如图1-1所示。搅拌锅可以升降，搅拌叶片在搅拌锅内作旋转方向相反的公转和自转。搅拌锅和搅拌叶片的形状和基本尺寸如图1-2所示。

图 1-1 净浆搅拌机外形

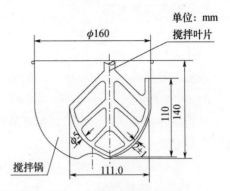

图 1-2 搅拌锅和搅拌叶片的形状和基本尺寸

搅拌叶片自转方向为顺时针，公转方向为逆时针。搅拌叶片与锅底和锅壁的工作间隙应为（2±1）mm。搅拌机拌和一次的控制程序为：慢速（120±3）s，停拌（120±3）s，快速（120±3）s。搅拌叶片的转速应符合表 1-2。

表 1-2 搅拌叶片转速

搅拌速度	自转（r/min）	公转（r/min）
慢速	140±5	62±5
快速	285±10	125±10

（2）维卡仪

维卡仪由支架、滑动杆、测定试杆或试锥、锥模等组成，其外形如图 1-3 所示。锥模、试杆和试锥的形状和基本尺寸如图 1-4 所示。

图 1-3 维卡仪外形

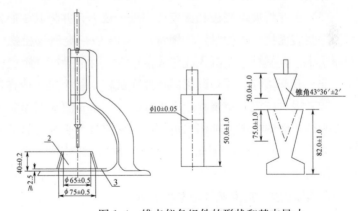

图 1-4 维卡仪各组件的形状和基本尺寸

标准试杆滑动部分的总质量为（300±1）g，与试杆、试针连接的滑动杆表面应光滑，能靠重力自由下落。代用法的试锥和锥模角度为 43°36′s2′，锥高为（50.0±1.0）mm；锥模工作高度为（75.0±1.0）mm，总高度为（82.0±1.0）mm。试模为圆台形，每只试模配备一个边长或直径约 100mm、厚度 4~5mm 的平板玻璃底板或金属底板。

（3）量筒或量水器

精度 0.5mL。

（4）天平

最大称量值不小于 1000g，分度值不大于 1g。

3）环境条件

试验室温度为（20±2)℃，相对湿度不低于 50%，水泥试样、拌合水、仪器和用具的温度应与室温一致。

湿气养护箱温度为（20±1)℃，相对湿度不低于 90%。

4）标准法试验步骤

（1）检查维卡仪试杆滑动正常；用湿布擦拭试杆、试模和底板；将试模放在底板上，调整维卡仪试杆至接触底板时指针对准零点；检查搅拌机是否运转正常。

（2）称取 500g 水泥样品，并按预估加水量称量拌合用水。

（3）用湿布擦拭搅拌锅和搅拌叶片，将拌合水倒入搅拌锅，然后在 5～10s 内将称好的 500g 水泥加入水中，加样过程中应防止水和水泥溅出；将搅拌锅安放在搅拌机的锅座上，升至搅拌位置，启动搅拌机；低速搅拌 120s，停 15s，此时应用直边刀将叶片和锅壁上的水泥浆刮入锅中间，之后再高速搅拌 120s 停机。

（4）拌合结束后，取下搅拌锅，将锅内净浆翻拌几次，使之成为一个整体；立即用直边刀切取适量柱状水泥净浆一次性装入已置于玻璃底板上的试模中，用宽约 25mm 的直边刀轻轻拍打超出试模部分的浆体 5 次以排除浆体中的孔隙；然后在试模上表面约 1/3 处，略倾斜于试模分别向外轻轻锯掉约 2/3 面积的多余净浆（在锯掉多余净浆和抹平的操作过程中不应压实净浆）；调整试模位置，用相同手法锯除另 1/3 多余浆体，之后再从试模边沿轻抹浆体顶部一次，使表面光滑。

（5）迅速将玻璃底板和试模移到维卡仪上，并将其中心定在试杆下，降低试杆直至与水泥净浆表面接触，拧紧定位螺钉；1～2s 后，突然放松螺钉，使试杆垂直自由地沉入水泥净浆中，在试杆停止沉入或释放试杆 30s 时记录试杆距底板之间的距离。

（6）升起试杆，并立即用湿布擦净试杆，整个操作应在搅拌后 1.5min 内完成。

（7）以试杆沉入净浆并距底板（6±1）mm 的水泥净浆即为标准稠度净浆。其拌合水量即为该水泥的标准稠度用水量，按水泥质量的百分比计。如试杆沉入净浆后距底板的距离不在（6±1）mm 的范围内，应重新称样，调整用水量，重新拌制净浆并进行测定，直至满足为止。

5）代用法试验步骤（调整用水量）

（1）检查维卡仪滑动杆滑动正常；用湿布擦拭试锥和锥模，调整维卡仪至试锥接触锥模顶面时指针对准零点；检查搅拌机是否运转正常。

（2）称量及搅拌过程同标准法。

（3）拌合结束后，取下搅拌锅，将锅内净浆翻拌几次，使之成为一个整体；立即用直边刀切取适量柱状水泥净浆一次性装入锥模中，用直边刀在浆体表面轻轻插捣 5 次，再轻振 5 次，以排除浆体中的孔隙；然后在试模上表面约 1/2 处，分两部分用直边刀向外轻轻锯除多余净浆，之后再从锥模边沿轻抹浆体顶部一次，使表面光滑。

（4）迅速将锥模移到维卡仪上，并将其中心定在试锥下，降低试锥直至与水泥净浆表面接触，拧紧定位螺钉；1～2s 后，突然放松螺钉，使试锥自由沉入水泥净浆中，在试锥停止沉入或释放试锥 30s 时记录试锥的下沉深度。

（5）升起试锥，并立即用湿布擦净试杆，整个操作应在搅拌后 1.5min 内完成。

（6）以试锥下沉深度（30±1）mm 的净浆为标准稠度净浆，其拌合水量为该水泥的标准稠度用水量，按水泥质量的百分比计。如试锥下沉深度不在（30±1）mm 的范围内，应重新称样，调整用水量，重新拌制净浆并进行测定，直至满足为止。

6）代用法试验步骤（不变用水量）

（1）准备工作与调整用水量法相同。

（2）称取 500g 水泥样品，并称量 142.5mL 拌合用水。

（3）拌合、装模以及测试试锥下沉操作与调整用水量法相同。

（4）根据试锥的下沉深度按式（1-1）计算标准稠度用水量；或根据仪器上对应的稠度标尺直接读取指示值。

$$P=33.4-0.185S \tag{1-1}$$

式中　P——标准稠度用水量（％）；

　　　S——试锥下沉深度（mm）。

（5）当试锥下沉深度小于 13mm 时，应改用调整水量法测定。

7）注意事项

（1）拌合水和水泥均应一次加入，不允许在搅拌过程中根据水泥净浆的稠度情况二次补水或添加水泥。

（2）试验用水应是洁净的饮用水，如有争议时应以蒸馏水为准。

5. 凝结时间

1）方法原理

水泥净浆的凝结固化状态随时间的延长而不同。通过试验不同时间下一定质量试针的下沉深度，以确定达到初凝和终凝状态时所需的时间。

2）仪器设备

（1）净浆搅拌机

同"4. 标准稠度用水量"。

（2）维卡仪

同"4. 标准稠度用水量"。其配件试针的形状和基本尺寸如图 1-5 所示。与试针连接的滑动杆表面应光滑，能靠重力自由下落。

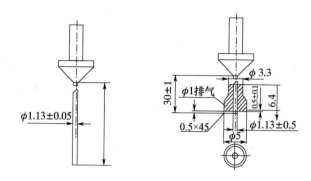

图 1-5　初凝试针和终凝试针的形状和基本尺寸

（3）量筒或量水器

同"4.标准稠度用水量"。

（4）天平

同"4.标准稠度用水量"。

3）环境条件

同"4.标准稠度用水量"。

4）试验步骤

（1）检查维卡仪滑动杆滑动正常，用湿布擦拭试杆、试模和底板；将试模放在底板上，将维卡仪滑动杆下移至试针与底板接触，调整标尺的指针至零点，固定指针定位螺钉；检查搅拌机是否运转正常。

（2）水泥净浆的制备方法同"4.标准稠度用水量"，记录水泥全部加入水中的时间作为凝结时间的起始时间。

（3）将达到标准稠度状态的水泥净浆装模并刮平，操作方法同"4.标准稠度用水量"；在试模外编号后立即放入湿气养护箱中。

（4）初凝时间测定

试件在湿气养护箱中养护至加水后 30min 时进行第一次测定。

测定时，将维卡仪装上初凝时间测定用试针；从湿气养护箱中取出试模放到试针下，降低试针直至与水泥净浆表面接触，拧紧螺钉；1～2s 后，突然放松螺钉，使试针垂直自由地沉入水泥净浆中。

观察试针停止下沉或释放试针 30s 时指针的读数；当试针沉至距离底板（4±1）mm 时，为水泥达到初凝状态。

临近初凝时，每隔 5min 测定一次。水泥全部加入水中至初凝状态的时间为水泥的初凝时间，用"min"表示。

（5）终凝时间测定

在完成初凝时间的测定后，立即将试模连同浆体以平移的方式从玻璃板上取下，翻转 180°，直径大端向上，小端向下放在玻璃板上，再放入湿气养护箱继续养护。

将维卡仪换上终凝时间测试针，为准确观测试针沉入的情况，终凝针上安装有一个环形附件。

测试时，从湿气养护箱中取出试模放到试针下，降低试针直至与水泥净浆表面接触，拧紧螺钉；1～2s 后，突然放松螺钉，使试针垂直自由地沉入水泥净浆中。

当试针沉入试体为 0.5mm，即环形附件开始不能在试体上留下痕迹时，为水泥达到终凝状态。

临近终凝时每隔 15min 测定一次。水泥全部加入水中至终凝状态的时间为水泥的终凝时间，用"min"表示。

5）注意事项

（1）每次测试前后应用湿布擦拭试针。

（2）在整个测试过程中试针沉入的位置至少要距试模内壁 10mm，每次测定不能让试针落入原针孔，针孔间的距离宜不小于 10mm，测后应将试模立即放回湿气养护箱。

（3）在最初测定的操作时应用手轻轻扶持金属滑动杆，使其徐徐下降，以防试针撞弯，但结果以自由下落为准。

（4）达到初凝时应立即重复测一次，当两次结论相同时才能确定到达初凝状态；达到终凝时，需要在试体另外两个不同点重复测试，确认结论相同才能确定到达终凝状态。

（5）整个测试过程要防止试模受到振动。

6. 安定性

1）方法原理

水泥熟料中的游离氧化钙含量过高会导致硬化后的水泥石产生剧烈、不均匀的体积变化。雷氏法通过测定标准稠度净浆在雷氏夹中沸煮后指针的相对位移来表征其体积膨胀程度；试饼法通过观测标准稠度净浆试饼经沸煮后的外形变化来表征其体积安定性。

2）仪器设备

（1）净浆搅拌机

同"4. 标准稠度用水量"。

（2）雷氏夹及测定仪

雷氏夹由电镀铜合金环模和焊接在其上的两根端部为扁尖状的指针组成，其外形和基本尺寸如图 1-6 和图 1-7 所示。

图 1-6　水泥雷氏夹外形

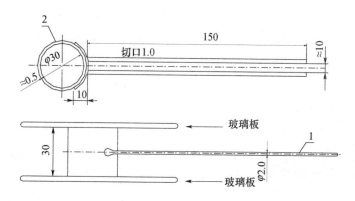

图 1-7 雷氏夹基本尺寸

1—指针；2—环模

雷氏夹的弹性应使用雷氏夹膨胀率测定仪进行检查，雷氏夹膨胀率测定仪的外形及组成如图 1-8 所示，其标尺最小刻度为 0.5mm。

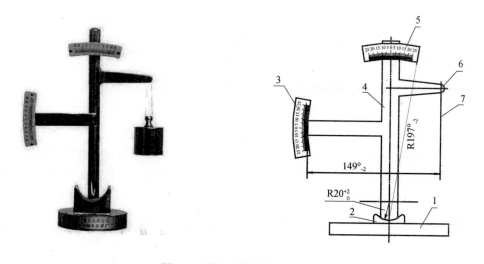

图 1-8 雷氏夹膨胀测定仪外形及组成

1—底座；2—环模座；3—弹性标尺；4—立柱；5—膨胀值标尺；6—悬臂；7—悬丝

检查时把雷氏夹一根指针的根部先悬挂在悬丝（金属丝或尼龙丝）上，另一个指针的根部再挂上 300g 的砝码，此时两根指针针尖的距离增加值应在（17.5±2.5）mm 范围内，如图 1-9 所示。去掉砝码后，针尖的距离能恢复至挂砝码前的状态。

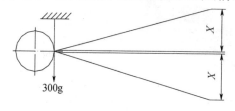

图 1-9 雷氏夹受力示意图

（3）沸煮箱

沸煮箱由箱体、加热管和控制器等组成，其外形和结构如图 1-10 和图 1-11 所示。

图 1-10　沸煮箱外形

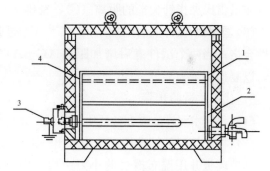

图 1-11　沸煮箱结构示意

1—试件架；2—箱体；3—电热管；4—加水线

沸煮箱有效容积约为 410mm×240mm×310mm，其底部配有两根电热管，功率分别为 900～1100W 和 3600～4400W，电热管距箱底的净距为 20～30mm。

沸煮箱应能在（30±5）min 内将箱内的试验用水由（20±2）℃加热至沸腾并保持（180±5）min 后自动停止。整个实验过程中无需补充水量。

雷氏夹试件架的支撑金属丝距电热管的净距为 50～75mm；试饼架箅板板面平整，上面均匀分布规则的圆孔，箅板距电热管的净距为 50～75mm。

（4）量筒或量水器

同"4. 标准稠度用水量"。

（5）天平

同"4. 标准稠度用水量"。

（6）玻璃板

每个雷氏夹需配两个边长或直径约 80mm、厚 4～5mm 的玻璃板；每个试饼需配一块边长 100mm 的方形玻璃板。试验前玻璃板应薄涂机油。

3）环境条件

同"4. 标准稠度用水量"。

4）标准法试验步骤

（1）每个水泥样品需成型两个试件，每个雷氏夹配备两个玻璃板，凡与水泥净浆接触的玻璃板面及雷氏夹内表面均薄涂一层机油。

（2）将雷氏夹放在玻璃板上，将已拌好的标准稠度净浆一次装满雷氏夹；装浆时一只手轻轻扶持雷氏夹，另一只手用宽约 25mm 的直边刀在浆体表面轻轻插捣 3 次，然后抹平，盖上玻璃板，立即将试件移至湿气养护箱中养护（24±2）h。

（3）从养护箱中取出试件，脱去玻璃板，将雷氏夹放在雷氏夹膨胀测定仪上，测量指针尖端间的距离（A），精确到 0.5mm。

（4）调整沸煮箱内的水位到加水线，将试件放入沸煮箱的试件架上，指针朝上，启动沸煮程序。

（5）沸煮结束后，立即放掉沸煮箱中的热水，打开箱盖，待箱体冷却到室温，取出试件，测量雷氏夹指针尖端的距离（C），精确至 0.5mm。

（6）当两个试件煮后增加距离（$C-A$）的平均值不大于 5.0mm 时，即认为该水泥安定性合格；当两个试件煮后增加距离（$C-A$）的平均值大于 5.0mm 时，应立即重做一次，以复检结果为准。

5）代用法试验步骤

（1）每个水泥样品需准备两块玻璃板，并在与水泥净浆接触的玻璃板面薄涂一层机油。

（2）将已拌好的标准稠度净浆取出一部分分成两等份，近似成球形放在玻璃板上；轻轻振动玻璃板并用湿布擦过的小刀由边缘向中间刮抹，做成直径 70～80mm、中心厚约 10mm、边缘渐薄、表面光滑的试饼，然后将试饼移至湿气养护箱中养护（24±2）h。

（3）从养护箱中取出试件，在橡胶垫上轻轻磕振玻璃板，使玻璃板与试饼分离；检查试饼有无裂缝等缺陷，如有应查找原因。

（4）将无缺陷的试饼放在箅板上沸煮，沸煮方法同标准法。

（5）沸煮结束后，立即放掉沸煮箱中的热水，打开箱盖，待箱体冷却到室温，取出试件；目测试饼未发现裂缝，用钢直尺检查底面无弯曲（使钢直尺和试饼底部紧靠，以两者间不透光为无弯曲），则认为该试饼安定性合格，反之为不合格。当任一个试饼安定性不合格时，该水泥样品的安定性为不合格。

6）注意事项

（1）雷氏夹法装模时，尽量使环模的缺口保持原状，避免装料过多撑开缺口，破坏雷氏夹的弹性。

（2）试饼法制备试饼的尺寸应规范。火山灰质硅酸盐水泥试饼可能会产生干缩裂缝，矿渣硅酸盐水泥试饼可能会有起皮现象。

（3）试饼法时，也可借助声音辅助判定：两试饼对敲，如声音清脆则合格，如声音沉闷，则应仔细检查。如难以判断，需改用雷氏夹法检测。

7. 胶砂强度

1）方法原理

将水泥与标准砂、拌合水以固定比例拌制成水泥胶砂，成型棱柱体试件，在规定条件下分别进行抗折、抗压破型，根据相应的破坏荷载确定水泥的抗折强度和抗压强度。

2）仪器设备

（1）胶砂搅拌机

水泥胶砂搅拌机主要由搅拌锅、搅拌叶片、传动机构

图 1-12　胶砂搅拌机外形

和控制系统组成，其外形如图 1-12 所示，基本构造如图 1-13 所示。

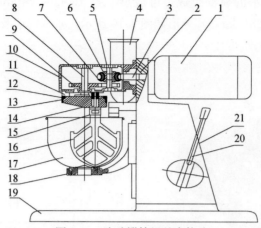

图 1-13　胶砂搅拌机基本构造

1—电机；2—联轴器；3—蜗杆；4—砂罐；5—传动箱盖；6—蜗轮；7—齿轮Ⅰ；8—主轴；
9—齿轮Ⅱ；10—传动箱；11—内齿轮；12—偏心座；13—行星齿轮；14—搅拌叶轴；
15—调节螺母；16—搅拌叶片；17—搅拌锅；18—支座；19—底座；20—手柄；21—立柱

搅拌锅可以升降，搅拌叶片在搅拌锅内作旋转方向相反的公转和自转。搅拌锅和搅拌叶片的形状和基本尺寸如图 1-14 和图 1-15 所示。

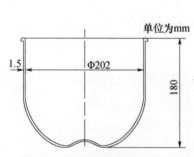

图 1-14　搅拌锅形状和基本尺寸

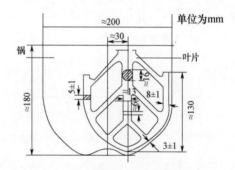

图 1-15　搅拌叶片形状和基本尺寸

搅拌叶片自转方向为顺时针，公转方向为逆时针。搅拌叶片与锅底和锅壁的工作间隙应为（3±1）mm。搅拌机拌合一次的控制程序为：低速（30±1）s；再低速（30±1）s，同时自动开始加砂，并在 20～30s 内全部加完；高速（30±1）s，停拌（90±1）s，高速（60±1）s。搅拌叶片的转速应符合表 1-3。

表 1-3　搅拌叶片转速

搅拌速度	自转（r/min）	公转（r/min）
低	140±5	62±5
高	285±10	125±10

（2）胶砂试模

胶砂试模由三个水平的模槽组成，可成型三条 160mm×40mm×40mm 的棱柱体试件，总质量（6.25±0.25）kg，其外形如图 1-16 所示，基本构造及尺寸如图 1-17 所示。

图 1-16　胶砂试模外形

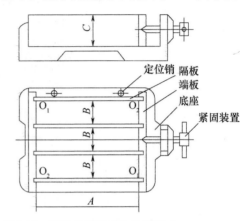

图 1-17　胶砂试模基本构造及尺寸

在组装试模时，应用黄干油等密封材料涂覆试模的外接缝，试模内表面应薄涂机油或模型油。

成型操作时，应在试模上加装一个壁高 20mm 的金属模套，当从上往下看时，模套壁与试模内壁应重叠，超出内壁不应大于 1mm。

为控制料层厚度和刮平胶砂，应备有两个播料器和一个金属刮平直尺，播料器和刮平直尺的形状和基本尺寸如图 1-18 所示。

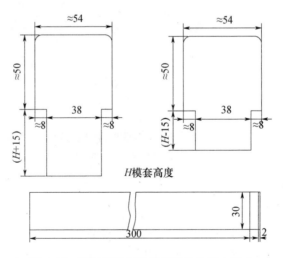

图 1-18　播料器和刮平直尺形状和基本尺寸

（3）振实台

振实台由台盘和使其跳动的凸轮等组成。台盘上有固定试模用的卡具，并连有两根起稳定作用的臂。凸轮由电机带动，通过控制器控制按一定的要求转动并保证使台盘平稳上升至一定高度后自由落下，其中心恰好与止动器撞击。卡具与模套连成一体，可沿与臂杆垂直方向向上转动不小于180°。振实台的外形如图1-19所示。

图1-19 振实台外形

振实台应安装在高度约400mm的混凝土基座上，混凝土基座体积约为0.25m³，重约600kg。如需防止外部振动影响振实效果时，可在整个混凝土基座下放一层厚约5mm的天然橡胶弹性衬垫。仪器应用地脚螺钉固定在基座上，呈水平状态。仪器底座与基座之间应铺一层砂浆保证完全接触。

振实台的振幅应为（15.0±0.3）mm，在（60±2）s内振动60次；台盘部分（臂杆、模套和卡具）的总质量应为（13.75±0.25）kg，两根臂杆及其十字拉肋的总质量应为（2.25±0.25）kg。当突头落在止动器上时，台盘表面应处于水平状态，四个角中任一角的高度与其平均高度之差不应大于1mm。

（4）抗折试验机

抗折试验机为双臂杠杆式，主要由机架、可逆电机、传动丝杆、标尺、抗折夹具等组成，如图1-20所示。

图1-20 水泥抗折试验机外形

加荷圆柱和支撑圆柱的直径应为（10.0±0.1）mm，两支撑圆柱的中心距应为（100.0±0.1）mm。工作时，游砣沿着杠杆移动逐渐增加负荷。通过三根圆柱轴的三个竖向平面应平行，并在试验时继续保持平行和等距离垂直试体的方向，其中一根支撑圆柱和加荷圆柱能轻微的倾斜，使圆柱与试体完全接触，以便荷载沿试体宽度方向均匀分布，同时不产生任何扭转应力。

抗折试验机的示值误差应不超过±1%，每1kN对应2.34MPa，加荷速度为（50±10）kN/s。杠杆端点加1g砝码时，端点下降距离应大于支点到端点距离的2%。杠杆调整平衡后，再失去平衡时能自动恢复至平衡位置。

（5）抗压试验机

水泥抗压试验机最大量程宜为 200～300kN，示值误差应不超过±1%；加荷速度应在（2.4±0.2）kN/s，加荷速度的稳定起始点应不大于 10kN，从 10kN 起到峰值范围内加荷速度的合格率不低于 98%，峰值瞬间的加荷速度应在 1.5～2.6kN/s 之间。其外形如图 1-21 所示。

（6）水泥抗压夹具

水泥抗压夹具由框架、传压柱、上下压板等组成，其外形如图 1-22 所示。上压板带有球座，用两根吊簧吊在框架上，下压板固定在框架上，其结构示意如图 1-23 所示。

图 1-21　水泥抗压试验机外形

图 1-22　水泥抗压夹具外形

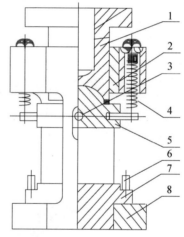

图 1-23　水泥抗压夹具结构示意

1—传压柱；2—铜套；3—导向销；4—吊簧；

5—上压板和球座；6—定位销；7—下压板；8—框架

上下压板宽度（40.0±0.1）mm，长度大于 40mm，厚度大于 10mm，平面度为 0.01mm，上下压板间的自由距离大于 45mm。

定位销高度不高于压板表面 5mm，两定位销的间距为 41～55mm，定位销内侧到下压板中心的垂直距离为（20.0±0.1）mm。导向销与导向槽配合光滑，无阻涩和晃动。当抗压夹具上放置 2300g 砝码时，上下压板间的距离应在 37～42mm 之间。

（7）称量仪器

称量用的天平精度应为±1g，当使用自动滴管量取 225mL 水时，滴管的精度应达到±1mL。

3）环境条件

试验室温度为（20±2）℃，相对湿度不低于 50%，水泥试样、标准砂、拌合水、仪器和用具的温度应与室温一致。

湿气养护箱的温度为（20±1）℃，相对湿度不低于90%。

试体养护水的温度为（20±1）℃。

试验室空气温度和相对湿度及养护池水温在工作期间应每天至少记录一次。湿气养护箱的温度和相对湿度应至少每4h记录一次，在自动控制的情况下可每天记录两次。

4）试验材料

ISO标准砂由SiO₂含量不低于98%的天然圆形硅质砂组成，其颗粒分布应符合表1-4规定。标准砂可以单级包装，也可以各级预配并以（1350±5）g量的塑料袋混合包装。

表1-4 ISO标准砂颗粒分布

方孔筛边长（mm）	累计筛余（%）
2.0	0
1.6	7±5
1.0	33±5
0.5	67±5
0.16	87±5
0.08	99±1

试验用水可以是饮用水，仲裁试验或其他重要试验应用蒸馏水。

5）胶砂制备

（1）胶砂的质量配合比应为一份水泥、三份标准砂和半份水，一锅胶砂制成三条试体。每锅材料用量为：水泥（450±2）g，标准砂（1350±5）g，水（225±1）g。对于火山灰质硅酸盐水泥、粉煤灰硅酸盐水泥、复合硅酸盐水泥和掺火山灰质混合材料的普通硅酸盐水泥在进行胶砂强度检验时，其用水量按0.50水灰比和胶砂流动度不小于180mm来确定。当流动度小于180mm时，应以0.01的整倍数递增的方法将水灰比调整至胶砂流动度不小于180mm。

（2）试验前先检查水泥胶砂搅拌机、水泥胶砂振实台是否正常运转，用湿抹布擦拭搅拌锅及叶片。

（3）将预配标准砂倒入搅拌机的加砂筒中；把水加入锅里，再加入水泥，把锅放在固定架上，上升至固定位置；立即开动机器，低速搅拌30s后，在第二个30s开始的同时均匀地将砂子加入（当各级砂是分装时，从最粗粒级开始，依次加完）；之后高速搅拌30s，停拌90s；在停拌的第一个15s内用一胶皮刮具将搅拌叶片和锅壁上的胶砂刮入锅中间，再高速搅拌60s后停机。

（4）各个搅拌阶段，时间误差应在±1s以内。

6）试体成型

（1）胶砂制备完毕后，立即进行试体的成型。

（2）将空试模和模套固定在振实台上，用一个适当的勺子直接将胶砂分两层装入试模。装第一层时，每个槽里约放300g胶砂，用大播料器垂直架在模套顶部沿每个模槽来回一次将料层播平，接着振实 60 次；之后装入第二层胶砂，用小播料器播平，再振实 60 次。

（3）移去模套，从振实台上取下试模；用一金属直尺以近似 90°的角度架在试模模顶的一端，然后沿试模长度方向以横向锯割动作慢慢向另一端移动，一次将超过试模部分的胶砂刮去，并用同一直尺以近乎水平的情况下将试体表面抹平。

（4）在试模上做标记或加字条标明试件编号和各试件相对于振实台的位置。

7）试体养护

（1）去除留在试模四周的胶砂，立即将做好标记的试模放入湿气养护箱的水平架子上养护，湿空气应能与试模的各边接触；一直养护到规定的脱模时间。

（2）脱模前，用防水墨汁或颜料笔对试体进行编号和做其他标记。两个龄期以上的试体，在编号时应将同一试模中的三条试体分在不同龄期内。

脱模应非常小心。对于 24h 以上龄期的，应在成型后 20～24h 之间脱模。如经 24h 养护，会因脱模对试体造成损害时，可以延迟至 24h 以后脱模，但应在试验报告中予以说明。

（3）脱模后将做好标记的试体立即水平或竖直放在（20±1）℃的水槽中养护。水平放置时，刮平面应朝上。试体应放在不易腐烂的篦子上，彼此之间保持一定间距，使水与试体的六个面充分接触。养护期间试体之间间隔或试体上表面的水深不得小于 5mm。

养护期间应及时加水保持适当的恒定水位，不允许在养护期间全部换水。每个养护池只养护同类型的水泥试体。

（4）水泥试体的龄期应从水泥加水搅拌时算起，不同龄期强度试验应在下列时间里进行：24h±15min；48h±30min；72h±45min；7d±2h；≥28d±8h。任何龄期的试体在破型前 15min 从水中取出，揩去试体表面的沉积物，并用湿布覆盖直至破型。

8）抗折破型

（1）每龄期取出 3 条试体，先进行抗折试验，再进行抗压强度试验。试验前检查试体两侧面的气孔情况，将气孔多的一面向上放入夹具，使气孔少的一面向下作为受拉面；试体一个侧面放在试验机支撑圆柱上，试体长轴垂直于支撑圆柱。

（2）采用杠杆式抗折强度试验机时，试体放在夹具中间，两端与定位板对齐，并根据试体龄期和强度等级情况将杠杆调整到一定角度，使杠杆在试体折断时尽可能接近平衡位置；如第一块试体折断时杠杆位置不平衡，在第二、三块试验时，应对杠杆的初始角度做相应调整。

（3）启动试验机，通过加荷圆柱以（50±5）N/s 的速率均匀地将荷载垂直地施加在棱柱相对侧面上，直至折断。

（4）取出折断后的两个断块，照原来整条试体的形状放置，清除夹具上黏附的杂物，保持两个半截棱柱体处于潮湿状态直至抗压试验。

9）抗折结果计算

当试验机显示破坏荷载时，按式（1-2）计算单个试体的抗折强度，修约至 0.1MPa；当采用杠杆式试验机时，可直接从标尺上读取单个试体的抗折强度。

$$R_f = \frac{1.5 F_f L}{b^3} \tag{1-2}$$

式中　R_f——试体的抗折强度（MPa）；

　　　F_f——折断时施加于棱柱体中部的荷载（N）；

　　　L——支撑圆柱之间的距离（mm）；

　　　b——棱柱体正方形截面的边长（mm）。

以 1 组 3 个棱柱体抗折结果的平均值作为试验结果，修约至 0.1MPa。当 3 个强度值中有超出平均值±10%的，应将其剔除后，再取其余数值的平均值作为抗折强度结果。

10）抗压破型

（1）将水泥抗压夹具置于试验机压板中心，清除试体受压面和上下压板间的杂物。

（2）将经抗折试验折断的半截棱柱体放入抗压夹具，以试体成型时的侧面为受压面；试体长度两端超出压板的距离大致相等约有 10mm，试体紧靠下压板上的两定位销，保证试体中心与试验机压板的中心差在±0.5mm 内。

（3）以（2400±200）N/s 的速率均匀地加荷直至破坏。当试体临近受压时，应注意调整球座使加压板均匀压在试体受压面上；试体临近破坏时，不得突然冲击加压或停顿加荷。

11）抗压结果计算

按式（1-3）计算单个试体的抗压强度，修约至 0.1MPa。

$$R_c = \frac{F_c}{A} \tag{1-3}$$

式中　R_c——试体的抗压强度（MPa）；

　　　F_c——破坏时的最大荷载（N）；

　　　A——受压部分面积（mm²），40mm×40mm ＝1600mm²。

以 1 组 3 个棱柱体上得到的 6 个抗压强度测定值的算术平均值作为试验结果，修约至 0.1MPa。当 6 个测定值中有 1 个超出 6 个平均值±10%时，剔除这个结果，然后取剩下 5 个的平均值作为抗压强度结果；如果 5 个测定值中再有超出它们平均值±10%的，则此组结果作废。

12）注意事项

（1）水泥试样应通过 0.9mm 方孔筛并充分混合均匀。当从取样至试验需保持 24h 以上时，应贮存在基本装满并气密的容器内。

（2）试模应定期检查，保证其模腔的尺寸在标准规定范围内。

（3）组装试模时，边缘两块隔板和端板与底座的接触面应均匀薄涂一层黄干油，并按编号组装。当用紧固螺钉紧固试模时，应同时用塑料或橡胶锤锤击端板和隔板结合处，使试模内壁各接触面互相垂直且顶部平齐，然后用平铲刀将模腔内被挤出的黄干油刮除。

（4）脱模时可使用脱模器。当使用塑料或橡胶锤脱除隔板时，不得锤击试体，防止试体损伤。

（5）振实台突头的工作面为球面，其与止动器的接触应为点接触。如磨损为面接触，则应及时更换。

8. 胶砂流动度

1）方法原理

通过测量一定配合比水泥胶砂在规定振动状态下的扩展范围来表示其流动性。

2）仪器设备

（1）水泥胶砂流动度测定仪

水泥胶砂流动度测定仪简称跳桌，由铸铁机架和跳动部分组成，其外形如图 1-24 所示。跳桌通过凸轮的转动带动推杆向上运动，将桌面顶至最高点后自由下落撞击机架，使其上的水泥胶砂产生流动，其结构示意如图 1-25 所示。

图 1-24　跳桌外形

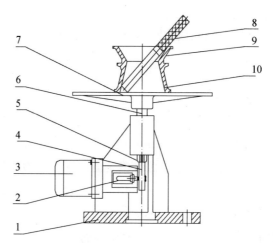

图 1-25　跳桌结构示意

1—机架；2—开关；3—电机；4—凸轮；5—滑轮；

6—推杆；7—圆盘桌面；8—捣模；9—模套；10—截锥圆模

跳桌跳动部分的总质量为（4.35±0.15）kg，落距（10±0.2）mm，跳动频率为 1 次/s，跳动一个周期 25 次的时间为（25±1）s。桌面圆盘直径（300±1）mm，其上表面光滑平整并镀硬铬，中心有直径（125±0.5）mm 的刻圆，圆盘和机架接触时，接触面应为 360°完全接触。

跳桌宜通过膨胀螺栓安装在已硬化的水平混凝土基座上，基座由密度至少为 2240kg/m³ 的重混凝土浇筑而成，基座约为 400mm×400mm，高约 690mm。

（2）试模

试模由截锥圆模和模套组成，均由金属材料制成，内表面加工光滑。

圆模尺寸为高度（60±0.5）mm、上口内径（70±0.5）mm、下口内径（100±0.5）mm、下口外径 120mm、壁厚大于 5mm。

（3）捣棒

捣棒由金属材料制成，直径为（20±0.5）mm，长度不小于 200mm。捣棒底面与侧面成直角，其下部光滑，上部手柄处滚花。

（4）天平

最大称量不小于 1000g，最小分度值不大于 1g。

（5）卡尺

量程不小于 300mm，分度值不大于 0.5mm。

（6）小刀

刀口平直，长度大于 80mm。

3）环境条件

试验室温度为（20±2）℃，相对湿度不低于 50%，水泥试样、标准砂、拌合水、仪器和用具的温度应与室温一致。

4）试验步骤

（1）胶砂材料用量按相应标准要求或经设计确定，胶砂制备方法同"7. 胶砂强度"。

（2）如跳桌在 24h 内未被使用，应先空跳一个周期 25 次。

（3）用潮湿棉布擦拭跳桌台面、试模内壁、捣棒以及与胶砂接触的用具，将试模放在跳桌台面中央并用潮湿棉布覆盖。

（4）将拌好的胶砂分两层迅速装入试模。第一层装至截锥圆模高度约 2/3 处，用小刀在相互垂直两个方向各划 5 次，用捣棒由边缘至中心均匀捣压 15 次，如图 1-26 所示（外圈 10 次、内圈 4 次、中心 1 次）；随后，装第二层胶砂，装至高出截锥圆模约 20mm，用小刀在相互垂直的两个方向各划 5 次，再用捣棒由边缘至中心均匀捣压 10 次，如图 1-27 所示（外圈 7 次、内圈 3 次）。捣压后胶砂应略高于试模。捣压第一层时，应捣至胶砂高度的 1/2，捣压第二层时，应不超过已捣实的底层表面。

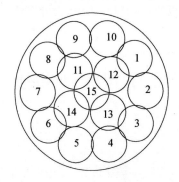

图 1-26　第一层捣压位置示意

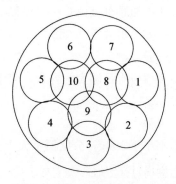

图 1-27　第一层捣压位置示意

（5）捣压完毕，取下模套，将小刀倾斜，从中间向边缘分两次以近水平的角度抹去高出截锥圆模的胶砂，并擦去落在桌面圆盘上的胶砂；将截锥圆模垂直向上轻轻提起，立刻开动跳桌，以每秒钟一次的频率，在（25±1）s 内完成 25 次跳动。

（6）胶砂流动度试验从胶砂加水开始到测量扩散直径结束，应在 6min 内完成。

5）结果计算

用卡尺测量胶砂底面互相垂直的两个方向的直径，计算平均值，修约至 1mm。该平均值即为该用水量下的水泥胶砂流动度。

6）注意事项

（1）装胶砂和捣压时，应用手扶稳试模，不要使其发生移动。

（2）捣压第一层时，捣棒需沿模壁方向略微倾斜。

（3）流动度较大的胶砂，应在跳桌停止跳动后及时测量，避免胶砂继续扩散影响试验结果。

（4）对有泌水现象的胶砂，测量直径时应从有胶砂的边缘量起。

（5）跳桌的凸轮、推杆、轴套和滚轮表面应涂机油以利润滑；圆盘底部与机架的接触面应保持干燥状态，不应接触机油。

9. 密度

1）方法原理

将一定质量的水泥装入盛有足够量液体介质（无水煤油）的李氏瓶内，液体的体积可以充分浸润水泥颗粒。根据阿基米德定律，水泥颗粒的体积等于它排开液体的体积。通过李氏瓶内液面的刻度变化可得出水泥颗粒的体积，再经计算得出单位体积的水泥质量。

2）仪器设备和材料

（1）李氏瓶

李氏瓶由优质玻璃制成，透明无条纹，具有抗化学侵蚀性且热滞后性小，有足够的厚度以确保良好的抗裂性。李氏瓶的横截面为圆形，球座容积约为 250mL，外形尺寸如图 1-28 所示。

李氏瓶的瓶颈刻度由 0～1mL 和 18～24mL 两段组成，均以 0.1mL 为分度值，任何标明的容量误差不得大于 0.05mL。

（2）恒温水槽

恒温水槽应有足够大的容积，使水温可以稳定控制在（20±1）℃，恒温期间的温度波动不超过 0.2℃。

（3）天平

量程不小于 100g，分度值不大于 0.01g。

（4）温度计

量程包含 0～50℃，分度值不大于 0.1℃。

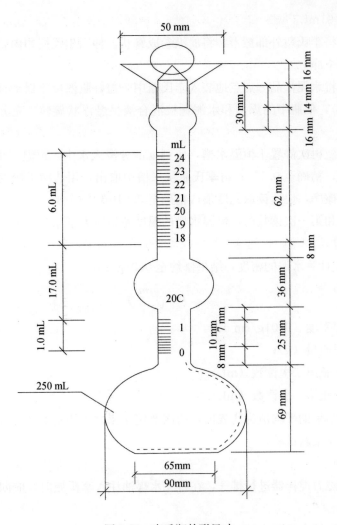

图1-28 李氏瓶外形尺寸

（5）无水煤油

煤油应符合 GB 253—2008 中的要求，无机械杂质和水分，可通过生石灰浸泡普通煤油制备。使用后的煤油经滤纸过滤其中的水泥颗粒后，可重复使用。

3）环境条件

试验室的室温应控制在（20±1)℃。

4）试验步骤

（1）水泥试样应预先过 0.9mm 的方孔筛，在（110±5)℃下烘干 1h，并在干燥器内冷却至室温。

（2）称取水泥 60g，精确至 0.01g。

（3）将无水煤油注入李氏瓶中至 0～1mL 刻度段，盖上瓶塞放入（20±1)℃的恒温水槽内，使刻度部分浸入水中，恒温不少于 30min，观察并记录水槽的温度，精确至 0.1℃；将李氏瓶从水槽中取出，用洁净干燥的纱布将瓶外液面刻度部分的水分擦净，快速读取刻度值，精确至0.01mL。

（4）用纱布将李氏瓶外部擦干，将滤纸卷成管状，伸入李氏瓶颈内将内壁没有煤油的部分及瓶口擦拭干净。

（5）用小匙将水泥样品一点点地装入李氏瓶中，盖好瓶塞反复摇动（也可用超声波振动或磁力搅拌等），使瓶中的煤油和水泥颗粒混合液呈悬浮状旋转，充分排气，直至没有气泡排出。

（6）将李氏瓶再次静置于恒温水槽，使刻度部分浸入水中，恒温至少30min，观察并记录水槽的温度，精确至0.1℃；将李氏瓶从水槽中取出，用洁净干燥的纱布将瓶外液面刻度部分的水分擦净，快速读取刻度值，精确至0.01mL。

（7）第二次和第一次读数时，恒温水槽的温度差不应大于0.2℃。

5）结果计算

按式（1-4）计算水泥的密度，结果修约至0.01g/cm³。

$$\rho = \frac{m}{V_2 - V_1} \tag{1-4}$$

式中　ρ——水泥密度（0.01g/cm³）；

　　　m——水泥质量（g）；

　　V_2——李氏瓶第二次读数（mL）；

　　V_1——李氏瓶第一次读数（mL）。

取两次测定结果的平均值为代表值，两次测定结果之差不应大于0.02g/cm³。如超出偏差范围要求，应重新试验。

6）注意事项

（1）如采用磁力搅拌器进行排气，在将无水煤油注入李氏瓶时，应同时将磁力棒放入李氏瓶中。

（2）用滤纸擦拭李氏瓶内壁时滤纸不能触及到液面。

（3）装入水泥样品时宜少量多次，避免堵塞瓶颈。

（4）如果煤油液面达不到上部的18mL或超出24mL刻度，可以适量调整装入李氏瓶中的水泥质量，并按实际装入李氏瓶中的水泥质量计算密度。

（5）在水槽恒温时，李氏瓶的刻度部分应全部浸泡在水面下。期间应盖紧瓶塞，防止煤油挥发。

10. 细度（负压筛法）

1）方法原理

使用负压筛析仪，通过负压源产生的恒定气流，在规定筛析时间内使试验筛（45μm或80μm方孔筛）上的水泥试样达到筛分，用筛上筛余物质量的百分数表示水泥的细度。

2）仪器设备

（1）试验筛

试验筛由圆形筛框和筛网组成，筛孔尺寸为 $45\mu m$ 或 $80\mu m$ 的方孔筛，如图 1-29 所示。试验筛应附有透明的筛盖，筛盖与筛上口应有良好的密封性。

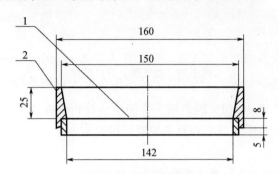

图 1-29 负压筛结构尺寸

1—筛网；2—筛框

（2）负压筛析仪

负压筛析仪由旋风筒、负压源、筛座、筛盖、收尘系统和控制指示仪表等组成，如图 1-30 所示。筛座工作时，其上的"O"形圈应能保证与负压筛连接密封，使负压大于 4000Pa，筛座的结构示意如图 1-31 所示。

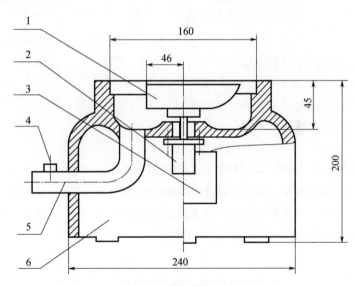

图 1-30 负压筛析仪外形

图 1-31 筛座结构示意

1—喷气嘴；2—微电机；3—控制面板开口；

4—负压表接口；5—负压源及收尘器接口；6—壳体

负压筛喷气嘴的转速为（30±2）r/min，上口平面与筛网之间的距离为 2～8mm，上开口尺寸如图 1-32 所示。

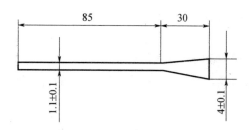

图 1-32　喷气嘴上开口尺寸

负压源可产生不低于 6000Pa 的负压，并能保证筛析仪在 4000～6000Pa 范围内可调；筛析时间能在 0～5min 范围内设定和自动控制，误差不大于 ±2s。

（3）天平

最小分度值不大于 0.01g，最大称量宜不小于 100g。

3）试验步骤

（1）试验前试验筛应保持清洁，负压筛应保持干燥。试样先过 0.9mm 方孔筛，80μm 筛析试验应称取试样 25g，45μm 筛析试验应称试样 10g，均精确至 0.01g。

（2）筛析试验前，应把负压筛放在筛座上，盖上筛盖，接通电源，检查控制系统，调节负压至 4000～6000Pa 范围内。

（3）将称量好的水泥试样置于负压筛中，放在筛座上，盖上筛盖，开动筛析仪连续筛析 2min。在此期间如有试样附着在筛盖上，可轻轻地敲击筛盖，使试样落下。

（4）筛毕，移去筛盖，用毛刷从试验筛底部方向轻刷筛网，将筛网上的筛余物全部移至天平，称量其质量。

4）结果计算

水泥试样筛余百分数按式（1-5）计算，结果修约至 0.1%。

$$F = \frac{R_t}{W} \times 100 \tag{1-5}$$

式中　F——水泥试样的筛余百分数（%）；

　　　R_t——水泥筛余物质量（g）；

　　　W——水泥试样质量（g）。

筛余结果还应根据所用试验筛按式（1-6）进行修正。

$$F_c = F \cdot C \tag{1-6}$$

式中　F_c——水泥试样修正后的筛余百分数（%）；

　　　F——水泥试样实测筛余百分数（%）；

　　　C——试验筛修正系数。

每个样品应称取两个试样分别筛析，取筛余平均值为筛析结果，修约至 0.1%。若两次筛余结果绝对误差大于 0.5% 时（筛余值大于 5.0% 时可放宽至 1.0%），应再做一次试验，取两次相近结果的算术平均值为最终结果。

5）注意事项

（1）筛析法分为负压筛析法、水筛法和手工筛析法，当测定结果发生争议时，以负压筛析法为准。

（2）在筛析过程中，如有试样附着在筛盖上，宜从开始筛析 20s 时轻轻敲击筛盖，使试样落下。筛析后筛盖上吸附的细粉不得计入筛余物中。

（3）每做完一次筛析试验应用毛刷清理一次筛网。用毛刷在试验筛的正、反两面刷几次，然后轻轻敲击筛框，将筛上剩余颗粒振出。

6）试验筛标定

试验筛每使用 100 次后需标定 1 次。

被标定的试验筛应事先经过清洗、去污、干燥并和试验室温度一致。

将水泥细度标准样品（《水泥细度和比表面积标准样》GSB14—1511 或《水泥细度用荧石粉》GSB08—2184/2185，有争议时以 GSB14—1511 为准）装入干燥的密闭广口瓶中，盖上盖子摇动 2min，消除结块。静置 2min 后，用一根干燥洁净的搅拌棒搅匀样品。称取标准样，按前述方法进行筛析试验操作。每个试验筛的标定应称取 2 个标准样品连续进行，中间不得插做其他样品。

以两个样品结果的算术平均值为最终值，修约至 0.1%。但当两个样品筛余结果相差大于 0.3% 时，应称取第三个样品进行试验，并取接近的两个结果进行平均作为最终结果。

试验筛的修正系数按式（1-7）计算，修约至 0.01。

$$C = \frac{F_s}{F_t} \tag{1-7}$$

式中 C——试验筛修正系数；

F_s——标准样给定的筛余百分数（%）；

F_t——标准样在试验筛上的筛余百分数（%）。

当 C 值在 0.80～1.20 范围内时，试验筛可继续使用，C 作为结果修正系数。当 C 值超出 0.80～1.20 范围时，试验筛应予淘汰。

由于试验筛的修正系数涉及整个筛析系统状态，试验筛标定所得的修正系数仅适用于配套的负压筛析仪，而不得用于其他筛析仪上。

11. 比表面积

1）方法原理

在一定空隙率的水泥层中，空隙的大小和数量是水泥颗粒尺寸的函数，同时也决定了在压差作用下通过水泥层的气流速度。根据一定量的空气通过具有一定空隙率和固定厚度的水泥层时，所受阻力不同而引起流速（时间）的变化，来测定水泥的比表面积。

2）仪器设备和材料

（1）勃氏透气仪

勃氏透气仪分手动和自动两种。手动勃氏透气仪由透气圆筒、穿孔板、捣器、U 形压力计和抽气装置组成，如图 1-33 所示。自动勃氏透气仪还配有光电管、单片机等，如图 1-34 所示。

图 1-33 手动勃氏透气仪外形

图 1-34 自动勃氏透气仪外形

U 形压力计的材质为玻璃，玻璃管内径（7.0±0.5）mm。在连接透气圆筒的一臂上自上到下刻有三条环形线，U 形管底部到第三条刻度的距离为 130～140mm，第三条刻度与第二条刻度的距离为（15±1）mm，第三条刻度与第一条刻度的距离为（70±1）mm。

透气圆筒的材质为不锈钢或铜质材料，内径 12.70mm，在内壁距离上口边（55±1）mm 处有一突出的宽度为 0.5～1.0mm 的边缘，以放置穿孔板。

穿孔板的材质为不锈钢，直径 12.70mm，厚（1.0±0.1）mm，板面上均匀地打有 35 个直径（1.00±0.05）mm 的小孔。

捣器的材质为不锈钢或铜质材料，插入圆筒时与圆筒内壁的间隙不大于 0.1mm，捣器支撑环与圆筒上口边接触时其底面与穿孔板之间的距离为（15.0±0.5）mm。

U 形压力计、捣器、透气圆筒的结构及尺寸如图 1-35 所示。

圆筒的阳锥与 U 形压力计的阴锥应严密连接，U 形压力计上的阀门以及软管等接口应能密封。在密封情况下，压力计内的液面在 3min 内应不下降。

自动勃氏透气仪 U 形压力计的出口管处无阀门，直接连接抽气装置。光电管至少应有两对，分别位于 U 形管第二条刻度线和第三条刻度线处。光电管不需要借助管内漂浮的遮光球即可对 U 形压力计内无色或有色液面的升降进行感应。

（2）烘箱

控制温度范围（105±5）℃，灵敏度不大于 1℃，

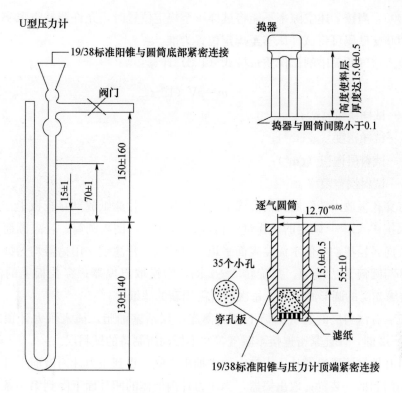

图 1-35　U 型压力计、捣器、透气圆筒结构及尺寸

（3）分析天平

分度值为 0.001g，量程宜不大于 100g。

（4）秒表

宜精确至 0.1s。

（5）滤纸

中速定量滤纸，压制成直径 12.7mm 的圆形。

（6）汞

分析纯汞。

（7）U 形压力计液体

采用带有颜色或无色的蒸馏水。

3）环境条件

试验室的相对湿度不大于 50%。

4）试验步骤

（1）将水泥试样过 0.9mm 方孔筛，在（110±5）℃下烘干，在干燥器中冷却到室温，按 "9. 密度" 要求测定水泥的密度。

（2）检查勃氏透气仪有无漏气现象，如发现漏气，应查明原因。

（3）P·Ⅰ 和 P·Ⅱ 型硅酸盐水泥（包括混合材料掺加量不超过 5% 的水泥，如膨胀水泥、白水泥、油井水泥等）的空隙率采用 0.500±0.005，其他水泥或粉料的空隙率选用

0.530±0.005。当按上述空隙率不能将试样压至规定位置时，允许调整空隙率。空隙率的调整以用2000g砝码可将试样压实至规定位置为准。

（4）装入透气圆筒中的试样质量按式（1-8）计算：

$$m=\rho V (1-\varepsilon) \tag{1-8}$$

式中　m——试样质量（g）；

　　　ρ——试样密度（g/cm³）；

　　　V——试料层体积（cm³）；

　　　ε——试料层空隙率。

（5）将穿孔板放入透气圆筒的突缘上，用捣棒把一片滤纸放到穿孔板上，边缘放平并压紧；称取按式（1-8）确定的试样量，精确到0.001g，倒入圆筒；轻敲圆筒，并在桌面上以水平方向轻轻摇动，使水泥层表面平坦；再放入一片滤纸，用捣器均匀捣实试料直至捣器支撑环与圆筒顶边接触，并旋转1～2圈，慢慢取出捣器；穿孔板上的滤纸为直径12.7mm边缘光滑的圆形滤纸片，每次测定需用新的滤纸片。

（6）把装有试料层的透气圆筒下锥面薄涂一层活塞油脂，插入压力计顶端锥型磨口处，旋转1～2圈，保证紧密连接不漏气，并不振动所制备的试料层。

（7）打开抽气装置慢慢从压力计一臂中抽出空气，直到压力计内液面上升到扩大部下端时关闭阀门和抽气装置；取出捣器，当压力计内液体的凹月面下降到第一条刻度线时开始计时，当液体的凹月面下降到第二条刻度线时停止计时；记录液面从第一条刻度线到第二条刻度线所需的时间，以s记录，并记下试验时的温度。

（8）如采用自动勃氏透气仪，将透气圆筒安放在U形压力计上后，录入相关参数（密度、空隙率等），按"测量"键即可。试验结束后仪器自动显示比表面积值。

5）结果计算

（1）当被测物料的密度、试料层中的空隙率与标准样相同，试验时的温度与校准温度之差≤3℃时，可按式（1-9）计算：

$$S=\frac{S_s\sqrt{T}}{\sqrt{T_s}} \tag{1-9}$$

式中　S——被测试样的比表面积（cm²/g）；

　　　S_s——标准样的比表面积（cm²/g）；

　　　T——被测试样试验时，压力计中液面降落测得的时间（s）；

　　　T_s——标准样试验时，压力计中液面降落测得的时间（s）；

如试验时的温度与校准温度之差＞3℃时，则按式（1-10）计算：

$$S=\frac{S_s\sqrt{\eta_s}\sqrt{T}}{\sqrt{\eta}\sqrt{T_s}} \tag{1-10}$$

式中　η——被测试样试验时温度下的空气黏度（μPa·s），不同温度下的空气黏度见表1-5；

　　　η_s——标准样试验时温度下的空气黏度（μPa·s）。

表 1-5　不同温度下水银密度和空气黏度

温度（℃）	水银密度（g/cm³）	空气黏度（μPa·s）	温度（℃）	水银密度（g/cm³）	空气黏度（μPa·s）
8	13.58	17.49	20	13.55	18.08
10	13.57	17.59	22	13.54	18.18
12	13.57	17.68	24	13.54	18.25
14	13.56	17.78	26	13.53	18.37
16	13.56	17.88	28	13.53	18.47
18	13.55	17.98	30	13.52	18.57

（2）当被测试样的试料层中的空隙率与标准样的试料层中的空隙率不同，试验时的温度与校准温度之差≤3℃时，可按式（1-11）计算：

$$S = \frac{S_s \sqrt{T} \ (1-\varepsilon_s) \ \sqrt{\varepsilon^3}}{\sqrt{T_s} \ (1-\varepsilon) \ \sqrt{\varepsilon_s^3}} \tag{1-11}$$

式中　ε——被测试样试料层中的空隙率；

　　　ε_s——标准样试料层中的空隙率。

如试验时的温度与校准温度之差＞3℃时，则按式式（1-12）计算：

$$S = \frac{S_s \sqrt{\eta_s} \sqrt{T} \ (1-\varepsilon_s) \ \sqrt{\varepsilon^3}}{\sqrt{\eta} \sqrt{T_s} \ (1-\varepsilon) \ \sqrt{\varepsilon_s^3}} \tag{1-12}$$

（3）当被测试样的密度和空隙率均与标准样不同，试验时的温度与校准温度之差≤3℃时，可按式（1-13）计算：

$$S = \frac{S_s \rho_s \sqrt{T} \ (1-\varepsilon_s) \ \sqrt{\varepsilon^3}}{\rho \sqrt{T_s} \ (1-\varepsilon) \ \sqrt{\varepsilon_s^3}} \tag{1-13}$$

式中　ρ——被测试样的密度（g/cm³）；

　　　ρ_s——标准样的密度（g/cm³）。

如试验时的温度与校准温度之差＞3℃时，则按式（1-14）计算：

$$S = \frac{S_s \rho_s \sqrt{\eta_s} \sqrt{T} \ (1-\varepsilon_s) \ \sqrt{\varepsilon^3}}{\rho \sqrt{\eta} \sqrt{T_s} \ (1-\varepsilon) \ \sqrt{\varepsilon_s^3}} \tag{1-14}$$

（4）水泥比表面积应由两次透气试验结果的平均值确定，结果计算应精确至10cm²/g。每次透气试验应重新制备试料层，如两次结果相差 2% 以上时，应重新进行试验。

当同一水泥用手动勃氏透气仪测定的结果与自动勃氏透气仪测定的结果有争议时，以手动勃氏透气仪测定结果为准。

6）试料层体积标定（水银排代法）

将穿孔板平放入透气圆筒内，再放入两片滤纸。然后用水银注满圆筒，用玻璃片挤压圆筒上口多余的水银，使水银面与圆筒上口平齐，倒出水银称重。

取出一片滤纸，在圆筒内加入适量的试样，再盖上一片滤纸后用捣器压实试料层至规定高度；取出捣器用水银注满圆筒，同样用玻璃片挤压平整后，再将水银倒出称重。

圆筒试料层的体积按式（1-15）计算：

$$V = \frac{p_1 - p_2}{\rho_{Hg}} \tag{1-15}$$

式中　V—透气圆筒的试料层体积（cm^3）；

　　p_1——未装试样时，充满圆筒的水银质量（g）；

　　p_2—装入试样后，充满圆筒的水银质量（g）；

　　ρ_{Hg}——试验温度下水银的密度（g/cm^3），不同温度下水银的密度见表1-5。

试料层体积应重复测定两遍，取两次结果的平均值，修约至0.001cm^3。

7）手动透气仪标准时间标定

（1）将适量GSB14—1511水泥细度和比表面积标准样倒入不小于50mL的磨口瓶中摇匀，在试验室内恒温1h。

（2）按空隙率0.500计算并称量标准样的质量，精确至0.001g。

（3）按前述方法测定标准样的透气时间，精确至0.1s。取重复两次（均需称取试样并装料）测定的平均值为标准时间。如两次结果之差超过1.0s时，需再测一次，取相近两次且相差不超过1.0s的透气时间平均值为标准时间。

8）自动透气仪标准常数标定

（1）标准样的处理及试料层制备方法同手动透气仪要求。

（2）选择"标定"键，录入相关常数，按"测量"键进行透气试验。取重复两次（均需称取试样并装料）测定的平均值为标准常数。如两次所得常数的相对误差超过0.2％时，需再测一次，取相近两次且相对误差不超过0.2％的平均数为标准常数。结果精确至该仪器显示的位数。

9）注意事项

（1）正常情况下每半年应重新校正透气圆筒的试料层体积。穿孔板应区分朝向，测定水泥样品时应与标定试料层体积时的朝向相同。当更换圆筒、捣器、穿孔板时应重新校正试料层体积。

（2）U形压力计中不应使用自来水等含矿物成分的水。否则会在管壁结垢，增大内壁的阻力，影响液面的下降速度，并降低玻璃管的透明度，干扰液面位置的判断。

（3）用捣器捣实试料层时，应缓慢下压捣器，使圆筒中的空气沿放气槽充分排出。取出捣器时应缓慢并旋转，避免产生负压抽松试料层。

（4）试料层制备完后，应避免撞击、振动透气圆筒。

（5）试验结束后应及时清理透气圆筒，使穿孔板上35个透气孔畅通、不堵塞。

（6）当滤纸的品种、质量等发生较大变化时，应重新标定试料层体积。

12. 氯离子含量

水泥氯离子含量试验见第 1.3 节"8. 氯离子含量（硫氰酸铵容量法）"和第 1.3 节"9. 氯离子含量（磷酸蒸馏-汞盐滴定法）"。

13. 碱含量

水泥碱含量试验见第 1.2 节"12. 碱含量（火焰光度法）"。

14. 结果判定

通用硅酸盐水泥的各项检验结果符合《通用硅酸盐水泥》GB175—2007 的规定时，该批水泥判为合格品，如有任一项不满足标准要求，则判为不合格品。

细度、比表面积和碱含量为选择性指标，可由买卖双方协商确定。

水泥安定性仲裁检验时，应在取样之日起 10d 内完成。

15. 相关标准

《通用硅酸盐水泥》GB 175—2007。

《煤油》GB 253—2008。

《砌筑水泥》GB/T 3183—2003。

《水泥取样方法》GB/T 12573—2008。

《行星式水泥胶砂搅拌机》JC/T 681—2005。

《水泥胶砂试体成型振实台》JC/T 682—2005。

《40mm×40mm 水泥抗压夹具》JC/T 683—2005。

《水泥胶砂振动台》JC/T 723—2005。

《水泥胶砂电动抗折试验机》JC/T 724—2005。

《水泥胶砂试模》JC/T 726—2005。

《水泥净浆标准稠度与凝结时间测定仪》JC/T 727—2005。

《水泥标准筛和筛析仪》JC/T 728—2005。

《水泥净浆搅拌机》JC/T 729—2005。

《水泥安定性试验用雷氏夹》JC/T 954—2005。

《水泥安定性试验用沸煮箱》JC/T 955—2005。

《勃氏透气仪》JC/T 956—2014。

《水泥胶砂流动度测定仪（跳桌）》JC/T 958—2005。

《水泥胶砂试体养护箱》JC/T 959—2005。

《水泥胶砂强度自动压力试验机》JC/T 960—2005。

《雷氏夹膨胀测定仪》JC/T 962—2005。

1.2　粉煤灰

1. 概述

热电厂在发电、供热过程中，磨成一定细度的煤粉在锅炉中经过高温燃烧后，由煤粉炉烟道气体带出并经收尘器收集的粉末称为粉煤灰，属于火山灰质混合材料。除少量未燃尽的炭分（以烧失量表示）外，粉煤灰主要由 SiO_2、Al_2O_3、Fe_2O_3 及少量的 CaO、MgO 和 SO_3 等氧化物组成。粉煤灰颗粒表面光滑，对水的吸附性小，可阻止水泥颗粒的聚集，其活性成分在水环境下可与水泥水化产物或石灰发生化学反应，生成水硬性化合物，提高水泥和混凝土的强度。

粉煤灰按燃煤品种分为 F 类和 C 类。其中，F 类粉煤灰是指由无烟煤或烟煤煅烧收集的粉煤灰，C 类粉煤灰是指由褐煤或次烟煤煅烧收集的粉煤灰，其氧化钙含量一般大于 10%。根据理化性能，拌制混凝土和砂浆用的粉煤灰分为 I 级、II 级、III 级。

2. 检测项目

用于拌制混凝土和砂浆的粉煤灰的检测项目主要包括：细度、需水量比、烧失量、含水量、三氧化硫含量、游离氧化钙含量、活性物质总量（SiO_2、Al_2O_3、Fe_2O_3）、密度、安定性、强度活性指数、碱含量。

3. 依据标准

《用于水泥和混凝土中的粉煤灰》GB/T 1596—2017。

《水泥细度检验方法 筛析法》GB/T 1345—2005。

《水泥胶砂流动度测定方法》GB/T 2419—2005。

《水泥胶砂强度检验方法（ISO 法）》GB/T 17671—1999。

《水泥化学分析方法》GB/T 176—2017。

4. 细度

采用 $45\mu m$ 试验筛按第 1.1 节"10. 细度（负压筛析法）"要求进行筛析，筛析时间为 3min。

筛析 100 个样品后应对试验筛进行校正，校正用标准样应采用 GSB 08—2506 粉煤灰标准样品或其他同等级标准样品，校正结果处理同第 1.1 节"10. 细度（负压筛析法）"。

5. 需水量比

1）方法原理

按相同的检测方法分别测定试验胶砂和对比胶砂的流动度，以两者达到规定流动度范围时的用水量之比来表示。

2）仪器设备和材料

（1）仪器设备

同第 1.1 节"8. 胶砂流动度"。

（2）对比水泥

符合 GSB14—1510 强度检验用水泥样品规定，或符合 GB 175 规定的 42.5 级硅酸盐水泥或普通硅酸盐水泥且按表 1-6 配制的对比胶砂流动度在 145～155mm 范围内（加水量为 125g）。

表 1-6　粉煤灰需比量比试验胶砂配合比

胶砂种类	对比水泥（g）	粉煤灰（g）	标准砂（g）
对比胶砂	250	—	750
试验胶砂	175	75	750

（3）试验样品

对比水泥和被检粉煤灰按质量比 7：3 混合。

（4）标准砂

标准砂由 SiO_2 含量不低于 98％的天然圆形硅质砂组成，符合 GB/T 17671 规定的 0.5～1.0mm 的中级砂。

3）环境条件

试验室温度为（20±2）℃，相对湿度不低于 50％，粉煤灰、对比水泥、标准砂、拌合水、仪器和用具的温度应与室温一致。

4）试验步骤

（1）按表 1-6 称取对比胶砂和试验胶砂各材料的用量。

（2）按第 1.1 节"7. 胶砂强度"要求拌制对比胶砂并按第 1.1 节"8. 胶砂流动度"要求测定其流动度。加水量取 125g，对比胶砂的流动度应在 145～155mm 范围内。记录此时的流动度。

（3）按第 1.1 节"7. 胶砂强度"要求拌制试验胶砂并按第 1.1 节"8. 胶砂流动度"要求测定其流动度。当试验胶砂流动度达到对比胶砂流动度±2mm 时，记录此时的用水量。如试验胶砂流动度超出对比胶砂流动度±2mm 时，应调整加水量重新进行试验。

5）结果计算

需水量比按式（1-16）计算，修约至 1％。

$$X = \frac{L_1}{125} \times 100 \tag{1-16}$$

式中　X——需水量比（％）；

L_1——试验胶砂流动度达到对比胶砂流动度±2mm 时的加水量（g）；

125——对比胶砂的加水量（g）。

6）注意事项

（1）试验用标准砂的材质要求与第 1.1 节"7. 胶砂强度"相同，但粒径为 0.5～1.0mm 单粒级。当使用各级预配混合包装标准砂时，应筛去粒径 0.5～1.0mm 以外颗粒。

（2）当试验结果有矛盾或需要仲裁检验时，对比水泥宜采用 GSB 14—1510 强度检验用水泥标准样品。

6. 含水量

1）方法原理

将粉煤灰放入规定温度的烘箱内烘至恒重，以烘干前后的质量差与烘干前的质量比来表示粉煤灰的含水量。

2）仪器设备

（1）烘箱

控制温度范围 105～110℃，最小分度值不大于 2℃。

（2）分析天平

量程宜不小于 50g，最小分度值不大于 0.01g。

3）试验步骤

（1）称取粉煤灰试样约 50g，倒入已烘干恒重的蒸发皿中称量，准确至 0.01g。

（2）将粉煤灰试样放入 105～110℃的烘箱内烘至恒重，取出放在干燥器中冷却至室温后称量，准确至 0.01g。

4）结果计算

含水量按式（1-17）计算，修约至 0.1％。

$$w=\frac{m_1-m_0}{m_1}\times100 \tag{1-17}$$

式中　w——含水量（％）；

　　m_1——烘干前试样的质量（g）；

　　m_0——烘干后试样的质量（g）。

5）注意事项

（1）粉煤灰可参考以下方法确认达到烘干恒重：在 105～110℃的烘箱内间隔不少于 1h，前后质量相差不超过 0.01g。

（2）结果计算时，分母为烘干前的质量，而不是烘干后的质量。

7. 强度活性指数

1）方法原理

按第 1.1 节"7. 胶砂强度"方法测定试验砂和对比胶砂的 28d 抗压强度，以两者之比来表示粉煤灰的强度活性指数。

2）仪器设备和材料

（1）仪器设备

同第 1.1 节"7. 胶砂强度"。

（2）材料

对比水泥、试验样品和标准砂同"5. 需水量比"。

3）环境条件

同第 1.1 节"7. 胶砂强度"。粉煤灰、对比水泥、标准砂、拌合水、仪器和用具的温度应与室温一致。

4）试验步骤

（1）按表 1-7 称取对比胶砂和试验胶砂各材料的用量。每锅材料的称量精度为：水泥

（对比胶砂）±2g，水泥（试验胶砂）±1g，粉煤灰±1g，标准砂±5g，水±1g。

表 1-7　强度活性指数胶砂配比

胶砂种类	对比水泥（g）	粉煤灰（g）	标准砂（g）	水（g）
对比胶砂	450	—	1350	225
试验胶砂	315	135	1350	225

（2）将对比胶砂和试验胶砂分别按第 1.1 节"7. 胶砂强度"要求进行搅拌、试体成型和养护。

（3）试体养护至 28d，按第 1.1 节"7. 胶砂强度"要求分别测定对比胶砂和试验胶砂的抗压强度。

5）结果计算

强度活性指数按式（1-18）计算，修约至 1%。

$$H_{28}=\frac{R}{R_0}\times100 \tag{1-18}$$

式中　H_{28}——强度活性指数（%）；

R——试验胶砂 28d 抗压强度（MPa）；

R_0——对比胶砂 28d 抗压强度（MPa）。

6）注意事项

（1）试验用粉煤灰应先烘干至恒重。

（2）当试验结果有矛盾或需要仲裁检验时，对比水泥宜采用 GSB 14—1510 强度检验用水泥标准样品。

8. 游离氧化钙含量（乙二醇法）

1）方法原理

在加热搅拌下，使试样中的游离氧化钙与乙二醇作用生成弱碱性的乙二醇钙，以酚酞为指示剂，用苯甲酸-无水乙醇标准滴定溶液滴定。

2）仪器设备和材料

（1）游离氧化钙测定仪

游离氧化钙测定仪具有加热、搅拌、计时功能，并配有冷凝管。其外形如图 1-36 所示。

（2）玻璃砂芯漏斗

直径 50mm，平均孔径 4～7μm，如图 1-37 所示。

图1-36 游离氧化钙测定仪外形

图1-37 玻璃砂芯漏斗外形

（3）分析天平

量程宜不小于100g，分度值0.0001g。

（4）无水乙醇（CH_2CH_2OH）

体积分数不应低于99.5%。

（5）乙二醇（$HOCH_2CH_2OH$）

体积分数99%。

（6）乙二醇-无水乙醇溶液（2+1）

将1000mL乙二醇与500mL无水乙醇混合，加入0.2g酚酞，混匀，用氢氧化钠无水乙醇溶液（将0.4g氢氧化钠溶于100mL无水乙醇中）中和至微红色。贮存于干燥密封的瓶中，防止吸潮。

（7）苯甲酸-无水乙醇标准滴定溶液 $[c(C_6H_5COOH)=0.1mol/L]$

称取12.2g已在干燥器中干燥24h后的苯甲酸（C_6H_5COOH）溶于1000mL无水乙醇中，贮存于带胶塞（装有硅胶干燥管）的玻璃瓶中。其滴定度按以下方法标定：

取一定量碳酸钙（$CaCO_3$，基准试剂）置于铂（或瓷）坩埚中，在（950±25）℃下灼烧至恒量，从中称取0.04g氧化钙，精确至0.0001g，置于250mL干燥的锥形瓶中；加入30mL乙二醇-乙醇溶液，放入一根搅拌子，装上冷凝器，置于游离氧化钙测定仪上，以适当的速度搅拌溶液，同时升温并加热煮沸；当冷凝下的乙醇开始连续滴下时，继续在搅拌中加热微沸4min。取下锥形瓶，用预先用无水乙醇润湿过的快速滤纸抽气过滤或预先用无水乙醇洗涤过的玻璃砂芯漏斗抽气过滤，用无水乙醇洗涤锥形瓶和沉淀物3次，过滤时待上次洗涤液过滤完后再洗涤下次。滤液及洗液收集于250mL干燥的抽滤瓶中，立即用苯甲酸-无水乙醇标准滴定溶液滴定至微红色消失。按式（1-19）计算标准滴定溶液对氧化钙的滴定度。

$$T_{CaO}=\frac{m_1\times1000}{V_1}\tag{1-19}$$

式中　T_{CaO}——苯甲酸-无水乙醇标准滴定溶液对氧化钙的滴定度（mg/mL）；

　　　　m_1——氧化钙的质量（g）；

　　　　V_1——滴定时消耗苯甲酸-无水乙醇标准滴定溶液的体积（mL）。

3）试样制备

样品应为具有代表性的均匀性样品。采用四分法或缩分器将试样缩分至约100g，过80μm方孔筛，用磁铁吸去筛余物中的金属铁，将筛余物在研钵中研细使其全部通过孔径80μm方孔筛，充分混匀，装入试样瓶中，密封保存。

4）试验步骤

（1）称取约0.5g试样，精确至0.0001g，置于250mL干燥的锥形瓶中；加入30mL乙二醇-乙醇溶液，放入一根搅拌子，装上冷凝管，置于游离氧化钙测定仪上，以适当的速度搅拌溶液，同时升温并加热煮沸；当冷凝下的乙醇开始连续滴下时，继续在搅拌中加热微沸4min。

（2）取下锥形瓶，用预先用无水乙醇润湿过的快速滤纸抽气过滤或预先用无水乙醇洗涤过的玻璃砂芯漏斗抽气过滤，用无水乙醇洗涤锥形瓶和沉淀物3次，过滤时待上次洗涤液过滤完后再洗涤下次。

（3）滤液及洗液收集于250mL干燥的抽滤瓶中，立即用苯甲酸-无水乙醇标准滴定溶液滴定至微红色消失。

5）结果计算

游离氧化钙的质量分数按式（1-20）计算。

$$\omega_{CaO} = \frac{T_{CaO} \times V}{m \times 1000} \times 100 = \frac{T_{CaO} \times V \times 0.1}{m} \tag{1-20}$$

式中：ω_{CaO}——游离氧化钙的质量分数（%）；

T_{CaO}——苯甲酸-无水乙醇标准滴定溶液对氧化钙的滴定度（mg/mL）；

V——滴定时消耗苯甲酸-无水乙醇标准滴定溶液的体积（mL）；

m——试样质量（g）。

6）注意事项

（1）仪器不可长时间空载加热。

（2）所用无水试剂在试验结束后应密封保存。

（3）连续测定3次以上时，宜间隔5min。

（4）抽气过滤时应快速进行，防止吸收大气中的二氧化碳。

9. 二氧化硅含量（氯化铵重量法）

1）方法原理

试样与无水碳酸钠烧结，盐酸溶解，加入固体氯化铵于蒸汽水浴上加热蒸发，使硅酸凝聚，经过滤灼烧后称量。用氢氟酸处理后，失去的质量即为胶凝性二氧化硅含量，加上从滤液中比色回收的可溶性二氧化硅含量即为总二氧化硅含量。

2）仪器设备和材料

（1）分光光度计

可在波长 400～800nm 范围内测定溶液的吸光度，带有 10mm、20mm 比色皿。其外形如图 1-38 和图 1-39 所示。

图 1-38　数字式分光光度计外形

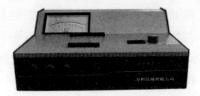

图 1-39　指针式分光光度计外形

（2）高温炉

高温炉的电阻丝应布设在炉膛外围，采用隔焰加热方式。其温度控制器可准确控制炉温，控温范围包括（700±25）℃、（800±25）℃、（950±25）℃。

（3）分析天平

量程宜不小于 100g，分度值 0.0001g。

（4）无水碳酸钠（Na_2CO_3）

将无水碳酸钠用玛瑙研钵研细至粉末状，贮存于密封瓶中。

（5）焦硫酸钾（$K_2S_2O_7$）

将焦硫酸钾在瓷蒸发皿中加热熔化，直至无泡沫发生，冷却后压碎熔融物，贮存于密封瓶中。

（6）乙醇（CH_2CH_2OH）

体积分数 95%。

（7）钼酸铵溶液（50g/L）

将 3g 钼酸铵溶于 100mL 热水中，加入 60mL 硫酸（1+1），混匀，冷却后加水稀释至 200mL，贮存于塑料瓶中，必要时过滤后使用。此溶液应在一周内使用。

（8）抗坏血酸溶液（5g/L）

将 0.5g 抗坏血酸溶于 100mL 水中，必要时过滤后使用。此溶液用时现配。

3）试样制备

同"8.游离氧化钙含量（乙二醇法）"。

4）试验步骤

（1）胶凝性二氧化硅的测定

① 称取约 0.5g 试样，精确至 0.0001g，置于铂坩埚中，将盖斜置于坩埚上，在 950～1000℃下灼烧 5min，取出坩埚在室内冷却；用玻璃棒仔细压碎块状物，加入（0.30±0.01）g 已磨细的无水碳酸钠，仔细混匀；再将坩埚置于 950～1000℃下灼烧 10min 后取出坩埚。

② 将烧结块移入瓷蒸发皿中，加入少量水润湿，用平头玻璃棒压碎块状物，盖上表

面皿，从皿口慢慢加入 5mL 盐酸及 2～3 滴硝酸，待反应停止后取下表面皿；用平头玻璃棒仔细压碎块状物使其分解完全，用热盐酸（1+1）清洗坩埚数次，洗液合并于蒸发皿中；将蒸发皿置于蒸汽水浴上，皿上放一玻璃三脚架，再盖上表面皿，蒸发至糊状后，加入约 1g 氯化铵，充分搅匀，在蒸汽水浴上蒸发至干后继续蒸发 10～15min。蒸发期间应用平头玻璃棒仔细搅拌并压碎大颗粒。

③ 取下蒸发皿，加入 10～20mL 热盐酸（3+97），搅拌使可溶性盐类溶解；用中速定量滤纸过滤，用胶头擦棒擦洗玻璃棒及蒸发皿，用热盐酸（3+97）洗涤沉淀 3～4 次，然后用热水充分洗涤沉淀，直至检验无氯离子为止；滤液及洗液收集于 259mL 容量瓶中。

④ 将沉淀连同滤纸一并移入铂坩埚中，将盖斜置于坩埚上，在电炉上干燥；灰化完全后，放入 950～1000℃ 的高温炉内灼烧 60min；取出坩埚置于干燥器中，冷却至室温，称量。反复以上灼烧过程，直至恒量。

⑤ 向坩埚中慢慢加入数滴水润湿沉淀，加入 3 滴硫酸（1+4）和 10mL 氢氟酸，放入通风橱内电热板上缓慢加热，蒸发至干，升高温度继续加热至三氧化硫白烟完全驱尽；将坩埚放入 950～1000℃ 的高温炉内灼烧 30min，取出坩埚置于干燥器中，冷却至室温，称量。反复以上灼烧过程，直至恒量。

（2）经氢氟酸处理后残渣的分解

向按（1）经过氢氟酸处理后得到的残渣中加入 0.5g 焦硫酸钾，在喷灯上熔融；熔块用热水和数滴盐酸（1+1）溶解，溶液合并入按（1）分离二氧化硅后得到的滤液和洗液中；用水稀释至标线，摇匀。此溶液 A 供测定滤液中残留的可溶性二氧化硅、三氧化二铁、三氧化二铝等用。

（3）可溶性二氧化硅的测定（硅钼蓝分光光度法）

从（2）溶液（溶液 A）中吸取 25.00mL 溶液放入 100mL 容量瓶中，加水稀释至 40mL，依次加入 5mL 盐酸（1+10）、8mL 乙醇、6mL 钼酸铵溶液，摇匀；放置 30min 后，加入 20mL 盐酸（1+1）、5mL 抗坏血酸溶液，用水稀释至标线，摇匀；放置 60min 后，用分光光度计配 10mm 比色皿，以水作参比，于波长 660nm 处测定溶液的吸光度，在工作曲线上查出二氧化硅的含量。

5）结果计算

按式（1-21）计算胶凝性二氧化硅的质量分数：

$$\omega_{\text{胶凝}SiO_2}=\frac{m_2-m_3}{m_1}\times100 \tag{1-21}$$

式中　$\omega_{\text{胶凝}SiO_2}$——胶凝性二氧化硅的质量分数（%）；

m_2——灼烧后未经氢氟酸处理的沉淀及坩埚的质量（g）；

m_3——用氢氟酸处理并经灼烧后的残渣及坩埚的质量（g）；

m_1——试样质量（g）。

按式（1-22）计算可溶性二氧化硅的质量分数：

$$\omega_{\text{胶凝}SiO_2}=\frac{m_4\times250}{m_1\times25\times1000}\times100=\frac{m_4}{m_1} \tag{1-22}$$

式中　$\omega_{胶凝SiO_2}$——可溶性二氧化硅的质量分数（%）；

　　　　m_4——按本节第 4）（3）项测定的 100mL 溶液中二氧化硅的含量（mg）；

　　　　m_1——试样质量（g）。

按式（1-23）计算总二氧化硅的质量分数：

$$\omega_{总SiO_2} = \omega_{胶凝SiO_2} + \omega_{可溶SiO_2}$$ (1-23)

式中　$\omega_{总SiO_2}$——总二氧化硅的质量分数（%）；

　　　$\omega_{胶凝SiO_2}$——胶凝性二氧化硅的质量分数（%）；

　　　$\omega_{可溶SiO_2}$——可溶性二氧化硅的质量分数（%）。

6）注意事项

（1）测定胶凝性二氧化硅质量时，由于溶液中的 Fe^{3+}、Al^{3+} 等离子在温度超过 110℃ 时易水解生成难溶性的碱式盐而混在硅酸凝胶中，这样将使 SiO_2 的结果偏高，而 Fe_2O_3、Al_2O_3 等的结果偏低，故加热蒸干应采用水浴并严格控制温度。

（2）洗涤应完全彻底，洗涤后沉淀中应不含 Fe^{3+}，玻璃棒及烧杯应擦拭干净，以防影响结果。

（3）沉淀在高温灼烧前，必须经过干燥炭化。因含水硅酸的组成不稳定，如直接高温将导致测定结果不准确。

10. 三氧化二铝含量（硫酸铜返滴定法）

1）方法原理

在滴定铁后的溶液中，加入对铝、钛过量的 EDTA 标准滴定溶液，控制溶液 pH 值在 3.8～4.0 范围内，以 PAN 为指示剂，用硫酸铜标准滴定溶液返滴定过量的 EDTA。本方法适用于一氧化锰含量在 0.5% 以下的试样。

2）仪器设备和材料

（1）分析天平

量程宜不小于 100g，分度值 0.0001g。

（2）EDTA 标准滴定溶液 [c（EDTA）=0.015mol/L]

称取 5.6g EDTA（乙二胺四乙酸二钠，$C_{10}H_{14}N_2O_8Na_2 \cdot 2H_2O$）置于烧杯中，加入约 200mL 水，加速溶解，过滤，加水稀释至 1L，摇匀。

（3）pH4.3 的缓冲溶液

将 43.2g 无水乙酸钠（CH_3COONa）溶于水中，加入 80mL 冰乙酸，加水稀释至 1L。

（4）硫酸铜标准滴定溶液

称取 3.7g 硫酸铜（$CuSO_4 \cdot 5H_2O$）溶于水中，加入 4～5 滴硫酸（1+1），加水稀释至 1L，摇匀。

（5）PAN 指示剂溶液（1-（2-吡啶偶氮）-2 萘酚）（2g/L）

将 0.2g 1-(2-吡啶偶氮)-2萘酚溶于 100mL 乙醇中。

3）试样制备

同"8. 游离氧化钙含量（乙二醇法）"。

4）试验步骤

（1）在"11. 三氧化二铁含量（EDTA 直接滴定法）"中测完铁的溶液中加入 EDTA 标准滴定溶液至过量 10.00～15.00mL（对铝、钛合量而言），加水稀释至 150～200mL。

（2）将溶液加热至 70～80℃后，在搅拌状态下用氨水（1+1）调节溶液 pH 在 3.0～3.5 之间（用精密 pH 试纸检验）；加入 15mL pH4.3 的缓冲溶液，加热煮沸并保持微沸 1～2min。

（3）取下烧杯，稍冷后加入 4～5 滴 PAN 指示剂溶液，用硫酸铜标准滴定溶液滴定至亮紫色。

5）结果计算

按式（1-24）计算三氧化二铝的质量分数：

$$\omega_{Al_2O_3} = \frac{T_{Al_2O_3} \times (V_1 - K \times V_2) \times 10}{m \times 1000} \times 100 - 0.64 \times \omega_{TiO_2}$$

$$= \frac{T_{Al_2O_3} \times (V_1 - K \times V_2)}{m} - 0.64 \times \omega_{TiO_2}$$

(1-24)

式中　$\omega_{Al_2O_3}$——三氧化二铝的质量分数（%）；

$T_{Al_2O_3}$——EDTA 标准滴定溶液对三氧化二铝的滴定度（mg/mL）；

V_1——加入 EDTA 标准滴定溶液的体积（mL）；

V_2——滴定时消耗硫酸铜标准滴定溶液的体积（mL）；

K——EDTA 标准滴定溶液与硫酸铜标准滴定溶液的体积比；

m——试样质量（g）；

ω_{TiO_2}——按"15. 二氧化钛含量（二安替比林甲烷分光光度法）"测得的二氧化钛的质量分数（%）；

0.64——二氧化钛对三氧化二铝的换算系数。

6）注意事项

（1）滴定时溶液的 pH 应控制在 3.8～4.0 之间。若 pH＞4.0，则铝离子水解倾向大，若 pH＜3.5，铝离子配合不完全，两者都会导致分析结果偏低。

（2）EDTA 标准溶液必须用铝标准溶液标定。

11. 三氧化二铁含量（EDTA 直接滴定法）

1）方法原理

在 pH1.8～2.0、温度为 60～70℃的溶液中，以磺基水杨酸钠为指示剂，用 EDTA 标准滴定溶液滴定。

2）仪器设备和材料

（1）高温炉

同"9. 二氧化硅含量（氯化铵重量法）"。

（2）分析天平

量程宜不小于 100g，分度值 0.0001g。

（3）　EDTA 标准滴定溶液 $[c（EDTA）=0.015mol/L]$

称取 5.6g EDTA（乙二胺四乙酸二钠，$C_{10}H_{14}N_2O_8Na_2 \cdot 2H_2O$）置于烧杯中，加入约 200mL 水，加速溶解，过滤，加水稀释至 1L，摇匀。

（4）磺基水杨酸钠指示剂溶液（100g/L）

将 10g 磺基水杨酸钠（$C_7H_5O_6SNa \cdot 2H_2O$）溶于水中，加水稀释至 100mL。

3）试样制备

同"8. 游离氧化钙含量（乙二醇法）"。

4）试验步骤

（1）称取约 0.5g 试样，精确至 0.0001g，置于银坩埚中，加入 6～7g 氢氧化钠，盖上坩埚盖（留有缝隙），放入高温炉中；从低温升起，在 650～700℃ 的高温下熔融 20min，期间取出摇动 1 次；取出冷却后将坩埚放入已盛有约 100mL 沸水的 300mL 烧杯中，盖上表面皿，在电炉上适当加热；待熔块完全浸出后，取出坩埚，用水冲洗坩埚和盖。

（2）在搅拌状态下一次加入 25～30mL 盐酸，再加入 1mL 硝酸，用热盐酸（1+5）洗净坩埚和盖；将溶液加热煮沸，冷却至室温后，移入 250mL 容量瓶中，用水稀释至标线，摇匀。此溶液（溶液 B）供测定二氧化硅、三氧化二铁、三氧化二铝等用。

（3）从 9 标 4）条（2）项溶液 A 中或上述溶液 B 中吸取 25.00mL 溶液放入 300mL 烧杯中，加水稀释至约 100mL，用氨水（1+1）和盐酸（1+1）调节溶液 pH 值在 1.8～2.0 之间（用精密 pH 试纸或酸度计检验）；将溶液加热至 70℃，加入 10 滴磺基水杨酸钠指示剂溶液，用 EDTA 标准滴定溶液缓慢地滴定至亮黄色（终点时溶液温度应不低于 60℃，如终点前溶液温度降至近 60℃ 时，应再加热至 65～70℃）。保留此溶液供测定三氧化二铝用。

5）结果计算

按式（1-25）计算三氧化二铁的质量分数：

$$\omega_{Fe_2O_3} = \frac{T_{Fe_2O_3} \times V \times 10}{m \times 1000} \times 100 = \frac{T_{Fe_2O_3} \times V}{m} \qquad (1-25)$$

式中　$\omega_{Fe_2O_3}$——三氧化二铁的质量分数（%）；

　　　$T_{Fe_2O_3}$——EDTA 标准滴定溶液对三氧化二铁的滴定度（mg/mL）；

　　　V——滴定时消耗 EDTA 标准滴定溶液的体积（mL）；

　　　m——试样质量（g）。

6）注意事项

（1）滴定铁时温度以 60～70℃ 为宜，加热时不得煮沸，否则会导致结果偏高。

（2）用氨水调节时，不可多加，过多则结果偏低，应控制 pH 值在 2.0～2.5 之间。如 pH 值太低结果易偏低；如 pH 值偏高，同时温度也较高时，铁的结果也偏高。

12. 碱含量（火焰光度法）

1）方法原理

试样经氢氟酸-硫酸蒸发处理除去硅，用热水浸取残渣，以氨水和碳酸铵分离铁、铝、钙、镁，采用火焰光度计对滤液中的钾、钠进行测定。

2）仪器设备和材料

（1）火焰光度计

火焰光度计由辐射源、单色器、比色槽、检测系统等组成，可稳定地测定钾在波长 768nm 处和钠在波长 589nm 处的谱线强度。其外形如图 1-40 和图 1-41 所示。

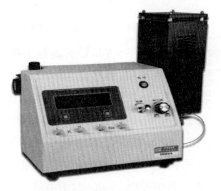 

图 1-40 数字式火焰光度计外形　　　图 1-41 指针式火焰光度计外形

（2）分析天平

量程宜不小于 100g，分度值 0.0001g。

（3）甲基红指示剂溶液（2g/L）

将 0.2g 甲基红溶于 100mL 乙醇中。

（4）碳酸铵溶液（100g/L）

将 10g 碳酸铵［$(NH_4)_2CO_3$］溶解于 100mL 水中。此溶液用时现配。

3）试样制备

同"8. 游离氧化钙含量（乙二醇法）"。

4）试验步骤

（1）称取约 0.2g 试样，精确至 0.0001g，置于铂皿中，加入少量水润湿，加入 5～7mL 氢氟酸和 15～20 滴硫酸（1+1），放入通风橱内低温电热板上加热；近干时摇动铂皿，以防溅失；待氢氟酸驱尽后逐渐升高温度，继续将三氧化硫白烟驱尽，取下冷却。

（2）加入 40～50mL 热水，压碎残渣使其溶解；加入 1 滴甲基红指示剂溶液，用氨水

（1＋1）中和至黄色，再加入 10mL 碳酸铵溶液，搅拌；然后放入通风橱内电热板上加热至沸并继续微沸 20～30min，用快速滤纸过滤，以热水充分洗涤，滤液及洗液收集于 100mL 容量瓶中，冷却至室温。

（3）用盐酸（1＋1）中和至溶液呈微红色，用水稀释至标线，摇匀；在火焰光度计上，按仪器使用规程进行测定，在工作曲线上分别查出氧化钾和氧化钠的含量。

5）结果计算

氧化钾和氧化钠的质量分数分别按式（1-26）和式（1-27）计算，胶凝材料中的碱含量按 $Na_2O＋0.658K_2O$ 计算值来表示。

$$\omega_{K_2O}=\frac{m_2}{m_1\times1000}\times100=\frac{m_2\times0.1}{m_1} \tag{1-26}$$

$$\omega_{Na_2O}=\frac{m_3}{m_1\times1000}\times100=\frac{m_3\times0.1}{m_1} \tag{1-27}$$

式中　　ω_{K_2O}——氧化钾的质量分数（％）；

ω_{Na_2O}——氧化钠的质量分数（％）；

m_2——100mL 测定溶液中氧化钾的含量（mg）；

m_3——100mL 测定溶液中氧化钠的含量（mg）；

m_1——试样质量（g）。

6）工作曲线绘制

（1）吸取每毫升含 1mg 氧化钾及 1mg 氧化钠的标准溶液 0mL、2.50mL、5.00mL、10.00mL、15.00mL、20.00mL 分别放入 500mL 容量瓶中，用水稀释至标线，摇匀。贮存于塑料瓶中。

（2）将火焰光度计调节至最佳工作状态，按仪器使用规程进行测定。

（3）用测得的检流计读数作为相对应的氧化钾及氧化钠含量的函数，绘制工作曲线。

7）注意事项

（1）为防止自吸现象，K、Na 检测应从低到高，对于碱含量较高的样品，可采用溶液适当稀释。

（2）应注意蒸馏水、试剂（如氢氟酸、碳酸铵溶液等）带入的误差（特别是 Na_2O），宜用超纯水配制试剂。

（3）用氢氟酸溶样应尽量除尽氟离子，以免侵蚀玻璃，使测定结果偏高。此外，试样制备成溶液后，也应及时进行测定。

（4）测定过程中，燃气和助燃气压力应保持稳定，以保持火焰的稳定性。此外，雾化器易被尘埃阻塞，应经常注意检查，用完后要用蒸馏水喷洗干净。

（5）应以同一套仪器进行标准溶液和试样溶液的测定，以使两者的试验条件完全一致。

（6）测定试样的同时，需进行空白试验，并对测定结果校正。

（7）碱含量测定不得与其他分析试验共用器皿和试剂，以免带入空白。

13. 烧失量

烧失量试验见第 1.3 节"10. 烧失量（灼烧差减法）"。

14. 三氧化硫含量（硫酸钡重量法）

1）方法原理

在酸性溶液中，用氯化钡溶液沉淀硫酸盐，经过滤灼烧后，以硫酸钡形式称量，测定结果以三氧化硫表示。

2）仪器设备和材料

（1）高温炉

同"9. 二氧化硅含量（氯化铵重量法）"。

（2）分析天平

量程宜不小于 100g，分度值 0.0001g。

（3）氯化钡溶液（100g/L）

将 100g 氯化钡（$BaCl_2 \cdot H_2O$）溶于水中，加水稀释至 1L。

3）试样制备

同"8. 游离氧化钙含量（乙二醇法）"。

4）试验步骤

（1）称取约 0.5g 试样，精确至 0.0001g，置于 200mL 烧杯中，加入约 40mL 水，搅拌使试样完全分散；在搅拌状态下加入 10mL 盐酸（1＋1），用平头玻璃棒压碎块状物，加热煮沸并保持微沸（5±0.5）min。

（2）用中速滤纸过滤，用热水洗涤 10～12 次，滤液及洗液收集于 400mL 烧杯中；加水稀释至约 250mL，在玻璃棒底部压一小片定量滤纸，盖上表面皿，加热煮沸；在微沸下从杯口缓慢逐滴加入 10mL 热的氯化钡溶液，继续微沸 3min 以上以便于形成沉淀，然后在常温下静置 12～24h 或温热处静置至少 4h（仲裁分析应在常温下静置 12～24h），此时溶液体积应保持在约 200mL。

（3）用慢速定量滤纸过滤，以温水洗涤，直至检验无氯离子为止。

（4）将沉淀和滤纸一并移入已灼烧恒重的瓷坩埚中，灰化完全后，放入 800～950℃的高温炉内灼烧 30min，取出坩埚，置于干燥器中冷却至室温，称量。反复上述灼烧过程，直至恒重。

5）结果计算

按式（1-28）计算三氧化硫的质量分数。

$$\omega_{SO_3} = \frac{m_2 \times 0.343}{m_1} \times 100 \tag{1-28}$$

式中　ω_{SO_3}——三氧化硫的质量分数（%）；

　　　m_2——灼烧后沉淀的质量（g）；

　　　m_1——试样质量（g）；

　　　0.343——硫酸钡对三氧化硫的换算系数。

6）注意事项

（1）滴加沉淀剂时应控制速度，可用滴管吸取后慢慢加入热溶液中，切不可将 10mL $BaCl_2$ 溶液一次性全倒入试验溶液中。

（2）加入氯化钡溶液时宜保持搅拌状态，防止因试验溶液中氯化钡局部过浓而生成过多晶核。

（3）应尽量排除滤纸和漏斗壁之间的气泡，使滤纸紧贴在漏斗壁上，避免沉淀从滤纸和漏斗之间的缝隙滑落，漏到滤液中去。

（4）灰化时，宜先在电炉上用低温小心烘去水分，待滤纸干燥后再提高温度使滤纸灰化完全。灰化时特别注意不要使滤纸着火，否则会因气流的强烈流动使沉淀飞失。如已着火，应立即切断电炉电源，并将坩埚盖盖上，让其自行熄灭后再继续灰化，切忌用嘴吹灭火焰，以防沉淀飞失。

（5）沉淀经灼烧后，将坩埚放入干燥器时，应使干燥器与盖子间留有间隙，以放出热空气，稍后再关闭，至室温后称量。恒量空坩埚和恒量沉淀时，掌握的条件如灼烧温度、冷却时间等应保持一致，反复灼烧的时间宜控制在 15min 左右。

15. 二氧化钛含量（二安替比甲林烷分光光度法）

1）方法原理

在酸性溶液中钛氧基离子（TiO^{2+}）与二安替比林甲烷生成黄色配合物，用抗坏血酸消除三价铁离子的干扰，于波长 420nm 处测定溶液的吸光度。

2）仪器设备和材料

（1）分光光度计

同"12. 碱含量（火焰光度法）"。

（2）分析天平

量程宜不小于 100g，分度值 0.0001g。

（3）抗坏血酸溶液（5g/L）

将 0.5g 抗坏血酸溶于 100mL 水中，必要时过滤后使用。此溶液用时现配。

（4）二安替比林甲烷溶液（30g/L 盐酸溶液）

将 3g 二安替比林甲烷（$C_{23}H_{24}N_4O_2$）溶于 100mL 盐酸（1+10）中，必要时过滤后使用。

（5）乙醇（C_2H_5OH）

体积分数为 95%。

3）试验步骤

（1）从"9. 二氧化硅含量（氯化铵重量法）"溶液 A 或"11. 三氧化二铁含量（ED-TA 直接滴定法）"溶液 B 中吸取 25.00mL 溶液放入 100mL 容量瓶中，加入 10mL 盐酸（1+2）、10mL 抗坏血酸溶液，静置 5min。

（2）依次加入 5mL 乙醇、20mL 二安替比林甲烷溶液，用水稀释至标线，摇匀，静置 40min。

（3）用分光光度计配 10mm 比色皿，以水作参比，于波长 420nm 处测定溶液的吸光度，在工作曲线上查出二氧化钛的含量。

4）结果计算

按式（1-29）计算二氧化钛的质量分数。

$$\omega_{TiO_2} = \frac{m_1 \times 10}{m \times 1000} \times 100 = \frac{m_1}{m} \tag{1-29}$$

式中　ω_{TiO_2}——二氧化钛的质量分数（%）；

m_1——100mL 测定溶液中二氧化钛的含量（mg）；

m——试样质量（g）。

5）注意事项

（1）铁、铬、钒与二安替比林甲烷也能显色，加入抗坏血酸还原后，其影响可以消除。选用 5g/L 抗坏血酸溶液，还原时溶液温度应控制在 20℃ 以上。

（2）严格控制酸溶液的浓度。酸度过小，TiO_2 易水解生成难溶性偏钛酸，影响钛与二安替比林甲烷的配位，使测定结果偏低；酸度过大，会使二安替比林甲烷分解，降低颜色强度。

16. 其他检测项目

密度试验见第 1.1 节"9. 密度"。

安定性试验见第 1.1 节"6. 安定性"，其试验样品由对比水泥和被检粉煤灰按质量比 7∶3 混合而成。

17. 结果判定

粉煤灰的各项检验结果符合《用于水泥和混凝土中的粉煤灰》GB/T 1596—2017 的规

定时，该批粉煤灰判为合格品。如有任一项不满足标准要求，允许在同批中重新取样进行全部项目的复检，以复检结果判定。

18. 相关标准

《通用硅酸盐水泥》GB 175—2007。

《水泥取样方法》GB/T 12573—2008。

1.3 矿渣粉

1. 概述

在高炉冶炼生铁时，浮于熔融铁顶部的熔渣（主要成分为硅铝酸盐）排入水中急冷或用压力冷水冲淋，形成粒径 0.5～5mm 范围内的玻璃质颗粒称为粒化高炉矿渣（也称作水淬矿渣），以粒化高炉矿渣为主要材料，可掺加少量石膏经干燥、粉磨而成的具有一定细度的粉体，称作粒化高炉矿渣粉，简称矿渣粉或矿粉。矿渣粉的主要成分包括 CaO、SiO_2、Al_2O_3 和 MgO 等氧化物，是一种具有潜在水硬性的活性矿物材料。矿渣粉按 28d 活性指数等物理性能分为 S105、S95、S75 三个级别。

2. 检测项目

矿渣粉的检测项目主要包括：密度、比表面积、活性指数、流动度比、初凝时间比、含水量、三氧化硫含量、氯离子含量、烧失量、不溶物。

3. 依据标准

《用于水泥、砂浆和混凝土中的粒化高炉矿渣粉》GB/T 18046—2017。

《水泥胶砂强度检验方法（ISO 法）》GB/T 17671—1999。

《水泥胶砂流动度测定方法》GB/T 2419—2005。

《水泥化学分析方法》GB/T 176—2017。

4. 活性指数

1）方法原理

按第 1.1 节"7. 胶砂强度"方法测定试验胶砂和对比胶砂的 7d 和 28d 抗压强度，以二者之比来表示矿渣粉的活性指数。

2）仪器设备和材料

（1）仪器设备

同第 1.1 节"7. 胶砂强度"。

（2）对比水泥

符合 GB 175 规定的 42.5 级硅酸盐水泥或普通硅酸盐水泥，3d 抗压强度 25～35MPa，7d 抗压强度 35～45MPa，28d 抗压强度 50～60MPa，比表面积 350～400m²/kg，SO_3 含量在 2.3%～2.8%，碱含量（$Na_2O+0.658K_2O$）在 0.5%～0.9%。

（3）试验样品

对比水泥和被检矿渣粉按质量比 1∶1 混合。

（4）标准砂

标准砂由 SiO_2 含量不低于 98% 的天然圆形硅质砂组成，其颗粒分布符合第 1.1 节表 1-4 规定。

3）环境条件

同第 1.1 节"7. 胶砂强度"。矿渣粉、对比水泥、标准砂、拌合水、仪器和用具的温度应与室温一致。

4）试验步骤

（1）按表 1-8 称取对比胶砂和试验胶砂各材料的用量。每锅材料的称量精度为：水泥（对比胶砂）±2g，水泥（试验胶砂）±1g，矿渣粉±1g，标准砂±5g，水±1g。

表 1-8　活性指数胶砂配比

胶砂种类	对比水泥（g）	矿渣粉（g）	标准砂（g）	水（g）
对比胶砂	450	—	1350	225
试验胶砂	225	225	1350	225

（2）将对比胶砂和试验胶砂分别按第 1.1 节"7. 胶砂强度"要求进行搅拌、试体成型和养护。

（3）试体养护至 7d 或 28d，按第 1.1 节"7. 胶砂强度"要求分别测定对比胶砂和试验胶砂的 7d 或 28d 抗压强度。

5) 结果计算

矿渣粉 7d 和 28d 的活性指数分别按式（1-30）和式（1-31）计算，修约至 1%。

$$A_7 = \frac{R_7}{R_{07}} \times 100 \tag{1-30}$$

式中　A_7——矿渣粉 7d 活性指数（%）；

　　R_7——试验胶砂 7d 抗压强度（MPa）；

　　R_{07}——对比胶砂 7d 抗压强度（MPa）。

$$A_{28} = \frac{R_{28}}{R_{028}} \times 100 \tag{1-31}$$

式中　A_{28}——矿渣粉 28d 活性指数（%）；

　　R_{28}——试验胶砂 28d 抗压强度（MPa）；

　　R_{028}——对比胶砂 28d 抗压强度（MPa）。

6) 注意事项

(1) 试验用矿渣粉应先烘干至恒重。

(2) 试验样品由对比水泥和被检矿渣粉按质量比 1：1 均匀混合而成。

5. 流动度比

1) 方法原理

按相同的检测方法分别测定试验胶砂和对比胶砂的流动度，以二者的流动度之比来表示。

2) 仪器设备和材料

(1) 仪器设备

同第 1.1 节"8. 胶砂流动度"。

(2) 试验材料

同"4. 活性指数"。

3) 环境条件

试验室温度为（20±2）℃，相对湿度不低于 50%，矿渣粉、对比水泥、标准砂、拌合水、仪器和用具的温度应与室温一致。

4) 试验步骤

(1) 按表 1-8 称取对比胶砂和试验胶砂各材料的用量。每锅材料的称量精度为：水泥（对比胶砂）±2g，水泥（试验胶砂）±1g，矿渣粉±1g，标准砂±5g，水±1g。

(2) 将对比胶砂和试验胶砂分别按第 1.1 节"7. 胶砂强度"要求进行搅拌。

(3) 按第 1.1 节"8. 胶砂流动度"要求分别测定对比胶砂和试验胶砂的流动度。

5) 结果计算

流动度比按式（1-32）计算，修约至 1%。

$$F = \frac{L}{L_m} \times 100 \qquad (1\text{-}32)$$

式中　F——矿渣粉流动度比（%）；

　　L——试验胶砂流动度（mm）；

　　L_m——对比胶砂流动度（mm）。

6. 初凝时间比

1）方法原理

按第 1.1 节"5. 凝结时间"方法测定试验净浆和对比净浆的初凝时间，以二者之比来表示矿渣粉对水泥凝结时间的影响。

2）仪器设备和材料

（1）仪器设备

同第 1.1 节"5. 凝结时间"。

（2）材料

对比水泥同"4. 活性指数"。

3）环境条件

同第 1.1 节"5. 凝结时间"。

4）试验步骤

（1）按表 1-9 所示用量称量对比净浆和试验净浆所需的对比水泥和矿渣粉。

表 1-9　水泥净浆配比

水泥净浆种类	对比水泥（g）	矿渣粉（g）	水（g）
对比净浆	500	—	标准稠度用水量
试验净浆	250	250	标准稠度用水量

（2）按第 1.1 节"5. 凝结时间"要求分别测定对比净浆和试验净浆的初凝时间。

5）结果计算

按式（1-33）计算矿渣粉的初凝时间比，结果修约至 1%。

$$T = \frac{I}{I_m} \times 100 \qquad (1\text{-}33)$$

式中　T——初凝时间比（%）；

　　I——试验净浆初凝时间（min）；

　　I_m——对比净浆初凝时间（min）。

6）注意事项

（1）试验净浆和对比净浆的拌合用水量以各自净浆达到标准稠度为准，两者的用水量不要求一致。

（2）达到初凝时应立即重复测一次，当两次结论相同时才能确定到达初凝状态。

7. 含水量

1）方法原理

将矿渣粉放入规定温度的烘箱内烘至恒重，以烘干前后的质量差与烘干前的质量比表示矿渣粉的含水量。

2）仪器设备

（1）烘箱

可控制温度不低于110℃，最小分度值不大于2℃。

（2）分析天平

量程宜不小于50g，最小分度值不大于0.01g。

3）试验步骤

（1）称取矿渣粉试样约50g，倒入已烘干恒重的蒸发皿中称量，准确至0.01g。

（2）将矿渣粉试样放入105～110℃的烘箱内烘至恒重，取出放在干燥器中冷却至室温后称量，准确至0.01g。

4）结果计算

含水量按式（1-34）计算，修约至0.1%。

$$w = \frac{w_1 - w_0}{w_1} \times 100 \tag{1-34}$$

式中　w——含水量（%）；

　　　w_1——烘干前试样的质量（g）；

　　　w_0——烘干后试样的质量（g）。

5）注意事项

（1）矿渣粉可参考以下方法确认达到烘干恒重：在105～110℃的烘箱内间隔不少于1h，前后质量相差不超过0.01g。

（2）结果计算时，分母为烘干前的质量，而不是烘干后的质量。

8. 氯离子含量（硫氰酸铵容量法）

1）方法原理

试样用硝酸进行分解，同时消除硫化物的干扰，加入已知量的硝酸银标准溶液使氯离子以氯化银的形式沉淀。煮沸、过滤后，以铁（Ⅲ）盐为指示剂，将滤液和洗涤液用硫酸氰铵标准滴定溶液中过量的硝酸银。

2）仪器设备和材料

（1）分析天平

量程宜不小于 100g，分度值 0.0001g。

（2）玻璃砂芯漏斗

同第 1.2 节 "8. 游离氧化钙含量（乙二醇法）"。

（3）干燥箱

可控制温度（105±5）℃、（150±5）℃、（250±10）℃。

（4）硝酸银标准溶液 $[c(AgNO_3)＝0.05mol/L]$

称取 8.4940g 已于（150±5）℃烘过 2h 的硝酸银（$AgNO_3$），精确至 0.0001g，加水溶解后，移入 1000mL 容量瓶中，加水稀释至标线，摇匀，贮存于干燥密封的瓶中，避光保存。

（5）硫氰酸铵标准滴定溶液 $[c(NH_4SCN)＝0.05mol/L]$

称取 3.8g 硫氰酸铵（NH_4SCN）溶于水，稀释至 1L。

（6）硫酸铁铵指示剂溶液

将 10mL 硝酸（1±2）加入到 100mL 冷的硫酸铁（Ⅲ）铵 $[NH_4Fe(SO_4)_2 \cdot 12H_2O]$ 饱和水溶液中。

（7）滤纸浆

将定量滤纸撕成小块，放入烧杯中，加水浸没，在搅拌下加热煮沸 10min 以上，冷却后放入广口瓶中备用。

3）试样制备

同第 1.2 节 "8. 游离氧化钙含量（乙二醇法）"。

4）试验步骤

（1）称取约 5g 试样，精确至 0.0001g，置于 400mL 烧杯中，加入 50mL 水，搅拌使试样完全分散；在搅拌状态下加入 50mL 硝酸（1+2），加热煮沸，在搅拌状态下微沸 1～2min。

（2）准确移取 5.00mL 硝酸银标准溶液放入溶液中，微沸 1～2min，加入少许滤纸浆，用预先用硝酸（1+100）洗涤过的慢速纸抽气过滤或玻璃砂芯漏斗抽气过滤，滤液收集于 250mL 锥形瓶中；用硝酸（1+100）洗涤烧杯、玻璃棒和滤纸，直至滤液和洗液总体积达到约 200mL，溶液在弱光线或暗处冷却至 25℃以下。

（3）加入 5mL 硫酸铁铵指示剂溶液，用硫氰酸铵标准滴定溶液滴定至产生的红棕色在摇动下不消失为止；记录滴定所用硫氰酸钠标准滴定溶液的体积。如果标准滴定溶液的体积小于 0.5mL，用减少一半的试样质量重新试验。

（4）不加入试样按上述步骤进行空白试验，记录空白滴定所用硫酸氰酸铵标准滴定溶液的体积。

5）结果计算

按式（1-35）计算氯离子的质量分数。

$$\omega_{Cl^-}＝\frac{1.773×5.00\ (V_2-V_1)}{V_2×m×1000}×100＝0.8865×\frac{(V_2-V_1)}{V_2×m} \qquad (1\text{-}35)$$

式中　ω_{Cl^-}——氯离子的质量分数（%）；

V_1——滴定时消耗硫氰酸铵标准滴定溶液的体积（mL）；

V_2——空白试验滴定时消耗硫氰酸铵标准滴定溶液的体积（mL）；

m——试料的质量（g）；

1.773——硝酸银标准溶液对氯离子的滴定度（mg/mL）。

6）注意事项

（1）加入硝酸后要不停地搅拌并煮沸，使生成的硫化氢和氮氧化物充分逸出，以免干扰测定，同时可以使试样溶解得更均匀。

（2）硝酸银标液的准确与否直接决定了测试结果的准确度，所以硝酸银标液应严格按照标准要求进行配制，试验中标定与配制标准溶液的试剂应为基准试剂。因溶液为热溶液，硝酸银标液宜用移液管准确加入。

（3）滴定过程应在室温下进行，温度过高，红色络合物容易褪色。滴定时要充分地摇动溶液，使被吸附的释放出来，防止终点过早出现，产生人为误差。

（4）空白试验时，其滴定终点颜色尽量保持与样品滴定终点颜色一致。

9. 氯离子含量（磷酸蒸馏-汞盐滴定法）

1）方法原理

用规定的蒸馏装置在 250～260℃ 温度条件下，以过氧化氢和磷酸分解试样，以净化空气作载体，进行蒸熘分离氯离子，用稀硝酸作吸收液，在 pH3.5 左右，以二苯偶氮碳酰肼为指示剂，用硝酸汞标准滴定溶液进行滴定。

1-42　氯离子测定仪外形

2）仪器设备和材料

（1）氯离子测定仪

氯离子测定仪由吹气泵、洗气瓶、加热炉、蒸馏管、冷凝管以及流量计、温控仪和计时器等组成，其外形如图 1-42 所示，结构示意如图 1-43 所示。

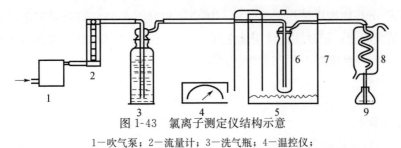

图 1-43　氯离子测定仪结构示意

1—吹气泵；2—流量计；3—洗气瓶；4—温控仪；
5—加热炉；6—蒸馏管；7—保温罩；8—冷凝管；9—锥形瓶

（2）分析天平

量程宜不小于 100g，分度值 0.0001g。

（3）硝酸（HNO_3）

密度 1.39～1.41g/cm³ 或质量分数 65％～68％。

（4）磷酸（H_3PO_4）

密度 1.68g/cm³ 或质量分数≥85％。

（5）乙醇（C_2H_5OH）

体积分数 95％或无水乙醇。

（6）过氧化氢（H_2O_2）

质量分数 30％。

（7）氢氧化钠（NaOH）溶液 [c（NaOH）＝0.5mol/L]

将 2g 氢氧化钠溶于 100mL 水中。

（8）硝酸溶液 [c（HNO_3）＝0.5mol/L]

取 3mL 硝酸用水稀释至 100mL。

（9）氯离子标准溶液

准确称取 0.3297g 已在 105～110℃烘 2h 的氯化钠，溶于少量水中，然后移入 1L 容量瓶中，用水稀释至标线，摇匀。此溶液 1mL 含 0.2mg 氯离子。

吸取上述溶液 50.00mL，注入 250mL 容量瓶中，用水稀释至标线，摇匀。此溶液 1mL 含 0.04mg 氯离子。

（10）硝酸汞标准滴定溶液 [c（Hg（NO_3）$_2$）＝0.001mol/L]

称取 0.34g 硝酸汞 [Hg（NO_3）$_2$·1/2H_2O]，溶于 10mL 硝酸中，移入 1L 容量瓶内，用水稀释至标线，摇匀。

（11）硝酸汞标准滴定溶液 [c（Hg（NO_3）$_2$）＝0.005mol/L]

称取 1.67g 硝酸汞 [Hg（NO_3）$_2$·1/2H_2O]，溶于 10mL 硝酸中，移入 1L 容量瓶内，用水稀释至标线，摇匀。

（12）硝酸银溶液（5g/L）

将 5g 硝酸银（$AgNO_3$）溶于 1L 水中。

（13）溴酚蓝指示剂溶液（1g/L）

将 0.1g 溴酚蓝溶于 100mL 乙醇（1＋4）中。

（14）二苯偶氮碳酰肼溶液（10g/L）

将 1g 二苯偶氮碳酰肼溶于 100mL 乙醇中。

3）试样制备

同第 1.2 节 "8. 游离氧化钙含量（乙二醇法）"。

4）试验步骤

（1）向 50mL 锥形瓶中加入约 3mL 水及 5 滴硝酸，放在冷凝管下端用以承接蒸馏液，冷凝管下端的硅胶管插于锥形瓶的溶液中。

（2）称取约 0.3g 试样，精确至 0.0001g，置于已烘干的石英蒸馏管中，勿使试料黏附于管壁。

（3）向蒸馏管中加入 5 滴过氧化氢溶液，摇动后加入 5mL 磷酸，套上磨口塞；摇动待试料分解产生的二氧化碳气体大部分逸出后，将固定架套在石英蒸馏管上，并将其置于温度 250~260℃的加热炉内，迅速用硅橡胶管连接好蒸馏管的进出口部分（先连出气管，后连进气管），盖上炉盖。

（4）开动气泵，调节气流速度在 100~200mL/min，蒸馏 10~15min 后关闭气泵；拆下连接管，取出蒸馏管置于试管架内。

（5）用乙醇吹洗冷凝管及其下端，洗液收集于锥形瓶内（乙醇用量约为 15mL）；由冷凝管下部取出承接蒸馏液的锥形瓶，向其中加入 1~2 滴溴酚蓝指示剂，用氢氧化钠溶液调至溶液呈蓝色，然后用硝酸调至溶液刚好变黄，再过量 1 滴，加入 10 滴二苯偶氮碳酰肼指示剂，用硝酸汞标准滴定溶液滴定至樱桃红色出现。记录滴加所用硝酸汞标准滴定溶液的体积。

（6）不加入试样按上述步骤进行空白试验，记录空白滴定所用硝酸汞标准滴定溶液的体积。

5）结果计算

按式（1-36）计算氯离子的含量，测试结果以质量百分数计，修约至小数点后三位。

$$\omega_{Cl^-} = \frac{T_{Cl^-} \times (V_1 - V_0)}{m \times 1000} \times 100 \qquad (1-36)$$

式中　ω_{Cl^-}——氯离子的质量分数（%）；

T_{Cl^-}——每毫升硝酸汞标准滴定溶液相当于氯离子的毫克数（mg/mL）；

V_0——空白试验消耗硝酸汞标准滴定溶液的体积（mL）；

V_1——滴定时消耗硝酸汞标准滴定溶液的体积（mL）；

m——试样质量（g）。

6）注意事项

（1）在添加过氧化氢之后需要立即进行均匀摇晃，避免试验样品出现结块情况。

（2）在完成试验之后应将石英蒸馏管放置一段时间之后进行清洗烘干，避免偏磷酸和磷酸出现凝固情况，或试验样品附着在石英管内壁上。

（3）在蒸馏期间需要对吸气瓶进行密切观察，正常情况下会连续出现较多气泡。如果在实际反应期间没有出现气泡，则需要检查气路的畅通情况，是否存在漏气现象。

（4）在连接蒸馏装置时必须使用硅胶管进行连接，不得使用乳胶管代替。

（5）氯离子含量为 0.2%~1% 时，蒸馏时间应为 15~20min；用 0.005mol/L 的硝酸汞标准滴定溶液进行滴定。

10. 烧失量（灼烧差减法）

1）方法原理

试样在（950±25）℃的高温炉中灼烧，驱除二氧化碳和水分，同时将存在的易氧化的元素氧化，通过灼烧前后的质量变化的百分数来表示烧失量。

2）仪器设备

（1）高温炉

同第 1.2 节 "9. 二氧化硅含量（氯化铵重量法）"。

（2）分析天平

量程宜不小于 100g，分度值 0.0001g。

3）试样制备

同第 1.2 节 "8. 游离氧化钙含量（乙二醇法）"。

4）试验步骤

（1）称取约 1g 试样，精确至 0.0001g，放入已灼烧恒量的瓷坩埚中，将盖斜置于坩埚上，放在高温炉内；从低温开始逐渐升高温度，在（950±25）℃下灼烧 15～20min。

（2）取出坩埚置于干燥器中，冷却至室温，称量。

（3）反复上述灼烧过程，直至恒量。

5）结果计算

按式（1-37）计算烧失量。

$$\omega_{LOI} = \frac{m_1 - m_2}{m_1} \times 100 \tag{1-37}$$

式中　ω_{LOI}——烧失量的质量分数（%）；

　　　m_1——灼烧前试样质量（g）；

　　　m_2——灼烧后试样质量（g）。

对于含有硫化物的矿渣粉，需对硫化物在灼烧过程中的氧化误差按式（1-38）和式（1-39）进行校正。

$$\omega_{O_2} = 0.8 \times (\omega_{灼SO_2} - \omega_{未灼SO_2}) \tag{1-38}$$

式中　ω_{O_2}——矿渣粉灼烧过程中吸收空气中的氧的质量分数（%）；

　　　$\omega_{灼SO_2}$——矿渣粉灼烧后测得的 SO_3 质量分数（%）；

　　　$\omega_{未灼SO_2}$——矿渣粉未经灼烧时的 SO_3 质量分数（%）。

$$X_{校正} = X_{测} + \omega_{O_2} \tag{1-39}$$

式中　$X_{校正}$——矿渣粉校正后的烧失量（%）；

　　　$X_{测}$——矿渣粉试验测得的烧失量（%）。

6）注意事项

（1）严格控制灼烧温度和灼烧时间。

（2）灼烧时应从低温缓慢升温，防止试样飞溅。

11. 不溶物

1）方法原理

试样先以盐酸溶液处理，尽量避免可溶性二氧化硅的析出，滤出的不溶性渣再以氢氧化钠溶液处理，进一步溶解可能已沉淀的痕量二氧化硅，以盐酸中和、过滤后，残渣经灼烧后称量。

2）仪器设备和材料

（1）分析天平

量程宜不小于 100g，分度值 0.0001g。

（2）恒温水浴锅

具有恒温功能，分单孔或多孔，如图 1-44 所示。

图 1-44　恒温水浴锅外形

（3）干燥箱

可控制温度（105±5）℃、（150±5）℃、（250±10）℃。

（4）氢氧化钠溶液（10g/L）

将 10g 氢氧化钠（NaOH）溶于水中，加水稀释至 1L，贮存于塑料瓶中。

（5）乙醇

体积分数为 95%。

（6）甲基红指示剂溶液（2g/L）

将 0.2g 甲基红溶于 100mL 乙醇中。

（7）硝酸铵溶液（20g/L）

将 2g 硝酸铵（NH_4NO_3）溶于水中，加水稀释至 100mL。

3）试样制备

同第 2.2 节"8. 游离氧化钙含量（乙二醇法）"

4）试验步骤

（1）称取约 1g 试样，精确至 0.0001g，置于 150mL 烧杯中，加入 25mL 水，搅拌使试样完全分散；在不断搅拌下加入 5mL 盐酸（1＋1），用平头玻璃棒压碎块状物使其分解完全（必要时可将溶液稍稍加温几分钟）。

（2）用近沸的热水稀释至 50mL，盖上表面皿，将烧杯置于蒸汽水浴中加热 15min；用中速定量滤纸过滤，用热水充分洗涤 10 次以上。

（3）将残渣和滤纸一并移入原烧杯中，加入 100mL 近沸的氢氧化钠溶液，盖上表面皿，置于蒸汽水浴中加热 15min。加热期间搅动滤纸及残渣 2～3 次。

（4）取下烧杯，加入 1～2 滴甲基红指示剂溶液，滴加盐酸（1＋1）至溶液呈红色，再过量 8～10 滴；用中速定量滤纸过滤，用热的硝酸铵溶液充分洗涤至少 14 次。

（5）将残渣和滤纸一并移入已灼烧恒重的瓷坩埚中，灰化完全后，放入（950±25）℃的高温炉内灼烧 30min；取出坩埚，置于干燥器中冷却至室温，称量。反复上述灼烧过程，直至恒重。

5）结果计算

按式（1-40）计算不溶物的质量分数。

$$\omega_{IR}=\frac{m_1}{m}\times100 \tag{1-40}$$

式中　ω_{IR}——不溶物的质量分数（%）；

m_1——灼烧后不溶物的质量（g）；

m——试样质量（g）。

6）注意事项

（1）向试样中加入 25mL 水和 5mL 盐酸后应用平头玻璃棒搅拌并仔细压碎块状物，使试样与盐酸充分接触，以使可溶物全部溶解。该过程必须严格遵守操作步骤的先后次序，不可颠倒，否则过滤困难。

（2）溶解好的试样溶液要置于水浴上加热 15min，为保证烧杯内盛液部位受热均匀，要使烧杯悬在水浴的水面上用蒸汽加热，而不能直接浸入沸水中加热。

（3）正常的不溶物呈粉末状，如不溶物与瓷坩锅烧结在一起，应检查洗涤是否完全或其他干扰因素。

12. 其他检测项目

密度试验见第 1.1 节"9. 密度"。

比表面积试验见第 1.1 节"11. 比表面积"。

三氧化硫含量试验见第 1.2 节"14. 三氧化硫含量（硫酸钡重量法）"。

13. 结果判定

矿渣粉的各项检验结果符合《用于水泥、砂浆和混凝土中的粒高炉矿渣粉》GB/T 18046—2017 的规定时，该批矿渣粉判为合格品。如有任一项不满足标准要求，应重新加倍取样对不合格项目进行复检，以复检结果判定。

14. 相关标准

《通用硅酸盐水泥》GB 175—2007。

《水泥取样方法》GB/T 12573—2008。

第2章 钢筋及连接件

2.1 钢筋

1. 概述

钢是以铁（Fe）为主要元素，含碳量一般不大于2%或含有其他合金元素的金属材料。用于钢筋混凝土或预应力钢筋混凝土结构中的钢材称为钢筋，其截面通常呈圆形，按生产工艺和表面状态分为热轧钢筋、冷轧钢筋和光圆钢筋、带肋钢筋。钢筋具有抗拉强度高、塑性好、韧性大、抗冲击和振动能力强、材质均匀、易于加工、便于连接等特点，在各类建筑工程中有广泛的应用，是建筑工程中的主要结构材料之一。

2. 检测项目

钢筋的检测项目主要包括：屈服强度、抗拉强度、断后伸长率、最大力下总伸长率、弯曲、重量偏差、反复弯曲、反向弯曲。

3. 依据标准

《钢筋混凝土用钢材试验方法》GB/T 28900—2012。

《金属材料 拉伸试验 第1部分：室温试验方法》GB/T 228.1—2010。

《金属材料 弯曲试验方法》GB/T 232—2010。

《金属材料 线材 反复弯曲试验方法》GB/T 238—2013。

4. 拉伸性能

1）方法原理

采用拉力试验机将钢筋试样拉至断裂，通过荷载及变形量计算得出相关拉伸性能结果。

2）设备仪器

（1）试验机

拉力试验机或万能试验机的准确度应不低于1级，量程应满足所检钢筋试样试验荷载的要求。用于钢筋拉伸试验的液压万能试验机一般由测量系统、驱动系统、控制系统、显示系统等组成。根据显示系统可分为指针式、数显式和屏显式，根据控制系统可分为普通手控式和电液伺服式。液压万能试验机的外形如图2-1和图2-2。

图2-1　指针式液压万能试验机外形　　　图2-2　电液伺服式液压万能试验机外形

（2）钢筋标距仪

钢筋的标距可采用钢筋标距仪进行标记，也可采用细划线、细墨线或其他小标记等方式进行标记，但不得用引起过早断裂的缺口作标记。钢筋标距仪分为手动和电动、单针和多针不同类型，如图2-3和图2-4所示。多针钢筋标距仪的标记间隔一般为10mm，单针钢筋标距仪的标记间隔分为5mm和10mm两种。

图2-3　手动多针钢筋标距仪外形　　　图2-4　电动单针钢筋标距仪外形

（3）游标卡尺

游标卡尺的量程不宜小于200mm，精度不宜低于0.1mm。

（4）引伸计

引伸计的准确度级别应符合GB/T 12160的要求。测定屈服强度（条件屈服强度）时引伸计的准确度应不低于 1 级，测定最大力总伸长率时引伸计的准确度应不低于 2 级。各级别引伸计的误差不应超过表 2-1 中的限值，常用的引伸计有机械式和电阻式，如图 2-5 和图 2-6 所示。

表 2-1　引伸计误差最大允许限值

级别	标距相对误差（%）	分辨力		系统误差	
		读数百分数（%）	绝对值（μm）	相对误差（%）	绝对误差（μm）
0.2	±0.2	0.10	0.2	±0.2	±0.6
0.5	±0.5	0.25	0.5	±0.5	±1.5
1	±1.0	0.50	1.0	±1.0	±3.0
2	±2.0	1.0	2.0	±2.0	±6.0

注：分辨力取读数百分数和绝对值中的较大值，系统误差取相对误差和绝对误差中的较大值。

图 2-5　机械式引伸计外形　　　　　图 2-6　电阻式引伸计（大小量程）外形

3）环境条件

钢筋试验一般在室温 10～35℃ 范围内进行。对温度有严格要求时，温度应为（23±5）℃。

4）试样制备

（1）原始横截面积

钢筋拉伸试样不允许机加工，其原始横截面积取钢筋公称截面积。

对需经机加工的其他钢材（如钢板、钢棒、钢管等）拉伸试样，宜在试样标距的两端及中间三处进行测量，取三处测得的平均横截面积。矩形截面试样分别测量宽度和厚度；圆形截面试样应在两个相互垂直方向测量试样的直径，取直径的算术平均值计算截面积。管状试样应在其一端相互垂直方向测量外径和壁厚，分别取其平均值后计算截面积，也可以根据测量的试样长度、试样质量和材料密度计算截面积。

厚度大于 0.1mm 且小于 3mm 薄板和薄带试样原始横截面积测定的准确度应不低于 ±0.2%；厚度不小于 3mm 板材和扁材以及直径或厚度不小于 4mm 线材、棒材和型材试样测量尺寸的准确度应不低于 ±0.5%；直径或厚度小于 4mm 线材、棒材和型材及管材试样的原始横截面积测定的准确度应不低于 ±1%。

（2）原始标距

原始标距（L_0）与原始横截面积（S_0）有 $L_0 = k\sqrt{S_0}$ 关系的试样称为比例试样，国际上使用的比例系数 k 的值为 5.65。原始标距应不小于 15mm。当试样横截面积太小，以致 k 采用 5.65 不能满足此最小标距要求时，可采用较高值（优先采用 11.3）或采用非比例试样。非比例试样原始标距与横截面积无关。

常用热轧钢筋均采用短比例试样（k 取 5.65），即原始标距为 5 倍的钢筋直径。部分冷轧钢筋采用长比例试样（k 取 11.3），即原始标距为 10 倍的钢筋直径；部分冷轧钢筋采用非比例试样，原始标距取 100mm。

对于比例试样，如果试样原始标距的计算值与其标记值之差小于 $10\%L_0$，可将原始标距的计算值修约至最接近 5mm 的倍数。

原始标距的标记应准确到 $\pm1\%$。

（3）试样夹持

将钢筋试样夹持在试验机的夹具内，并在试样两端被夹持之前调整测量系统的零点。试验机的夹具宜采用楔形夹头、平推夹头等合适的夹具。试验机的零点应在横梁升起（加载链装配完成）之后进行。

应尽量减小试样的弯曲，确保夹持的试样受轴向拉力作用。对于成盘供应的钢筋，在夹持之前应用木锤等工具将试样矫直。

5）试验速率（GB/T 228.1 方法 B 应力速率控制）

（1）弹性阶段

弹性范围内的应力速率宜控制在表 2-2 范围内，但不得超过表 2-2 规定的最大速率（在应力达到规定屈服强度的一半之前，可以采用任意的试验速率）。

表 2-2　应力速率范围

材料弹性模量（MPa）	应力速率（MPa/s）	
	最小	最大
＜150000	2	20
≥150000	6	60

注：常用钢材的弹性模量约为 2×10^5 MPa。

（2）屈服阶段

测定上屈服强度（R_{eH}）时，在弹性范围和直至上屈服强度，试验机夹头的分离速率尽可能保持恒定，并在表 2-2 范围内。

测定下屈服强度（R_{eL}）时，在试样平行长度的屈服期间应变速率应在 0.00025～0.0025/s 之间，并在屈服完成之前保持恒定。如不能直接调节应变速率，则应在屈服即将开始前相应调节应力速率，在屈服完成之前不再调节试验机的控制（油门）。

测定条件屈服强度（R_p）时，在塑性范围和直至规定条件屈服强度的应变速率不应超过 0.0025/s。

如试验机无测量和控制应变速率的能力，应自弹性阶段后期起采用等效于表 2-2 规定的应力速率的试验机横梁位移速率，直至屈服阶段结束。

（3）强化阶段

在屈服阶段之后，试验速率可以增加到不大于 0.008/s 的应变速率或等效的横梁分离速率。

当仅需测定材料的抗拉强度时（如钢筋接头抗拉强度试验），在整个试验过程中可以选取不超过 0.008/s 的单一试验速率。

6）上、下屈服强度

上屈服强度（R_{eH}）可以从力-延伸曲线或峰值力显示器上测得，取屈服阶段力首次下降前的最大值对应的应力。下屈服强度（R_{eL}）可以从力-延伸曲线上测得，取不计初始瞬时效应时屈服阶段中的最小力或屈服平台的恒定力对应的应力。

不同类型曲线的上、下屈服强度位置示意如图 2-7 所示，对于上、下屈服强度位置判定的基本原则如下：

（1）屈服前的第 1 个峰值应力（第 1 个极大值应力）判为上屈服强度，不管其后的峰值应力比它大或小。

（2）屈服阶段中如呈现两个或两个以上的谷值应力，舍去第 1 个谷值应力（第 1 个极小值应力）不计，取其余谷值应力中之最小者判为下屈服强度。如呈现 1 个下降谷，此谷值应力判为下屈服强度。

（3）屈服阶段中呈现屈服平台，平台应力判为下屈服强度，如呈现多个而且后者高于前者的屈服平台，判第 1 个平台应力为下屈服强度。

（4）正确的判定结果应是下屈服强度一定低于上屈服强度。

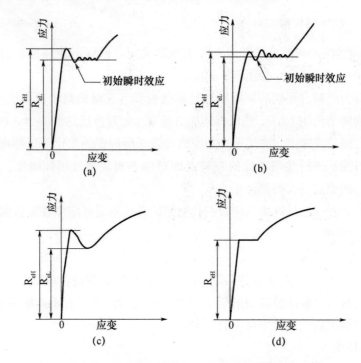

图 2-7　不同类型曲线的上、下屈服强度位置

对于呈明显屈服现象且不测定屈服点延伸率的钢材，为提高检测效率，可在不考虑初始瞬时效应前提下，选取在上屈服强度之后延伸率为 0.25% 范围内的最低应力为下屈服强度，之后的试验速率可不受屈服阶段试验速率限制。此时需在试验报告中注明采用此简捷方法。

7）条件屈服强度

对于无明显屈服现象的钢材往往需测定其规定塑性延伸强度（R_P），也称作条件屈服强度。规定塑性延伸强度应根据力-延伸曲线图测定。在曲线图上，画一条与曲线的弹性直线段部分平行，且在延伸轴上与此直线段的距离等效于规定塑性延伸率 ε_p（如 0.2%）的直线。此平行线与曲线的交截点即对应于规定塑性延伸强度，如图 2-8 所示。

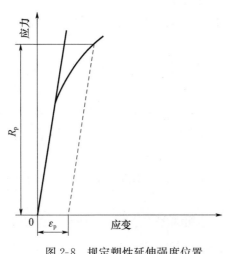
图 2-8　规定塑性延伸强度位置

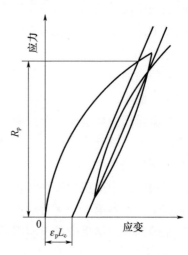
图 2-9　滞后环法示意

如力-延伸曲线图的弹性直线部分不能明确地确定，以致不能以足够的准确度画出这一平行线，可采用滞后环法，如图 2-9 所示。

当试样的应力已超过预期的规定塑性延伸强度后（宜略微高于预期值），将试验荷载降至约为已达到的力值的10%。然后再施加荷载直至超过原已达到的力。过滞后环两端点作一直线。然后经过横轴上与曲线原点的距离等效于所规定的非比例延伸率的点，作平行于此直线的平行线。平行线与曲线的交截点即对应于规定塑性延伸强度。采用滞后环法时，需确认曲线的原点是否需要修正。

当使用自动装置（如计算机系统）或自动测试系统测定规定塑性延伸强度时，可不需要绘制力-延伸曲线图。

8）抗拉强度

抗拉强度（R_m）可以从力-延伸曲线或峰值力显示器上测得，如图 2-10 所示。对于无明显屈服的金属材料，取试验期间的最大值对应的应力；对于有不连续屈服的金属材料，应取加工硬化开始之后的最大力对应的应力。

9）断后伸长率

试样拉断后，将试样断裂的部分仔细地配接在一起使其轴线处于同一直线上，并采取特别措施确保试样断裂部分适当接触后测量试样的断后标距。

使用卡尺、精密钢直尺等量具测量断后标距，准确度不低于±0.25mm（钢直尺的最小分度值应不大于0.5mm）。按式（2-1）计算断后伸长率。

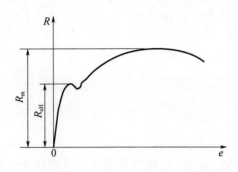
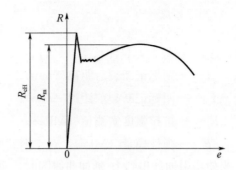

图 2-10　抗拉强度位置

$$A = \frac{L_u - L_0}{L_0} \times 100 \tag{2-1}$$

式中　A——断后伸长率（%）；

　　　L_u——断后标距（mm）；

　　　L_0——原始标距（mm）。

原则上，只有断裂处与最接近的标距标记的距离不小于原始标距的三分之一时，测量结果有效，否则结果无效。但如断后伸长率计算结果大于或等于规定值时，断裂处位置无论在何处均为有效。如断裂处与最接近的标距标记的距离小于原始标距的三分之一时，可以采用移位方法测定断后伸长率。

采用引伸计测定断裂延伸时，无需在试样上做原始标距的标记，所用引伸计的标距应等于试样原始标距。以断裂时的总延伸作为伸长测量时，为了得到断后伸长率，应从总延伸中扣除弹性延伸部分。原则上只有断裂发生在引伸计标距以内时方为有效。但如断后伸长率计算结果大于或等于规定值时，断裂处位置无论在何处均为有效。

如规定的最小断后伸长率小于 5%，宜采用特殊方法进行测定。

10）最大力总伸长率

在拉断后的试样上选择 Y 和 V 两个标记，两个标记都应位于夹具离断裂点较远的一侧，且标记之间的距离在拉伸试验之前至少应为 100mm。两个标记离开夹具的距离都应不小于 20mm 或 1 倍钢筋公称直径（取二者之较大值），两个标记与断裂点之间的距离应不小于 50mm 或 2 倍钢筋公称直径（取较大值），如图 2-11 所示。

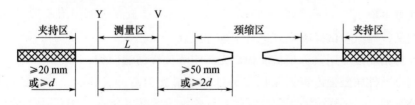

图 2-11　最大力总伸长率测量区位置示意

使用卡尺、精密钢直尺等量具测量 Y 和 V 两个标记的断后标距，准确度不低于 ±0.25mm（钢直尺的最小分度值应不大于 0.5mm），按式（2-2）计算最大力总伸长率。

$$A_{gt} = \left[\frac{L - L_0}{L_0} + \frac{R_m^0}{E} \right] \times 100 \qquad (2\text{-}2)$$

式中 A_{gt}——最大力总伸长率（％）；

    L——两标记断裂后距离（mm）；

    L_0——两标记断裂前距离（mm）；

    R_m^0——抗拉强度实测值（MPa）；

    E——弹性模量（MPa），对于钢筋可取 2×10^5。

当使用引伸计得到力-延伸曲线图时，可按式（2-3）直接计算最大力总伸长率。如试样在最大力时呈现一平台，应取平台中点的最大力对应的总伸长率。

$$A_{gt} = \frac{\Delta L_m}{L_e} \times 100 \qquad (2\text{-}3)$$

式中 A_{gt}——最大力总伸长率（％）；

    ΔL_m——断裂总延伸（mm）；

    L_e——引伸记标距（mm）。

11）数据修约

拉伸性能结果应按相关产品标准规定进行修约，如产品标准未作规定应按如下要求进行修约：强度修约至1MPa；断后伸长率和最大力总伸长率修约至0.5％。

对于常用建筑钢筋，应依据产品标准中的要求按 YB/T 081 标准进行修约，修约要求见表2-3。

表2-3 金属材料拉伸性能结果数值修约

检测项目	性能范围	修约间隔
强度	≤200MPa	1MPa
	200～1000MPa	5MPa
	>1000MPa	10MPa
断后伸长率	≤10%	0.5%
	>10%	1%
最大力伸长率	—	0.1%

12）注意事项

（1）钢筋拉伸试验试样不允许进行车削加工。

（2）计算钢筋强度用公称横截面积，无需实测试样横截面积。

（3）测定条件屈服强度以及采用引伸计测定最大力总伸长率时，准确地绘制力-延伸曲线图十分重要。

（4）采用滞后环法测定条件屈服强度时，在力降低开始点的塑性应变宜略微高于规定的塑性延伸强度，较高的应变开始点会降低通过滞后环所得直线的斜率。

（5）当断裂发生在夹具内或距夹持部位小于20mm或1倍钢筋公称直径（取较大值）

时，相应的试验结果可视作无效。

（6）当使用计算机采集处理试验数据时（GB/T 228.1 方法 B），对于每一个测量通道的机械和电子元件，其最小采样频率应满足式（2-4）要求。计算机的导出结果与手工处理结果的最大误差应满足表 2-4 要求。

$$f_{\min} = \frac{\dot{R}}{R_{eH} \times q} \times 100\% \qquad (2\text{-}4)$$

式中　$f_{\min}$——最小采样频率（s^{-1}）；

　　　$\dot{R}$——应力速率（MPa/s）；

　　　R_{eH}——上屈服强度（MPa）；

　　　q——试验机测力系统的准确度级别。

表 2-4　计算机导出和手工处理的结果的最大允许误差

检测项目	平均值		标准差	
	相对误差	绝对误差	相对误差	绝对误差
屈服强度	0.5%	2MPa	0.35%	2MPa
抗拉强度	0.5%	2MPa	0.35%	2MPa
断后伸长率	—	2%	—	2%

注：取相对误差和绝对误差的较大值为控制值。

5. 弯曲

1）方法原理

弯曲试验是以圆形、方形、矩形横截面试样在弯曲装置上经受弯曲塑性变形，不改变加力的方向，试样两臂的轴线保持在垂直于弯曲轴的平面内，直至达到规定的弯曲角度。

2）仪器设备

（1）钢筋弯曲机

钢筋弯曲机可独立完成钢筋的弯曲试验，一般采用支辊式或传送式，如图 2-12 和图 2-13 所示。

图 2-12　支辊式弯曲试验机外形　　　图 2-13　传送式弯曲试验机外形

（2）弯曲装置

通过在试验机或压力机上配置符合弯曲试验原理的弯曲装置也可进行钢筋的弯曲试验。弯曲装置可分为支辊式、传送式、虎钳式、V形模具式、翻板式等。常用的支辊式弯曲装置如图 2-14 所示，传送式弯曲装置如图 2-15 所示。

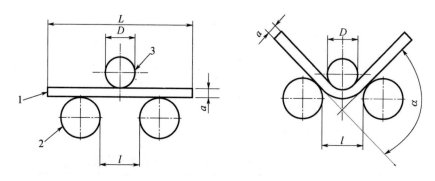

图 2-14　支辊式弯曲装置示意

1—试样；2—支辊；3—弯曲压头；a—试样直径或厚度；

L—试样长度；l—支辊间距离；D—弯曲压头直径；α—弯曲角度

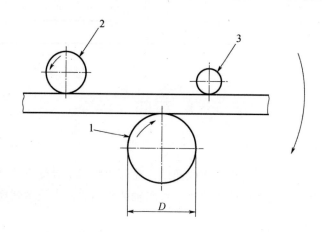

图 2-15　传送式弯曲装置示意

1—弯芯；2—支辊；3—传送辊；D—弯芯直径

3）环境条件

钢筋试验一般在室温 10～35℃ 范围内进行。对温度有严格要求时，温度应为 （23±5)℃。

在试验过程中应采取足够的安全措施和防护装置。

4）试验步骤

（1）根据产品标准选择适宜直径的弯曲压头，明确弯曲角度。常用钢筋的弯曲压头直径及弯曲角度见表 2-5。

表 2-5　常用钢筋弯曲试验条件

钢筋牌号	公称直径（mm）	弯曲角度（°）	弯曲压头直径（mm）
HPB300	—	180	$D=d$
HRB400	6～25	180	$D=4d$
HRB400	28～40	180	$D=5d$
HRB500	6～25	180	$D=6d$
HRB500	28～40	180	$D=7d$
HRB600	6～25	180	$D=6d$
HRB600	28～40	180	$D=7d$
CRB550	—	180	$D=3d$
CRB600	—	180	$D=3d$
CRB680	—	180	$D=3d$

（2）使用支辊式弯曲装置时，按式（2-5）计算并调节支辊间的距离；将试样放于两支辊上，试样轴线应与弯曲压头轴线垂直；弯曲压头在两支座之间的中点处对试样连续并缓慢施加压力，直至试样弯曲达到规定的角度。

$$l=(D+3d)\pm\frac{d}{2} \tag{2-5}$$

式中　l——支辊间的距离（mm）；

　　　D——弯曲压头直径（mm）；

　　　d——试样直径或厚度（mm）。

（3）使用虎钳式弯曲装置时，将试样一端固定，绕弯曲压头进行弯曲，直到达到规定的弯曲角度。

（4）如不能直接达到规定的弯曲状态，可将试样置于两平行压板之间，连续施加压力使其进一步弯曲，直至达到规定的弯曲角度或两臂直接接触。对于需弯曲至两臂相互平行的试验，进一步弯曲时可以加或不加内置垫块，垫块厚度等于规定的弯曲压头直径。压板弯曲示意如图 2-16 所示。

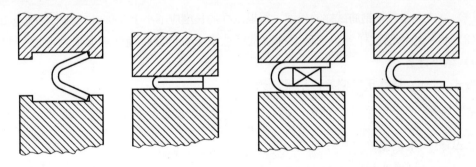

图 2-16　压板弯曲示意

5）结果评定

按相关产品标准的要求评定弯曲试验结果。如产品标准未规定具体要求（如热轧光圆钢筋、热轧带肋钢、冷轧带肋钢筋等），弯曲试验后不使用放大仪器观察，试样弯曲外表面无可见裂纹则评定为合格。

以相关产品标准规定的弯曲角度作为最小值，以规定的弯曲压头直径作为最大值。凡弯曲角度超过规定角度或弯曲压头直径小于规定直径而试验结果满足要求的，结果评定为合格；凡弯曲角度小于规定角度或弯曲压头直径大于规定直径而试验结果不满足要求的，结果评定为不合格。

6）注意事项

（1）钢筋弯曲试验试样不允许进行车削加工。

（2）弯曲试验时，应当缓慢地施加弯曲力，以使材料能够自由地进行塑性变形。当出现争议时，试验速率应控制在（1±0.2）mm/s。

（3）弯曲试验时应做好安全防护，防止破断试样造成人身及设备财产损伤。

6. 重量偏差

1）方法原理

分别测量试样的总长度和质量，以试样实测单位长度质量与理论值差值的百分数表示重量偏差。

2）仪器设备

（1）钢直尺

量程不小于 500mm，精度不低于 1mm。也可使用钢卷尺等其他满足试验要求的量具。

（2）天平

天平的精度应不大于试样总重量的 1%。对于常用热轧钢筋，宜选用精度不大于 5g、量程不小于 15kg 的天平；对于冷轧带肋钢筋，精度应不大于 1g。

3）试验步骤

（1）逐支测量每根钢筋试样的长度，每根试样的长度应不小于 500mm，结果精确至 1mm。

（2）将一组钢筋试样置于天平上称取试样总重量，结果精确到不大于总重量的 1%。

4）结果计算

按式（2-6）计算重量偏差，结果修约至 1%。

$$\Delta G = \frac{G - \rho \times S \times L}{\rho \times S \times L} \times 100 \tag{2-6}$$

式中 ΔG——重量偏差（%）；

       G——试样实测重量（g）；

       ρ——试样的理论密度（g/cm³），钢筋的理论密度取 7.85g/cm³；

       S——试样的公称横截面积（cm²）；

       L——试样的总长度（cm）。

5）注意事项

（1）对于成盘供应的钢材，在测量试样长度时，应先用木锤等工具将试样矫直。

（2）试样的端面应切割平齐，与长度方向垂直，无有影响测量结果的变形。

（3）称重前应清除试样表面的杂质。

7. 反复弯曲

1）方法原理

将试样一端固定，绕规定半径的圆柱支辊弯曲 90°，之后再沿相反方向弯曲，反复重复试验，直至试样断裂。

2）仪器设备

（1）反复弯曲试验机

反复弯曲试验机主要由支座、支辊、夹块、弯曲臂、拨杆、计数器等组成，其外形如图 2-17 所示，其试验原理如图 2-18 所示。也可采用其他符合试验原理要求的反复弯曲装置。

（2）游标卡尺

游标卡尺的量程不宜小于 100mm，精度不宜低于 0.1mm。

3）环境条件

图 2-17　钢筋反复弯曲试验机外形

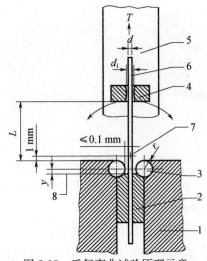

图 2-18　反复弯曲试验原理示意

1—支座；2—夹块；3—支辊；4—拨杆；5—弯曲臂；6—试样；
7—弯曲臂转动中心轴；8—夹块的顶面；L—支辊顶面距拨杆孔底面距离

钢筋试验一般在室温 10～35℃范围内进行。对温度有严格要求时，温度应为（23±5)℃。

4) 试验步骤

（1）根据产品标准选择适宜半径的支辊，调整拨杆位置和孔径。如产品标准未规定具体要求，圆形试样的试验条件应按表 2-6 选取。

表 2-6　反复弯曲试验条件

线材直径（mm）	支辊半径（mm）	支辊距拨杆距离（mm）	拨杆孔直径（mm）
2.0≤d<3.0	7.5±0.1	25	2.5 和 3.5
3.0≤d<4.0	10.0±0.1	35	3.5 和 4.5
4.0≤d<6.0	15.0±0.1	50	4.5 和 7.0
6.0≤d<8.0	20.0±0.1	75	7.0 和 9.0

注：拨杆孔的直径应能保证线材在孔内自由运动，较小的拨杆孔直径适于较细直径的线材，较大的拨杆孔直径适于较粗直径的线材。

对于直径 4mm、5mm 和 6mm 的冷轧带肋钢筋，其弯曲半径分别为 10mm、15mm 和 15mm。

（2）使弯曲臂处于垂直位置，将试样由拨杆孔插入，试样下端用夹块夹紧，并使试样垂直于圆柱支辊轴线。

（3）将计数器清零，启动反复弯曲试验机，将试样自由端弯曲 90°，再返回至起始位置，完成第一次弯曲；然后按图 2-19 所示，依次向相反方向进行连续而不间断地反复弯曲。

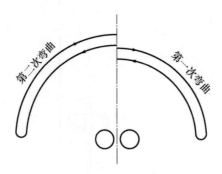

图 2-19　反复弯曲计数方法

（4）弯曲操作应以不超过 1 次/s 的均匀速率平稳无冲击地进行。必要时应降低弯曲速率以确保试样产生的热不致影响试验结果。

（5）试验中为确保试样与支辊圆弧面的连续接触，可对试样施加某种形式的张紧力。除非相关产品标准中另有规定，施加的张紧力不得超过试样公称抗拉强度相对应力值的 2%。

（6）连续试验至产品标准中规定的弯曲次数或试样完全断裂为止。如产品标准有特殊要求，可根据规定连续试验至出现肉眼可见裂纹为止。

5) 结果取值

记录反复弯曲试验机上计数器中的次数，试样断裂的最后一次弯曲不计入总弯曲次数内。

6）注意事项

（1）试样应尽可能平直，必要时可用手或木锤等工具将试样矫直。矫直过程不得对试样产生任何扭曲，也不得有影响试验结果的表面损伤。

（2）沿试样纵向中性轴线存在局部硬弯的试样不得矫直，试验部位存在硬弯的试样不得用于反复弯曲试验。

8. 反向弯曲

1）方法原理

反向弯曲试验是将试样在弯曲装置上先正向弯曲规定角度，经人工时效后再反向弯曲规定角度，以此来表示钢材经时效后抗塑性变形的性能。

2）仪器设备

（1）正向弯曲装置

同 "5. 弯曲"。

（2）反向弯曲装置

反向弯曲试验机如图 2-20 所示，其弯曲部位结构如图 2-21 所示，也可采用 "5. 弯曲" 中的弯曲装置。

图 2-20　反向弯曲试验机外形

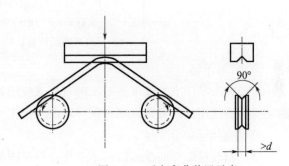

图 2-21　反向弯曲装置示意

3）环境条件

钢筋试验一般在室温 10～35℃ 范围内进行。对温度有严格要求时，温度应为（23±5）℃。

在试验过程中应采取足够的安全措施和防护装置。

4）试验步骤

（1）根据产品标准选择适宜直径的弯曲压头，明确弯曲角度和反向弯曲角度。牌号带 E 的热轧带肋钢筋其弯曲压头直径应在表 2-5 基础上增加 1 倍钢筋直径，正向弯曲角度为 90°，反向弯曲角度为 20°。

（2）按"5. 弯曲"试验步骤将试样正向弯曲至规定角度。

（3）对正向弯曲后的试样进行人工时效处理。如产品标准没有规定工艺条件时，可将试样加热至100℃后在（100±10）℃下保温 60～75min，然后在静止的空气中自然冷却至室温。对于热轧带肋钢筋，保温时间可不少于 30min。

（4）将试样装入反向弯曲装置内，确保反向弯曲的原点与正向弯曲原点相同，将试样向回弯曲至规定角度。正反向弯曲的试验程序如图 2-22 所示。

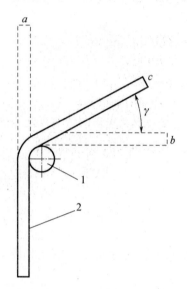

图 2-22　正反向弯曲程序示意

1—弯芯；2—试样；a—初始位置；b—正向弯曲后位置；

c—反向弯曲后位置；γ—反向弯曲角度

5）结果评定

按相关产品标准的要求评定反向弯曲试验结果。如产品标准未规定具体要求，反向弯曲试验后不使用放大仪器观察，试样弯曲部位无可见裂纹则评定为合格。

6）注意事项

（1）钢筋反向弯曲试验试样不允许进行车削加工。

（2）正反弯曲的角度均应在保持荷载时测量。

（3）当供方能保证反向弯曲性能时，正向弯曲后可不经人工时效直接在室温下进行反向弯曲。

（4）反向弯曲试验时应做好安全防护，防止破断试样造成人身及设备财产损伤。

9. 结果判定

常用钢筋的各检测项目中如有某一项试验结果不符合标准要求，应从同一批中再任选取双倍数量的试样进行该不合格项目的复验。复验结果（包括该项试验所要求的任一指标）若仍有一个指标不合格，则判定该批钢筋为不合格品。

热轧光圆钢筋和热轧带肋钢筋的重量偏差项目不允许复验。

10. 相关标准

《碳素结构钢》GB/T 700—2006。

《钢筋混凝土用钢 第 1 部分：热轧光圆钢筋》GB/T 1499.1—2017。

《钢筋混凝土用钢 第 2 部分：热轧带肋钢筋》GB /T 1499.2—2018。

《钢筋混凝土用钢 第 3 部分：钢筋焊接网》GB/T 1499.3—2010。

《型钢验收、包装、标志及质量证明书的一般规定》GB/T 2101—2008。

《钢及钢产品力学性能试验取样位置及试样制备》GB/T 2975—1998。

《单轴试验用引伸计的标定》GB/T 12160—2002。

《冷轧带肋钢筋》GB/T 13788—2017。

《钢及钢产品交货一般技术要求》GB/T 17505—1998。

《静力单轴试验机用计算机数据采集系统的评定》GB/T 22066—2008。

《冶金技术标准的数值修约与检测数值的判定》YB/T 081—2013。

2.2　焊接接头

1. 概述

钢筋焊接是指以加热、高温或者高压的方式将钢筋接合连接在一起的工艺过程。因为钢筋的长度有限，在工程结构中不可避免存在钢筋接头。常用的钢筋焊接方法包括闪光对焊、电弧焊、电渣压力焊和气压焊等。与传统的绑扎方法相比，钢筋焊接接头受力合理、提高工效、节约钢材、利于混凝土振捣，是钢筋混凝土结构重要的施工技术之一。

2. 检测项目

钢筋焊接接头的检测项目主要包括：抗拉强度、弯曲、抗剪力。

3. 依据标准

《钢筋焊接接头试验方法标准》JGJ/T 27—2014。
《钢筋混凝土用钢 第3部分：钢筋焊接网》GB/T 1499.3—2010。

4. 抗拉强度

1）方法原理

采用拉力试验机将钢筋接头试样拉至断裂，通过荷载及横截面积计算抗拉强度。

2）设备仪器

（1）试验机

同第2.1节"4. 拉伸性能"。

（2）夹紧装置

试验机的夹紧装置（钳口）应根据试样规格选用，在拉伸过程中不得与钢筋产生相对滑移，夹持长度可按试样直径确定。钢筋直径不大于20mm时，夹持长度宜为70～90mm；钢筋直径大于20mm时，夹持长度宜为90～120mm。

（3）T形接头夹具

预埋件钢筋T形接头拉伸试验时，当钢筋直径为14～32mm时，所采用的夹具如图2-23所示。使用时，夹具拉杆应夹紧于试验机的上钳口，试样的钢筋应穿过垫块中心孔夹紧于试验机的下钳口内。

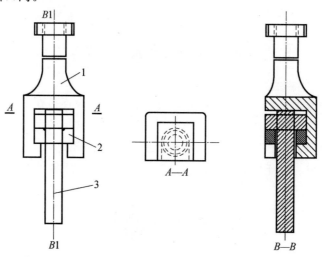

图2-23　预埋件钢筋T形接头夹具示意

1—夹具；2—垫块；3—试样

3）环境条件

钢筋焊接接头抗拉强度试验一般在室温 10～35℃范围内进行。

4）试验步骤

（1）用游标卡尺复核钢筋的直径和钢板的厚度。

（2）按照第 2.1 节"4. 拉伸性能"要求平稳施加荷载，将试样拉至断裂或出现颈缩。

（3）读取峰值力显示器上的最大力，也可从力-延伸曲线上确定试验过程中的最大力。

（4）量测并记录试样断裂（或颈缩）位置、离焊口的距离以及断口特征。

（5）当试样断口上出现气孔、夹渣、未焊透等焊接缺陷时，应在记录中注明。

5）结果计算

焊接接头的抗拉强度按式（2-7）计算，结果修约至 5MPa。

$$R_m = \frac{F_m}{S_0} \tag{2-7}$$

式中　R_m——抗拉强度（MPa）；

$\quad\quad F_m$——最大力（kN）；

$\quad\quad S_0$——试样钢筋公称横截面积（mm^2）。

6）注意事项

（1）试验之前应先进行接头的外观质量检查，外观质量合格的试样方可进行拉伸试验。

（2）对于仅测定抗拉强度的接头，在整个试验过程中可按不超过 0.008/s 的应变速率或等效的横梁分离速率控制。

5. 抗剪力

1）方法原理

采用拉力试验机将钢筋接头试样拉至断裂，得出接头的抗剪力。

2）设备仪器

（1）试验机

同第 2.1 节"4. 拉伸性能"。

（2）剪切夹具

剪切试验的专用夹具应保证试验过程中沿受拉钢筋轴线施加荷载，使受拉钢筋自由端能沿轴线方向滑动，对试样横向钢筋适当固定，且横向钢筋的支点间距不应使钢筋产生过大的弯曲变形和转动。剪切夹具的形式如图 2-24、图 2-25 和图 2-26 所示，具体应根据试样尺寸和设备条件选用，仲裁试验时应采用 B3 型夹具。

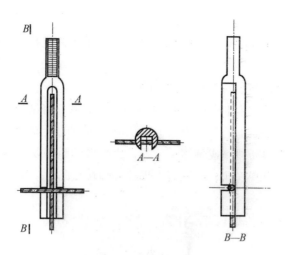

图 2-24　剪切夹具（B1 型）

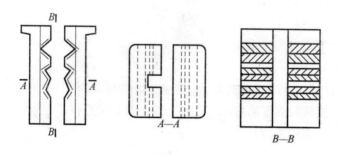

图 2-25　剪切夹具（B2 型）

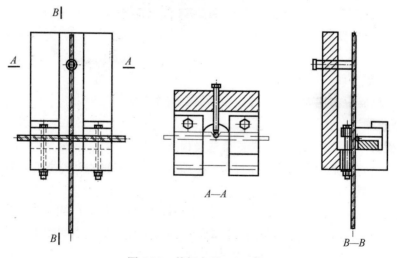

图 2-26　剪切夹具（B3 型）

3）环境条件

钢筋焊接接头抗剪力试验一般在室温 10～35℃范围内进行。

4）试样制备

钢筋焊接网两个方向均为单根钢筋时，以较粗钢筋为受拉钢筋；对于并筋，以其中之一为受拉钢筋，另一支非受拉钢筋应在交叉焊点处切断，但不应损伤受拉焊点。横向钢筋应在距焊点不小于 25mm 处截断，如图 2-27 所示。

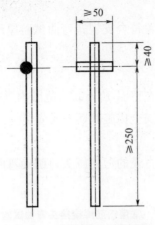

图 2-27　焊接接头抗剪试件

5）试验步骤

（1）用游标卡尺等量具复核钢筋的直径。

（2）将抗剪夹具安装于试验机上钳口内并夹紧。试样的横筋应夹紧于夹具的下部或横槽内，且不应转动。纵筋应通过纵槽夹紧于试验机的下钳口内，纵筋受力的作用线应与试验机的加载轴线相重合。

（3）按照第 2.1 节"4. 拉伸性能"要求平稳施加荷载，将试样拉至破坏。

（4）读取峰值力显示器上的最大力，也可从力-延伸曲线上确定试验过程中的最大力，精确至 0.1kN。

6）结果取值

钢筋焊接网的抗剪力为 3 个试样抗剪力的算术平均值，结果修约至 0.1kN。

7）注意事项

（1）应根据预估抗剪力的大小选择合适量程的试验机。

（2）试验之前应先对接头进行外观检查，确认试样没有影响试验结果的损伤。

（3）整个加载过程应平稳无冲击，可按 2～30MPa/s 的应力速率控制。

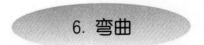

6. 弯曲

1）方法原理

弯曲试验是钢筋接头试样在弯曲装置上经受弯曲塑性变形，不改变加力的方向，试样两臂的轴线保持在垂直于弯曲轴的平面内，直至达到规定的弯曲角度。

2）设备仪器

（1）钢筋弯曲机

同第2.1节"5. 弯曲"，但应采用支辊式弯曲机。

（2）弯曲装置

通过在试验机或压力机上配置符合支辊式弯曲试验原理的弯曲装置（图2-14）也可进行钢筋接头的弯曲试验。

3）环境条件

钢筋焊接接头弯曲试验一般在室温10～35℃范围内进行。

在试验过程中应采取足够的安全措施和防护装置。

4）试验步骤

（1）根据产品标准选择适宜直径的弯曲压头，明确弯曲角度。常用钢筋接头的弯曲压头直径及弯曲角度见表2-7。

表2-7　常用钢筋焊接接头弯曲试验条件

钢筋牌号	公称直径（mm）	弯曲角度（°）	弯曲压头直径（mm）
HPB300	≤25	90	$D=2d$
HPB300	>25	90	$D=3d$
HRB400	≤25	90	$D=5d$
HRB400	>25	90	$D=6d$
HRB500	≤25	90	$D=7d$
HRB500	>25	90	$D=8d$

（2）按式（2-5）计算并调节支辊间的距离，将试样放于两支辊上，焊缝中心与弯曲压头中心线一致，试样轴线应与弯曲压头轴线垂直；弯曲压头在两支座之间的中点处对试样连续并缓慢施加压力，直至试样弯曲达到规定的角度或出现裂纹、破断。

5）结果评定

按相关标准的要求评定弯曲试验结果。如标准未规定具体要求，以试件外侧横向裂纹宽度达到0.5mm时认定为已经破裂。

以相关标准规定的弯曲角度作为最小值，以规定的弯曲压头直径作为最大值。凡弯曲角度超过规定角度或弯曲压头直径小于规定直径而试验结果满足要求的，结果评定为合格；凡弯曲角度小于规定角度或弯曲压头直径大于规定直径而试验结果不满足要求的，结果评定为不合格。

6）注意事项

（1）试验之前应先进行接头的外观质量检查，外观质量合格的试样方可进行弯曲试验。

（2）钢筋焊接接头试样受压面的金属毛刺和镦粗变形部位可用砂轮等工具加工去除，

使之达到与母材外表面基本齐平，其余部位可保持焊后状态。

（3）弯曲试验时，应当缓慢地施加弯曲力，以使材料能够自由地进行塑性变形。当出现争议时，试验速率应控制在（1±0.2）mm/s。

（4）弯曲试验时应做好安全防护，防止破断试样造成人身及设备财产损伤。

7. 结果判定

1）拉伸试验

闪光对焊、电弧焊、电渣压力焊、气压焊、预埋件钢筋 T 形接头每批随机切取 3 个接头，其试验结果按下列规定进行评定。

（1）符合下列条件之一的，应评定该检验批接头拉伸试验合格：

① 3 个试件均断于钢筋母材，呈延性断裂，其抗拉强度均不小于母材抗拉强度标准值。

② 2 个试件均断于钢筋母材，呈延性断裂，其抗拉强度不小于母材抗拉强度标准值；另 1 个试件断于焊缝，呈脆性断裂，其抗拉强度不小于钢筋母材抗拉强度标准值。

试件断于热影响区，呈延性断裂，应视作与断于钢筋母材等同；试件断于热影响区，呈脆性断裂，应视作与断于焊缝等同。热影响区的宽度取决于焊接方法和热输入，一般情况下可按表 2-8 选取。

表 2-8 焊接接头热影响区宽度

焊接方法	热影响区宽度（mm）	焊接方法	热影响区宽度（mm）
电阻点焊	0.5d	电渣压力焊	0.8d
闪光对焊	0.7d	气压焊	1.0d
电弧焊	6～8	预埋件埋弧压力焊	0.8d

（2）符合下列条件之一的，应取双倍数量试样进行复验：

① 2 个试件均断于钢筋母材，呈延性断裂，其抗拉强度不小于母材抗拉强度标准值；另 1 个试件断于焊缝或热影响区，呈脆性断裂，其抗拉强度小于母材抗拉强度标准值。

② 1 个试件断于钢筋母材，呈延性断裂，其抗拉强度不小于母材抗拉强度标准值；另 2 个试件均断于焊缝或热影响区，呈脆性断裂，其抗拉强度不小于母材抗拉强度标准值。

③ 3 个试件均断于焊缝或热影响区，呈脆性断裂，其抗拉强度均不小于母材抗拉强度标准值。

复验时，应切取 6 个试件进行试验。如有 4 个及以上试件断于钢筋母材，呈延性断裂，其抗拉强度不小于钢筋母材抗拉强度标准值，另 2 个及以下试件断于焊缝，呈脆性断裂，其抗拉强度不小于钢筋母材抗拉强度标准值，应评定该检验批接头拉伸试验复验合格。

（3）达到下列条件之一的，应评定该检验批接头拉伸试验不合格：

① 2 个及以上试件的抗拉强度小于母材规定的抗拉强度标准值。

② 1 个试件的抗拉强度小于母材抗拉强度标准值，3 个试件均断于焊缝或热影响区，呈脆性断裂。

如试件断于母材且呈脆性断裂，或试件断于母材且抗拉强度小于母材规定的抗拉强度标准值，应视该项试验无效，并应检验钢筋母材的化学成分和力学性能。

钢筋电弧焊接头拉伸试验结果不应断于焊缝，如图 2-28 所示。

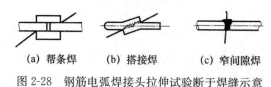

(a) 帮条焊　　　(b) 搭接焊　　　(c) 窄间隙焊

图 2-28　钢筋电弧焊接头拉伸试验断于焊缝示意

钢筋焊接接头拉伸试验结果的评定方法汇总如图 2-29 所示。

0低0脆	0低1脆	0低2脆	0低3脆
1低0脆*	1低1脆	1低2脆	1低3脆
2低0脆*	2低1脆*	2低2脆	2低3脆
3低0脆*	3低1脆*	3低2脆*	3低3脆

注："低"表示接头抗拉强度低于母材抗拉强度标准值，"脆"表示断于焊缝且呈脆性断裂。浅灰色区域为合格区，灰色区域为复验区，黑色区域为不合格区。带*处为无效结果。

图 2-29　拉伸试验结果评定方法

2）T 形接头拉伸试验

3 个试件的抗拉强度均不小于表 2-9 的规定值时，应评定该检验批接头拉伸试验合格。

如有 1 个试件的抗拉强度小于规定值时，应取双倍数量（6 个）试样复验，复验结果均不小于规定值时，应评定该检验批接头拉伸试验复验合格。

如有 2 个及以上试件的抗拉强度小于规定值时，应评定该检验批接头拉伸试验不合格。

表 2-9　预埋件钢筋 T 形接头抗拉强度规定值

钢筋牌号	抗拉强度规定值（MPa）
HPB300	400
HRB400	520
HRB500	610

3）弯曲试验

闪光对焊、气压焊接头每批随机切取 3 个接头，其试验结果按下列规定进行评定。

有 2 个及以上试件外侧（含焊缝和热影响区）未发生宽度达到 0.5mm 的裂纹，应评定该检验批接头弯曲试验合格。

有 2 个试件外侧（含焊缝和热影响区）发生宽度达到 0.5mm 的裂纹，应进行复验。复验时，应切取 6 个试件进行试验，当不超过 2 个试件外侧（含焊缝和热影响区）发生宽度达到 0.5mm 的裂纹时，应评定该检验批接头弯曲试验复验合格。

有 3 个试件外侧（含焊缝和热影响区）发生宽度达到 0.5mm 的裂纹，应评定该检验批接头弯曲试验不合格。

4）抗剪力试验

钢筋焊接网焊点的抗剪力应不小于试样受拉钢筋母材规定屈服力值的 0.3 倍。当纵、横向任意方向 3 个试件抗剪力的平均值不满足要求时，应切取双倍数量试件进行不合格方向的复验，复验结果（2 组平均值）全部合格时，应评定该批焊接网抗剪力试验复验合格。

8. 相关标准

《钢筋混凝土用钢 第 3 部分：钢筋焊接网》GB/T 1499.3—2010。
《混凝土结构工程施工质量验收规范》GB 50204—2015。
《钢筋焊接及验收规程》JGJ 18—2012。

2.3 机械连接接头

1. 概述

钢筋机械连接是通过特定的连接件或其他介入材料的机械咬合作用或端面承压作用，将一根钢筋中的力传递到另一根钢筋的连接方法。常用的钢筋机械连接接头类型有套筒挤压接头、锥螺纹接头、镦粗直螺纹接头、滚轧直螺纹接头、熔融金属填充接头等。与焊接方法相比，机械连接具有连接强度高、接头韧性大、适用范围广、作业效率高、环境影响小等特点，已成为当前建筑工程中用量最广的钢筋连接方法。

钢筋机械连接接头根据抗拉强度、残余变形以及高应力和大变形条件下反复拉压性能的差异，分为Ⅰ、Ⅱ、Ⅲ级三个性能等级，各等级的接头强度和变形性能分别见表 2-10

和表 2-11。混凝土结构中要求充分发挥钢筋强度或对延性要求高的部位应优先选用Ⅱ级接头；当在同一连接区段内必须实施 100% 钢筋接头的连接时，应采用Ⅰ级接头，混凝土结构中钢筋应力较高但对延性要求不高的部位可采用Ⅲ级接头。

表 2-10　接头强度性能

Ⅰ级	Ⅱ级	Ⅲ级
$f_{mst}^0 \geqslant f_{stk}$（钢筋拉断） $f_{mst}^0 \geqslant 1.10\,f_{stk}$（连接件破坏）	$f_{mst}^0 \geqslant f_{stk}$	$f_{mst}^0 \geqslant 1.25\,f_{yk}$

注：f_{mst}^0 指接头极限抗拉强度实测值，f_{stk} 指钢筋抗拉强度标准值，f_{yk} 指钢筋屈服强度标准值。

表 2-11　接头变形性能

接头等级		Ⅰ级	Ⅱ级	Ⅲ级
单向拉伸	残余变形 u_0（mm）	$\leqslant 0.10$（$d \leqslant 32$） $\leqslant 0.14$（$d > 32$）	$\leqslant 0.14$（$d \leqslant 32$） $\leqslant 0.16$（$d > 32$）	$\leqslant 0.14$（$d \leqslant 32$） $\leqslant 0.16$（$d > 32$）
	最大力下总伸长率（%）	$\geqslant 6.0$	$\geqslant 6.0$	$\geqslant 3.0$
高应力 反复拉压	残余变形 u_{20}（mm）	$\leqslant 0.3$	$\leqslant 0.3$	$\leqslant 0.3$
大变形 反复拉压	残余变形（mm）	$u_4 \leqslant 0.3$ 且 $u_8 \leqslant 0.6$	$u_4 \leqslant 0.3$ 且 $u_8 \leqslant 0.6$	$u_4 \leqslant 0.6$

2. 检测项目

钢筋机械连接接头的检测项目主要包括：抗拉强度、残余变形、最大拉力总伸长率。

3. 依据标准

《钢筋机械连接技术规程》JGJ 107—2016。

4. 抗拉强度

1）方法原理

采用拉力试验机将钢筋接头试样拉至破坏，通过荷载及横截面积计算抗拉强度。

2）设备仪器

（1）试验机

同第 2.1 节"4. 拉伸性能"。

（2）游标卡尺

同第 2.1 节"4. 拉伸性能"。

3）环境条件

钢筋机械连接接头抗拉强度试验一般在室温 10～35℃ 范围内进行。

4）试验步骤

（1）用游标卡尺复核钢筋的直径。

（2）按照第 2.1 节"4. 拉伸性能"要求平稳施加荷载，将试样拉至断裂或出现颈缩。

（3）读取峰值力显示器上的最大力，也可从力-延伸曲线上确定试验过程中的最大力。

（4）记录试样的破坏形式。机械连接接头的破坏形式可分为：钢筋拉断（包括钢筋母材、丝头或镦粗过渡段拉断）、连接件破坏（包括套筒拉断、套筒纵向开裂、套筒与钢筋拉脱、其他组件破坏）。

5）结果计算

机械连接接头的抗拉强度按式（2-8）计算，结果修约至 5MPa。

$$f_{mst}^0 = \frac{F_m}{S_0} \tag{2-8}$$

式中　f_{mst}^0——抗拉强度（MPa）；

　　　F_m——最大力（kN）；

　　　S_0——原始试样的钢筋公称横截面积（mm^2）。

6）注意事项

（1）试验之前应先进行接头的外观质量检查，外观质量合格的试样方可进行拉伸试验。

（2）对于测定抗拉强度的接头，在整个试验过程中可按不超过 0.05/min 的应变速率或等效的横梁分离速率控制。速率的最大误差不宜大于 ±20%。

5. 残余变形

1）方法原理

采用拉力试验机将钢筋接头试样拉至规定荷载并卸载，通过规定标距内测得的变形值来表征接头两侧钢筋间在卸载后的残余变形情况。

2）设备仪器

（1）试验机

同第 2.1 节"4. 拉伸性能"。

（2）游标卡尺

同第 2.1 节"4. 拉伸性能"。

（3）变形测量仪表

残余变形测量仪有机械式、电阻式等，如图 2-30 和图 2-31 所示，两侧仪表应能独立读取各自变形值，精度不低于实测变形量的±5％（分度值不宜大于0.01mm）。

<table>
<tr><td>图 2-30　机械式残余变形测量仪外形</td><td>图 2-31　电阻式残余变形测量仪外形</td></tr>
</table>

3）环境条件

钢筋机械连接接头残余变形试验一般在室温10～35℃范围内进行。

4）试验步骤

（1）用游标卡尺复核钢筋的直径。

（2）单向拉伸残余变形的标距应按式（2-9）确定；将调整好标距的变形测量仪对称安装在钢筋的两侧，如图2-32所示，两侧测点的相对偏差不宜大于5mm。

$$L_1 = L + \beta d \qquad (2-9)$$

式中　L_1——变形测量标距（mm）；

　　　L——机械连接接头长度（mm）；

　　　β——系数，取1～6；

　　　d——钢筋公称直径（mm）。

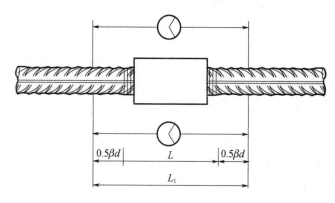

图 2-32　变形测量仪标距和仪表布置

（3）按照第2.1节"4.拉伸性能"要求平稳施加荷载，应力速率宜采用2MPa/s，不应超过10MPa/s。

（4）加载至试样屈服强度标准值的 60％时，停止加载。

（5）缓慢卸载至零点，读取变形测量仪的变形值。

5）结果计算

取钢筋两侧仪表读数的平均值为残余变形结果。

6）注意事项

（1）试验之前应先进行接头的外观质量检查，外观质量合格的试样方可进行残余变形试验。

（2）变形测量仪应在试验机横梁升起之后、上下钳口夹紧试样之前调零。

（3）工艺检验时，可采用不大于 1.2％钢筋屈服强度标准值对应的拉力作为名义上的零荷载。这种情况下，变形仪表的调零和读数均应在此名义零点进行。

6. 最大力总伸长率

1）方法原理

采用拉力试验机将钢筋接头试样拉至破坏，通过标距内测得的变形值以及最大力计算确定接头在最大力下的总伸长率。

2）设备仪器

（1）试验机

同第 2.1 节 "4. 拉伸性能"。

（2）游标卡尺

同第 2.1 节 "4. 拉伸性能"。

（3）钢筋标距仪

同第 2.1 节 "4. 拉伸性能"。

3）环境条件

钢筋机械连接接头最大力总伸长率试验一般在室温 10～35℃范围内进行。

4）试验步骤

（1）用游标卡尺复核钢筋的直径。

（2）用钢筋标距仪或其他工具在接头连接件两侧的钢筋表面标出标距 AB 和 CD，如图 2-33 所示，标距的原始长度不应小于 100mm，标距长度应用最小刻度不大于 0.1mm 的量具测量。

（3）按照第 2.1 节 "4. 拉伸性能" 要求平稳施加荷载，将试样拉至断裂或出现颈缩。

（4）在拉断后或出现颈缩的试样上再次测量标距长度，并按式（2-10）计算接头的最大力总伸长率。当试件在套筒的一侧发生断裂或颈缩时，应取另一侧的标距长度；当破坏发生在接头长度范围内时，标距长度应取套筒两侧的平均值。

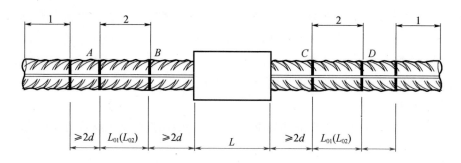

图 2-33　变形测量仪标距和仪表布置
1—夹持区；2—测量区

$$A_{\mathrm{sgt}} = \left[\frac{L_{02} - L_{01}}{L_{01}} + \frac{f_{\mathrm{mst}}^0}{E} \right] \times 100 \tag{2-10}$$

式中　A_{sgt}——最大力总伸长率（%）；

　　　L_{02}——加载后标距长度（mm）；

　　　L_{01}——加载前标距长度（mm）；

　　　f_{mst}^0——试件抗拉强度实测值（MPa）；

　　　E——弹性模量（MPa），可取 2×10^5。

5）注意事项

（1）试验之前应先进行接头的外观质量检查，外观质量合格的试样方可进行最大力总伸长率试验。

（2）对于测定最大力总伸长率的接头，在整个试验过程中可按不超过 0.05/min 的应变速率或等效的横梁分离速率控制。速率的最大误差不宜大于 ±20%。

7. 结果判定

1）型式检验

当型式检验的试验结果符合下列规定时，应评定为型式检验合格。

（1）强度检验：每个接头试件的极限抗拉强度实测值均符合表 2-10 中相应接头等级的强度要求。

（2）变形检验：3 个试件残余变形和最大力总伸长率实测值的平均值均符合表 2-11 的规定。

2）工艺检验

当工艺检验的试验结果符合下列规定时，应评定为工艺检验合格。

（1）强度检验：3 个接头试件的极限抗拉强度实测值均符合表 2-10 中相应接头等级的强度要求。

（2）变形检验：3 个试件单向拉伸残余变形实测值的平均值符合表 2-11 的规定。

工艺检验不合格时，应调整工艺参数，合格后方可按最终确认的工艺参数批量加工接头。

3）批量检验

3 个接头试件的极限抗拉强度实测值均符合表 2-10 中相应接头等级的强度要求时，该验收批评定为合格。

当仅有 1 个试件的极限抗拉强度不符合要求，应再取 6 个试件进行复检。复检中仍有 1 个试件的极限抗拉强度不符合要求，该验收批评定为不合格。

8. 相关标准

《钢筋套筒灌浆连接应用技术规程》JG 355—2015。

《钢筋机械连接用套筒》JG/T 163—2013。

《混凝土结构工程施工质量验收规范》GB 50204—2015。

《金属材料 拉伸试验 第 1 部分：室温试验方法》GB/T 228.1—2010。

《钢筋混凝土用钢 第 1 部分：热轧光圆钢筋》GB/T 1499.1—2017。

《钢筋混凝土用钢 第 2 部分：热轧带肋钢筋》GB/T 1499.2—2018。

第 3 章 骨 料

3.1 砂

1. 概述

砂是用于配制混凝土或砂浆的一种细骨料，是岩石由天然条件作用或经机械破碎而成的公称粒径小于 5.00mm 的岩石颗粒。建设用砂指适用于建筑工程中混凝土及其制品、建筑砂浆及其制品用砂。

砂按成因分为天然砂、人工砂（机制砂）和混合砂。其中，天然砂指由自然条件作用而形成的，经人工开采和筛分的粒径小于 4.75mm（公称粒径小于 5.00mm）的岩石颗粒，按其产源不同，可分为河砂、海砂、山砂；人工砂（机制砂）是指岩石经除土开采、机械破碎、筛分而成的粒径小于 4.75mm（公称粒径小于 5.00mm）的岩石颗粒；混合砂是由天然砂和人工砂（机制砂）按一定比例组合而成的砂。

砂的粗细程度按细度模数 μ_f 分为粗、中、细、特细四级，μ_f＝3.7～3.1 为粗砂，μ_f＝3.0～2.3 为中砂，μ_f＝2.2～1.6 为细砂，μ_f＝1.5～0.7 为特细砂。

砂按技术要求分为 Ⅰ 类、Ⅱ 类、Ⅲ 类。

除特细砂外，砂的颗粒级配可按公称直径 $630\mu m$ 筛孔的累计筛余量（以质量百分率计），分成三个级配区，见表 3-1。

表 3-1　砂颗粒级配区

累计筛余（%）　级配区　公称粒径（mm）	Ⅰ区	Ⅱ区	Ⅲ区
5.00	10～0	10～0	10～0
2.50	35～5	25～0	15～0
1.25	65～35	50～10	25～0
0.630	85～71	70～41	40～16
0.315	95～80	92～70	85～55
0.160	100～90	100～90	100～90

2. 检测项目

砂的检测项目主要包括：筛分析（细度模数、颗粒级配）、表观密度、堆积密度、紧密密度、空隙率、含泥量、泥块含量、石粉含量、压碎值指标、碱活性。

3. 依据标准

《普通混凝土用砂、石质量及检验方法标准》JGJ 52—2006。

《建设用砂》GB/T 14684—2011。

注：上述两标准在执行时有所区别，根据《混凝土结构工程施工质量验收规范》GB 50204—2015 的规定，混凝土结构工程应采用行业标准对砂进行检验，如果用于其他目的，可用国家标准进行检验。本书内容主要参照行业标准的规定编写，兼顾国家标准的要求。

4. 筛分析（细度模数、颗粒级配）

1）方法原理

利用一套不同筛孔的试验标准筛，通过筛分析获得砂的颗粒大小分布情况，计算出砂的细度模数，判定砂的颗粒级配情况。

2）仪器设备

（1）试验筛

筛孔公称直径分别为 10.0mm、5.00mm、2.50mm、1.25mm、$630\mu m$、$315\mu m$、$160\mu m$ 的方孔筛各一只，筛的底盘和盖各一只；筛框直径为 300mm 或 200mm。筛孔大于 4.00mm 的试验筛应采用穿孔板试验筛。

（2）天平

最大称量值不小于 1000g，感量不大于 1g。

（3）烘箱

温度控制范围为（105±5)℃。

（4）其他

摇筛机、浅盘、毛刷等。

3）环境条件

试验室温度宜保持在（20±5)℃。

4）试样制备

用于筛分析的试样，其颗粒的公称粒径不应大于 10.0mm。试验前应先将来样通过公称直径 10.0mm 的方孔筛，并计算筛余。称取经缩分后样品不少于 550g 两份，分别装入两个浅盘，在（105±5)℃的温度下烘干到恒重，冷却至室温备用。

5）试验步骤

（1）准确称取烘干试样 500g（特细砂可称 250g），置于按筛孔大小顺序排列（大孔在上、小孔在下）的套筛的最上一只筛（公称直径为 5.00mm 的方孔筛）上。

（2）将套筛装入摇筛机内固紧，筛分 10min；然后取出套筛，再按筛孔由大到小的顺序，在清洁的浅盘上逐一进行手筛，直至每分钟的筛出量不超过试样重量的 0.1％为止；通过的颗粒并入下一只筛子，并和下一只筛子中的试样一起进行手筛。按这样顺序依次进行，直至所有的筛子全部筛完为止。

（3）试样在各只筛子上的筛余量均不得超过按式（3-1）计算得出的剩留量，否则应将该筛余试样分成两份或数份，再次进行筛分，并以其筛余量之和作为该筛的筛余量。

$$m_r = \frac{A\sqrt{d}}{300} \qquad (3-1)$$

式中　m_r——某一筛上的剩留量（g）；

　　　d——筛孔边长（mm）；

　　　A——筛的面积（mm^2）。

（4）称取各筛筛余试样的质量，精确至 1g，所有各筛的分计筛余量和底盘中的剩余量之和与筛分前的试样总量相比，相差不得超过 1％。

6）结果计算

计算分计筛余（各筛上的筛余量除以试样总量的百分率），精确至 0.1％；计算累计筛余（该筛的分计筛余与筛孔大于该筛的各筛的分计筛余之和），精确至 0.1％；根据各筛两次试验累计筛余的平均值，精确至 0.01，依据表 3-1 评定该试样的颗粒级配分布情况。

砂的细度模数应按式（3-2）计算，精确至 0.1%。

$$\mu_f = \frac{(\beta_2 + \beta_3 + \beta_4 + \beta_5 + \beta_6) - 5\beta_1}{100 - \beta_1} \tag{3-2}$$

式中　　　　　　　　　　μ_f——砂的细度模数；

β_1、β_2、β_3、β_4、β_5、β_6——分别为公称直径 5.00mm、2.50mm、1.25mm、630μm、315μm、160μm 方孔筛上的累计筛余。

以两次试验结果的算术平均值作为测定值，精确至 0.1。当两次试验所得的细度模数之差大于 0.20 时，应重新取试样进行试验。

7）注意事项

（1）恒重（下同）是指在相邻两次称量间隔时间不小于 3h 的情况下，前后两次称量之差小于试验要求的称量精度。

（2）当试样含泥量超过 5% 时，应先将试样水洗，然后烘干至恒量，再进行筛分。

（3）当能保证筛分效果时，也可使用手筛。

（4）行业标准与国家标准用的砂试验筛是一致的，均为方孔筛。行业标准中筛孔"公称直径"是标准在修订时考虑到以往的习惯用法，沿用原来的称呼。公称直径为 10.0mm、5.00mm、2.50mm、1.25mm、630μm、315μm、160μm、80μm 的砂方孔筛对应的筛孔边长分别为 9.50mm、4.75mm、2.36mm、1.18mm、600μm、300μm、150μm、75μm。

5. 表观密度

1）方法原理

通过测定砂样的质量和体积，计算砂子颗粒单位体积（包括内封闭孔隙）的质量，得到砂的表观密度。

砂表观密度的检测方法分为标准法和简易法。当两种方法的结果有争议时，以标准法为准。

2）仪器设备

（1）天平

最大称量值不小于 1000g，感量不大于 1g（国家标准要求感量不大于 0.1g）。

（2）容量瓶（标准法）

容量 500mL。

（3）李氏瓶（简易法）

容量 250mL。

（4）烘箱

温度控制范围为（105±5）℃。

3）环境条件

试验室温度宜保持在（20±5）℃。

4）标准法试验步骤

（1）将经缩分后不少于650g的样品装入浅盘，在温度为（105±5）℃的烘箱中烘干至恒重，并在干燥器内冷却至室温。

（2）称取烘干的试样300g，装入盛有半瓶冷开水的容量瓶中。

（3）摇转容量瓶，使试样在水中充分搅动以排除气泡，塞紧瓶塞，静置24h；然后用滴管加水至瓶颈刻度线平齐，再塞紧瓶塞，擦干容器瓶外壁的水分，称其重量。

（4）倒出容量瓶中的水和试样，将瓶的内外壁洗净，再向瓶内加入与第一次水温相差不超过2℃的冷开水至瓶颈刻度线。塞紧瓶塞，擦干容量瓶外壁水分，称质量。

（5）表观密度（标准法）应按式（3-3）计算，精确至10kg/m³。

$$\rho=\left(\frac{m_0}{m_0+m_2-m_1}-\alpha_t\right)\times1000 \tag{3-3}$$

式中　ρ——表观密度（kg/m³）；

　　m_0——试样的烘干质量（g）；

　　m_1——试样、水及容量瓶总质量（g）；

　　m_2——水及容量瓶总质量（g）；

　　α_t——水温对砂的表观密度影响的修正系数，见表3-2。

表 3-2　不同水温对砂的表观密度影响的修正系数表

水温（℃）	15	16	17	18	19	20	21	22	23	24	25
α_t	0.002	0.003	0.003	0.004	0.004	0.005	0.005	0.006	0.006	0.007	0.008

以两次试验结果的算术平均值作为测定值。当两次结果之差大于20kg/m³时，应重新取样进行试验。

5）简易法试验步骤

（1）将样品筛分至不少于120g，在（105±5）℃的烘箱中烘干至恒重，并在干燥器中冷却至室温，分成大至相等的两份备用。

（2）向李氏瓶中注入冷开水至一定刻度处，擦干瓶颈内部附着水，记录水的体积。

（3）称取烘干试样50g，徐徐加入盛水的李氏瓶中。

（4）试样全部倒入瓶中后，用瓶内的水将黏附在瓶颈和瓶壁的试样洗入水中，摇转李氏瓶以排除气泡，静置约24h后，记录瓶中水面升高后的体积。

（5）表观密度（简易法）应按式（3-4）计算，精确至10kg/m³。

$$\rho=\left(\frac{m_0}{V_2-V_1}-\alpha_t\right)\times1000 \tag{3-4}$$

式中　ρ——表观密度（kg/m³）；

m_0——试样的烘干质量（g）；

V_1——水的原有体积（mL）；

V_2——倒入试样后的水和试样的体积（mL）；

α_t——水温对砂的表观密度影响的修正系数，见表 3-2。

以上两次试验结果的算术平均值作为测定值，两次结果之差大于 20kg/m³ 时，应重新取样进行试验。

6）注意事项

（1）水温对砂的表观密度影响较大，在试验过程中应测量并控制水的温度。

（2）试验的各项称量可在 15～25℃ 的温度范围内进行。

（3）简易法两次体积测定的温差不得大于 2℃。从试样加水静置的最后 2h 起直至试验结束，其温度相差不应超过 2℃。

6. 堆积密度、紧密密度和空隙率

1）方法原理

通过测量砂自然堆积状态下单位体积的质量与人工颠实以后的单位体积的质量，计算空隙率，从一定程度了解并掌握砂颗粒搭配间的关系，为拌制混凝土时选用原材料作准备。

2）仪器设备

（1）秤

最大称量值不小于 5kg，感量不大于 5g（国标要求最大称量值不小于 10kg，感量不大于 1g）。

（2）容量筒

金属制，圆柱形，内径 108mm，净高 109mm，筒壁厚 2mm，容积 1L，筒底厚度为 5mm。

（3）漏斗或铝制料勺

标准漏斗外形及结构示意图如图 3-1 所示。

（4）烘箱

温度控制范围为（105±5）℃。

（5）试验筛

筛孔公称直径为 5.00mm 的方孔筛。

3）环境条件

试验室温度宜保持在（20±5）℃。

鼓风干燥箱内温度控制范围为（105±5）℃。

4）试验步骤

（1）先用公称直径 5.00mm 的筛子过筛，然后取经缩分后的样品不少于 3L，装入浅盘，在温度（105±5）℃烘箱内烘干至恒重，取出并冷却至室温，分成大致相等的两份备用。试样烘干后如有结块，应在试验前先予捏碎。

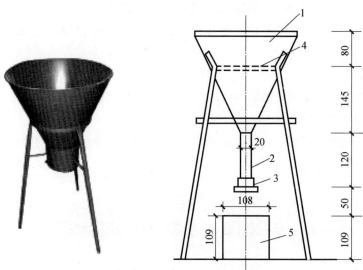

图 3-1 标准漏斗外形及结构示意图

1—漏斗；2—直径 20mm 管子；

3—活动门；4—筛；5—金属量筒

（2）测定堆积密度时，取试样一份，用漏斗或者铝制勺，将它徐徐装入容量筒，直至试样装满并超出容量筒筒口，然后用直尺将多余的试样沿筒口中心线向相反方向刮平，称其质量。

（3）测定紧密密度时，取试样一份，分两层装入容量筒。装完一层后，在筒底垫放一根直径为 10mm 的钢筋，将筒按住，左右交替颠击地面各 25 下，然后再装入第二层；第二层装满后用同样方法颠实（但筒底所垫钢筋的方向应与第一层放置方向垂直）；二层装完并颠实后，加料至试样超出容量筒筒口，然后用直尺将多余的试样沿筒口中心线向两个相反方向刮平，称其质量。

5）结果计算

堆积密度及紧密密度按式（3-5）计算，精确至 $10kg/m^3$：

$$\rho_L\ (\rho_C) = \frac{m_2 - m_1}{V} \times 1000 \qquad (3-5)$$

式中 $\rho_L\ (\rho_C)$——堆积密度（紧密密度）（kg/m^3）；

m_1——容量筒的质量（kg）；

m_2——容量筒和砂总质量（kg）；

V——容量筒容积（L）。

堆积密度及紧密密度分别以两次试验结果的算术平均值作为测定值。

空隙率按式（3-6）或式（3-7）计算，精确至 1%：

$$V_{L} = \left(1 - \frac{\rho_{L}}{\rho}\right) \times 100\%$$ (3-6)

$$V_{C} = \left(1 - \frac{\rho_{C}}{\rho}\right) \times 100\%$$ (3-7)

式中　V_{L}——堆积密度的空隙率（%）；

　　　V_{C}——紧密密度的空隙率（%）；

　　　ρ_{L}——砂的堆积密度（kg/m^3）；

　　　ρ——砂的表观密度（kg/m^3）；

　　　ρ_{C}——砂的紧密密度（kg/m^3）。

6）容量筒容积校正

以温度为（20±2）℃的饮用水装满量筒，用玻璃板沿筒口滑移，使其紧贴水面。擦干筒外壁水分，然后称其质量，用式（3-8）计算筒的容积。

$$V = m_{2}' - m_{1}'$$ (3-8)

式中　V——容量筒容积（L）；

　　　m_{1}'——容量筒和玻璃板质量（kg）；

　　　m_{2}'——容量筒、玻璃板和水总质量（kg）。

7）注意事项

（1）测量堆积密度时，漏斗出料口或料勺距容量筒筒口不应超过 50mm。

（2）容量筒的容积对试验结果的准确性影响较大，所以应做好容积校正。

7. 含泥量

1）方法原理

将砂浸泡于饮用水中，使砂中的尘屑、淤泥与砂粒分离，并使之悬浮或溶于水中，再用标准筛滤去小于 $80\mu m$ 的颗粒，反复浸泡过滤，将砂中的泥全部洗出。根据试样质量的前后变化计算砂的含泥量。

砂含泥量的检测方法分为标准法和虹吸管法。标准法采用反复浸泡过滤试样，最后用水直接淋洗，洗除泥颗粒；虹吸管法采用反复浸泡，用虹吸管将浑浊液吸出，洗除泥颗粒。

2）仪器设备

（1）天平

最大称量值不小于 1000g，感量不大于 1g（国家标准要求感量不大于 0.1g）。

（2）烘箱

温度控制范围为（105±5）℃；

（3）试验筛

筛孔公称直径为 $80\mu m$ 及 1.25mm 的方孔筛各一个。

（4）容器及浅盘

可用于洗砂的容器及烘干用的浅盘。用于虹吸管法的玻璃容器或其他容器，高度不小于 300mm，直径不小于 200mm。

（5）虹吸管

玻璃管的直径不大于 5mm，后接胶皮弯管。

3）环境条件

试验室温度宜保持在（20±5）℃。

4）标准法试验步骤

（1）将样品缩分至 1100g，置于温度为（105±5）℃的烘箱中烘干至恒重，冷却至室温后，称取各为 400g 的试样两份备用。

（2）取烘干的试样一份置于容器中，并注入饮用水，使水面高出砂面约 150mm，充分拌均后，浸泡 2h，然后用手在水中淘洗试样，使尘屑、淤泥和黏土与砂粒分离，并使之悬浮或溶于水中。缓缓地将浑浊液倒入公称直径为 1.25mm、$80\mu m$ 的方孔套筛（1.25mm 筛放置于上面）上，滤去小于 $80\mu m$ 的颗粒。

（3）再次加水于容器中，重复上述过程，直到筒内洗出的水清澈为止。

（4）用水淋洗剩留在筛上的细粒，并将 $80\mu m$ 筛放在水中（使水面略高出筛中砂粒的上表面）来回摇动，以充分洗除小于 $80\mu m$ 的颗粒。然后将两只筛上剩留的颗粒和容器中已经洗净的试样一并装入浅盘，置于温度为（105±5）℃的烘箱中烘干至恒重。取出来冷却至室温后，称样的质量。

（5）砂中含泥量（标准法）应按式（3-9）计算，精确至 0.1%。

$$\omega'_c = \frac{m_0 - m_1}{m_0} \times 100\% \tag{3-9}$$

式中　ω'_c——砂中含泥量（%）；

　　　m_0——试验前的烘干试样质量（g）；

　　　m_1——试验后的烘干试样质量（g）。

以两个试样试验结果的算术平均值作为测定值。两次结果之差大于 0.5% 时，应重新取样进行试验。

5）虹吸管法试验步骤

（1）称取烘干的试样 500g，置于容器中，并注入饮用水，使水面高出砂面约 150mm，浸泡 2h，浸泡过程中每隔一段时间搅拌一次，确保尘屑、淤泥和黏土与砂分离。

（2）用搅拌棒均匀搅拌 1min（单方向旋转），以适当宽度和高度的闸板闸水，使水停止旋转。经 20～25s 后取出闸板，然后，从上到下用虹吸管细心地将浑浊液吸出，虹吸管吸口的最低位置应距离砂面不小于 30mm。

（3）再倒入清水，重复上述过程，直到吸出的水与清水的颜色基本一致为止。

（4）最后将容器中的清水吸出，把洗净的试样倒入浅盘并在（105±5）℃的烘干至恒重，取出，冷却至室温后称砂质量。

（5）砂中含泥量（虹吸管法）应按式（3-10）计算，精确至0.1%。

$$\omega_c' = \frac{m_0 - m_1}{m_0} \times 100 \tag{3-10}$$

式中　ω_c'——砂中含泥量（%）；

　　　m_0——试验前的烘干试样质量（g）；

　　　m_1——试验后的烘干试样质量（g）。

以两个试样试验结果的算术平均值作为测定值。两次结果之差大于0.5%时，应重新取样进行试验。

6）注意事项

（1）标准法试验前，筛子的两面应先用水湿润，在整个试验过程中应避免砂粒丢失。

（2）虹吸管法试验时，虹吸管吸口的最低位置应距离砂面不小于30mm，以免将砂粒吸出。

（3）标准法适用于测定粗砂、中砂和细砂的含泥量，特细砂中含泥量的测定用虹吸管法。

8. 泥块含量

1）方法原理

将砂浸泡于饮用水中，在水中碾碎泥块，并使之悬浮或溶于水中，再用标准筛滤去小于630μm的颗粒，反复用水淘洗，将砂中的泥块全部滤除。根据试样质量的前后变化计算砂的泥块含量。

2）仪器设备

（1）天平

最大称量值不小于1000g，感量不大于1g（国家标准要求感量不大于0.1g）；最大称量值不小于5000g，感量不大于5g。

（2）烘箱

温度控制范围为（105±5）℃。

（3）试验筛

筛孔公称直径为630μm及1.25mm的方孔筛各一只。

（4）容器及浅盘

可用于洗砂的容器及烘干用的浅盘。容器高度不小于300mm，直径不小于200mm。

3）环境条件

试验室温度宜保持在（20±5）℃。

4）试验步骤

（1）将样品缩分至5000g，置于温度为（105±5）℃的烘箱中烘干至恒重，冷却至室温后，用公称直径1.25mm的方孔筛筛分，取筛上的砂不少于400g分为两份备用。特细砂按实际筛分量。

（2）称取试样约200g置于容器中，并注入饮用水，使水面高出砂面150mm。充分拌匀后，浸泡24h，然后用手在水中碾碎泥块，再把试样放在公称直径630μm的方孔筛上，用水淘洗，直至水清澈为止。

（3）保留下来的试样应小心地从筛里取出，装入浅盘后，置于温度为（105±5）℃烘箱中烘干至恒重，冷却后称重。

5）结果计算

砂中泥块含量应按式（3-11）计算，精确至0.1%。

$$\omega_{C,L} = \frac{m_1 - m_2}{m_1} \times 100\% \tag{3-11}$$

式中　$\omega_{C,L}$——泥块含量（%）；

　　　m_1——试验前的干燥试样质量（g）；

　　　m_2——试验后的干燥试样质量（g）。

以两次试样试验结果的算术平均值作为测定值。

6）注意事项

在整个试验过程中应避免砂粒丢失。

9. 石粉含量（亚甲蓝法）

1）方法原理

在人工砂（机制砂）及混合砂试样的水悬液中连续逐次加入亚甲蓝溶液，每次加亚甲蓝溶液后，通过滤纸蘸染试验检验游离染料的出现，以检查试样对染料溶液的吸附，当确认游离染料出现后，即可计算出亚甲蓝值（MB）表示为每千克试验粒级吸附的染料克数。

亚甲蓝法测定石粉含量分为标准试验和快速试验两种，其中标准试验为定量试验，快速试验为定性试验。

2）仪器设备

（1）烘箱

温度控制范围为（105±5）℃。

（2）天平

两台天平：最大称量值不小于1000g，感量不大于1g（国家标准要求感量不大于0.1g）；最大称量值不小于100g，感量不大于0.01g。

（3）试验筛

筛孔公称直径为 $80\mu m$ 及 1.25mm 的方孔筛各一只。

（4）容器

深度大于 250mm，在淘洗试样时，应保持试样不溅出。

（5）移液管

5mL、2mL 移液管各一只。

（6）叶轮搅拌器

三片式或四片式，转速可调，最高达 (600 ± 60) r/min，直径 (75 ± 10) mm。叶轮搅拌器外形如图 3-2 所示。

图 3-2 叶轮搅拌器外形

（7）定时装置

精度 1s。

（8）玻璃容量瓶

容量 1L。

（9）温度计

精度 1℃。

（10）玻璃棒

2 支，直径 8mm，长 300mm。

（11）滤纸

快速滤纸。

（12）亚甲蓝

$(C_{16}H_{18}ClN_3S \cdot 3H_2O)$ 含量≥95%。

（13）其他

搪瓷盘、毛刷、容量为 1000mL 的烧杯等。

3）环境条件

试验室温度宜保持在 (20 ± 5)℃。

配置亚甲蓝溶液时，容量瓶和溶液的温度应保持在 (20 ± 1)℃。

4）亚甲蓝溶液配制

（1）将亚甲蓝 $(C_{16}H_{18}ClN_3S \cdot 3H_2O)$ 粉末在 (105 ± 5)℃下烘干至恒重，称取烘干亚甲蓝粉末 10g，精确至 0.01g，倒入盛有约 600mL 蒸馏水（水温加热至 35~40℃）的烧杯中，用玻璃棒持续搅拌 40min，直至亚甲蓝粉末完全溶解，冷却至 20℃。

（2）将溶液倒入 1L 容量瓶中，用蒸馏水淋洗烧杯等，使所有亚甲蓝溶液全部移入容量瓶，容量瓶和溶液的温度应保持在 (20 ± 1)℃，加蒸馏水至容量瓶 1L 刻度。振荡容量瓶以保证亚甲蓝粉末完全溶解。将容量瓶中溶液移入深色储藏瓶中，并置于阴暗处保存。

亚甲蓝溶液保质期应不超过 28d。

5）标准试验步骤

（1）将砂样品缩分至 400g，放在烘箱中于（105±5）℃下烘干至恒重，待冷却至室温后，筛除大于公称直径 5.0mm 的颗粒备用。

（2）称取试样 200g，精确至 1g。将试样倒入盛有（500±5）mL 蒸馏水的烧杯中，用叶轮搅拌机以（600±60）r/min 转速搅拌 5min，形成悬浮液，然后以（400±40）r/min 转速持续搅拌，直至试验结束。

（3）悬浮液加入 5mL 亚甲蓝溶液，以（400±40）r/min 转速搅拌至少 1min 后，用玻璃棒蘸取一滴悬浮液（所取悬浮液滴应使沉淀物直径在 8～12mm 内），滴于滤纸（置于空烧杯或其他合适的支撑物上，以使滤纸表面不与任何固体或液体接触）上。若沉淀物周围未出现色晕，再加入 5mL 亚甲蓝溶液，继续搅拌 1min，再用玻璃棒蘸取一滴悬浮液，滴于滤纸上，若沉淀物周围仍未出现色晕，重复上述步骤，直至沉淀物周围出现约 1mm 宽的稳定浅蓝色色晕。此时，应继续搅拌，不加亚甲蓝溶液，每 1min 进行一次蘸染试验。若色晕在 4min 内消失，再加入 5mL 亚甲蓝溶液；若色晕在第 5min 消失，再加入 2mL 亚甲蓝溶液。两种情况下，均应继续进行搅拌和蘸染试验，直至色晕可持续 5min。

（4）记录色晕持续 5min 时所加入的亚甲蓝溶液总体积，精确至 1mL。

（5）亚甲蓝 MB 值按式（3-12）计算，精确至 0.01。

$$MB = \frac{V}{G} \times 10 \tag{3-12}$$

式中 MB——亚甲蓝值（g/kg），表示每千克 0～2.36mm 粒级试样所消耗的亚甲蓝克数；

   G——试样质量（g）；

   V——所加入的亚甲蓝溶液的总量（mL）。

注：公式中的系数 10 用于将每千克试样消耗的亚甲蓝溶液体积换算成亚甲蓝质量。

6）快速试验步骤

（1）按前述标准法要求制样。

（2）向烧杯中的悬浮液一次性加入 30mL 亚甲蓝溶液，以（400±40）r/min 转速持续搅拌 8min，然后用玻璃棒蘸取一滴悬浊液，滴于滤纸上，观察沉淀物周围是否出现明显色晕，出现色晕的为合格，否则为不合格。

7）注意事项

试验中应注意滤纸色晕的辨别和判定。

10. 压碎值指标

1）方法原理

压碎值指标是表示人工砂坚固性的一项指标，试验采用四个粒级的筛分分别进行压碎，然后进行总的压碎值指标计算。

2）仪器设备

（1）压力试验机

最大荷载不小于 300kN，加荷速度可控制在 500N/s，加荷至 25kN 时可持荷 5s。

（2）受压钢模

受压钢模的外形及示意图如图 3-3 所示。

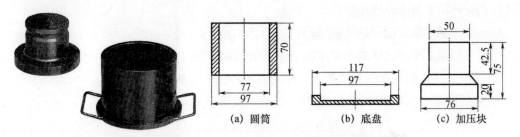

图 3-3　受压钢模外形及示意图（单位：mm）

（3）天平

最大称量值不小于 1000g，感量不大于 1g。

（4）试验筛

筛孔公称直径分别为 5.00mm、2.50mm、1.25mm、630μm、315μm、160μm、80μm 的方孔筛各一只。

（5）烘箱

温度控制范围为（105±5）℃。

（6）其他

磁盘 10 个、小勺 2 把、毛刷。

3）环境条件

试验室温度宜保持在（20±5）℃。

鼓风干燥箱内温度控制范围为（105±5）℃。

4）试验步骤

（1）将缩分后的样品置于（105±5）℃的烘箱内烘干至恒重，待冷却至室温后，筛分成 5.00～2.50mm、2.50～1.25mm、1.25mm～630μm、630～315μm 四个粒级，每级试样质量不得少于 1000g。

（2）置圆筒于底盘上，组成受压模，将一单级砂样约 300g 装入模内，使试样距底盘约为 50mm。平整试模内试样的表面，将加压快放入圆筒内，并转动一周使之与试样均匀接触。

（3）将装好砂样的受压钢模置于压力机的支撑板上，对准压板中心后，开动机器，以 500N/s 的速度加荷，加荷至 25kN 时持荷 5s，而后以同样的速度卸荷。

（4）取下受压模，移去加压快，倒出压过的试样并称其质量，然后用该粒级的下限筛

（如砂样为公称粒级 5.00～2.50mm 时，其下限筛为筛孔公称直径 2.50mm 的方孔筛）进行筛分，称出该粒级试样的筛余量。

　　5）结果计算

　　人工砂第 i 单级砂样的压碎指标按式（3-13）计算，精确至 0.1%。

$$\delta_i = \frac{m_0 - m_1}{m_0} \times 100\% \tag{3-13}$$

式中　δ_i——第 i 单级砂样压碎指标（%）；

　　m_0——第 i 单级试样的质量（g）；

　　m_0——第 i 单级试样的压碎试验后筛余的试样质量（g）。

　　以三份试样试验结果的算术平均值作为各单粒级试样的测定值。

　　四级砂样总的压碎指标按式（3-14）计算，精确至 0.1%。

$$\delta_{sa} = \frac{\alpha_1\delta_1 + \alpha_2\delta_2 + \alpha_3\delta_3 + \alpha_4\delta_4}{\alpha_1 + \alpha_2 + \alpha_3 + \alpha_4} \times 100\% \tag{3-14}$$

式中　　　　　δ_{sa}——总的压碎指标（%）；

　　α_1、α_2、α_3、α_4——公称直径分别为 2.50mm、1.25mm、630μm、315μm 各方孔筛的分计筛余（%）；

　　δ_1、δ_2、δ_3、δ_4——公称粒径分别为 5.00～2.50mm、2.50～1.25mm、1.25mm～630μm、630～315μm 单级试样压碎指标（%）。

　　6）注意事项

　　（1）人工砂坚固性试验方法除了压碎值指标法，还可采用硫酸钠溶液法。

　　（2）本方法适用于测定粒级为 315μm～5.00mm 的人工砂的压碎指标。

11. 碱活性（快速法）

　　1）方法原理

　　采用由砂试样与普通硅酸盐水泥配制成水泥胶砂试体，将其置于 1mol/L 浓度 80℃ 的 NaOH 溶液中浸泡 14d，通过测量试体的膨胀值来评定砂的潜在危险。

　　2）仪器设备

　　（1）烘箱

　　温度控制范围为（105±5）℃。

　　（2）天平

　　最大称量值不小于 1000g，感量不大于 1g（国家标准要求感量不大于 0.1g）。

　　（3）试验筛

　　公称直径分别为 5.00mm、2.50mm、1.25mm、630μm、315μm、160μm 的方孔筛各一只。

　　（4）测长仪

由百分表和支架组成，测量范围 280～300mm，百分表量程不小于 10mm，精度不大于 0.01mm。测长仪的外形如图 3-4 所示。

（5）胶砂搅拌机

同第 1 章第 1.1 节"7. 胶砂强度"。

（6）恒温养护箱或水浴

温度控制范围为（80±2）℃。

（7）养护筒

由耐碱、耐高温的材料制成，不漏水，密封，防止容器内的湿度下降，筒的容积可以保证试件全部浸没在水中。筒内设有试件架，试件垂直于试件架放置。

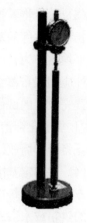

图 3-4 测长仪的外形

（8）试模

金属试模，尺寸为 25mm×25mm×280mm，试模两端正中有小孔，装有不锈钢测头。

（9）其他

镘刀、捣棒、量筒、干燥器等。

3）环境条件

试验室温度宜保持在（20±2）℃。

恒温养护箱或水浴温度控制范围为（80±2）℃。

标准养护室或养护箱的温度为（20±1）℃，相对湿度不低于 90%。

4）试件制作

（1）将试样缩分成约 5kg，按表 3-3 中所示级配及比例组合成试验用料，并将试样洗净烘干或晾干备用。

表 3-3 砂级配表

公称粒级（mm）	5.00～2.50	2.50～1.25	1.25～0.630	0.630～0.315	0.315～0.160
分级质量（%）	10	25	25	25	15

（2）水泥与胶砂的质量比为 1∶2.25，水灰比为 0.47。试件规格 25mm×25mm×280mm，每组三条，称取水泥 440g，砂 990g。

（3）成型前 24h，将试验所用材料（水泥、砂、拌合用水等）放入（20±2）℃的恒温室中。

（4）将称好的水泥与砂倒入搅拌锅，胶砂搅拌方法见第 1 章第 1.1 节"7. 胶砂强度"。

（5）搅拌完成后，将砂浆分两层装入试模内，每层捣 40 次，测头周围应填实，浇捣完毕后用镘刀刮除多余砂浆，抹平表面，并标明测定方向及编号。

5）试验步骤

（1）将试件成型完毕后，带模放入标准养护室或养护箱，养护（24±4）h 后脱模。

（2）脱模后，将试样浸泡在有自来水的养护筒中，并将养护筒放置温度（80±2）℃的烘箱或水浴箱中养护 24h。同种骨料制成的试件放在同一养护筒中。

（3）然后将养护筒逐个取出。每次从养护筒中取出一个试体，用抹布擦干表面，立即用测长仪测试件的基长。每个试样至少重复测定两次，取差值在仪器精度范围内的两个读数的平均值作为长度测定值（精确至 0.02mm），每次每个试件的测量方向应一致，待测的试件应用湿布覆盖，防止水分蒸发；从取出试件擦干到读数完成应在（15±5）s 内结束，读完数后的试件应用湿布覆盖。全部试件测完基准长度后，把试件放入装有浓度为 1mol/L 氢氧化钾溶液的养护筒中，并确保试件被完全浸泡。溶液温度应保持在（80±2)℃，将养护筒放回烘箱或水浴箱中。

（4）自测定基准长度之日起，第 3d、7d、10d、14d 再分别测其长度。测长方法与测基长方法相同。每次测量完毕后，应将试件调头放入原养护筒，盖好筒盖，放回（80±2)℃的烘箱或水浴箱中继续养护到下一个测长龄期。

（5）在测量时应观察试件的变形、裂缝、渗出物等，特别应观察有无胶体物质，并作详细记录。

6）结果计算

试体中的膨胀率（快速法）应按式（3-15）计算，精确至 0.01％。

$$\varepsilon_t = \frac{L_t - L_0}{L_0 - 2\Delta} \times 100\% \tag{3-15}$$

式中 ε_t——试件在 t 天龄期的膨胀率（％）；

L_t——试件在 t 天龄期的长度（mm）；

L_0——试件的基长（mm）；

Δ——测头长度（mm）。

以三个试件膨胀率的平均值作为某一龄期膨胀率的测定值。任一试件膨胀率与平均值均应符合下列规定：当平均值小于或等于 0.05％时，其差值均应小于 0.01％；当平均值大于 0.05％时，单个测值与平均值的差值均应小于平均值的 20％；当三个试件的膨胀率均大于 0.01％时，无精度要求。当不符合上述要求时，去掉膨胀率最小的，用其余两个试件的平均值作为该龄期的膨胀率。

当 14d 的膨胀率小于 0.10％时，可判为无潜在危害；当 14d 的膨胀率大于 0.20％时，可判为有潜在危害；当 14d 的膨胀率在 0.10％～0.20％时，需用砂浆长度法进行进一步试验判定。

7）注意事项

（1）水泥应采用符合现行国家标准《通用硅酸盐水泥》GB/T 175 要求的普通硅酸盐水泥，不得有结块并应在保质期内。

（2）特细砂的碱活性试验试件制作时，对特细砂的分级质量不作规定。

（3）用测长仪测定任一组试件的长度时，均应先调整测长仪的零点。

（4）测长操作时，取放试件应防止氢氧化钠溶液溢溅，避免烧伤皮肤。

（5）国家标准要求材料与成型室的温度应保持在 20～27.5℃，拌合水及养护室的温度应保持在（20±2)℃；成型室、测长室的相对湿度不应少于 80％。行业标准中对试验室的相对湿度没有严格要求，为保证试验结果的准确性，宜参照国家标准执行。

（6）快速法碱活性试验适用于检验硅质骨料与混凝土中的碱产生潜在反应的危害性，不适用于碱碳酸盐反应活性骨料检验。

（7）对于长期处于潮湿环境的重要混凝土结构，应进行碱活性检验。当判断为有潜在危害时，应控制混凝土中的碱含量不超过 $3kg/m^3$，或采用能抑制碱-骨料反应的有效措施。

12. 碱活性（砂浆长度法）

1）方法原理

采用由砂试样与普通硅酸盐水泥配制成水泥胶砂试体，将其置于 1mol/L 浓度 80℃的 NaOH 溶液中浸泡 14d，通过测量试体的膨胀值来评定砂的潜在危险；砂浆长度法采用含碱量为 1.2％的高碱水泥与砂试样制成水泥胶砂试体，将其置于（40±2）℃，相对湿度为 95％以上的养护筒中养护 14d、1 个月、2 个月、3 个月、6 个月，通过测量试体的膨胀值来评定砂的潜在危险。

2）仪器设备

（1）试验筛

公称直径分别为 5.00mm、2.50mm、1.25mm、630μm、315μm、160μm 的方孔筛各一只。

（2）胶砂搅拌机

同第 1 章第 1.1 节 "7. 胶砂强度"。

（3）试模

金属试模，尺寸为 25mm×25mm×280mm，试模两端正中有小孔，装有不锈钢测头。

（4）养护筒

由耐腐蚀材料制成，应不漏水，不透气，加盖后放在养护室中能确保筒内空气相对湿度为 95％以上，筒内设有试件架，架下盛有水，试体垂直立于架上并不与水接触。

（5）测长仪

测量范围 280～300mm，精度 0.01mm。

（6）养护室

室温为（40±2）℃。

（7）天平

最大称量值不小于 2000g，感量不大于 2g（国家标准要求最大称量值不小于 1000g，感量不大于 0.1g）。

（8）跳桌

同第 1 章第 1.1 节 "8. 胶砂流动度"。

（9）其他

镘刀、钢制捣棒、量筒、秒表、干燥器、毛刷等。

3）环境条件

试验室温度宜保持在（20±2)℃。

养护室室温为（40±2)℃。

4）试件制作

（1）原材料

水泥：在做一般骨料活性鉴定时，应使用高碱水泥，含碱量为 1.2%，低于此值时，掺浓度为 10% 的氢氧化钠溶液，将碱含量调至水泥量的 1.2%；对于具体工程，当该工程拟用水泥的碱含量高于此值，则应采用工程所使用的水泥。

砂：将样品缩分成约 5kg，按表 3-4 中所示级配及比例组合成试验用料，并将试样洗净晾干。

表 3-4　砂级配表

公称粒级（mm）	5.00～2.50	2.50～1.25	1.25～0.630	0.630～0.315	0.315～0.160
分级质量（%）	10	25	25	25	15

（2）配合比

水泥与砂的质量比为 1：2.25。每组三个试件，共需水泥 440g，砂 990g，跳桌次数 6s 跳动 10 次，用水量以流动度在 105～120mm 为准。

（3）制样方法

成型前 24h，将试验所用材料（水泥、砂、拌合用水等）放入（20±2)℃ 的恒温室中。

先将称好的水泥与砂倒入搅拌锅内，开动搅拌机，拌合 5s 后徐徐加水，20～30s 加完，自开动机器起搅拌（180±5）s 停机，将粘在叶片上的砂浆刮下，取下搅拌锅。

砂浆分两层装入试模内，每层捣 40 次；测头周围应填实，浇捣完毕后用镘刀刮除多余砂浆，抹平表面，并标明测定方向及编号。

5）试验步骤

（1）将试件成型完毕后，带模放入标准养护室，养护（24±4）h 后脱模（当试件强度较低时，可延长至 48h 脱模），脱模后立即测试件的基长。测长应在（20±2)℃ 的恒温室中进行，每个试样至少重复测定两次，取差值在仪器精度范围内的两个读数的平均值作为长度测定值（精确至 0.02mm）。待测的试件应用湿布覆盖，防止水分蒸发。

（2）测量后将试件放入养护筒中，盖严后放入（40±2)℃ 养护室里养护（一个筒内的品种应相同）。

（3）自测长之日起，14d、1 个月、2 个月、3 个月、6 个月再分别测其长度，如有必要还可适当延长。在测长前一天，应把养护筒从（40±2)℃ 养护室中取出，放在（20±2)℃ 的恒温室。试件的测长方法与测基长相同，测量完毕后，应将试件掉头放入养护筒，盖好筒盖，放回（40±2)℃ 养护室继续养护到下一个测长龄期。

（4）在测量时应观察试件的变形、裂缝、渗出物等，特别应观察有无胶体物质，并作详细记录。

6）结果计算

试件的膨胀率（砂浆长度法）应按式（3-16）计算，精确至 0.01%。

$$\varepsilon_t = \frac{L_t - L_0}{L_0 - 2\Delta} \times 100\%$$ (3-16)

式中　ε_t——试件在 t 天龄期的膨胀率（%）；

L_t——试件在 t 天龄期的长度（mm）；

L_0——试件的基长（mm）；

Δ——测头长度（mm）。

以三个试件膨胀率的平均值作为某一龄期膨胀率的测定值。任一试件膨胀率与平均值均应符合下列规定：当平均值小于或等于 0.05% 时，其差值均应小于 0.01%；当平均值大于 0.05% 时，单个测值与平均值的差值均应小于平均值的 20%；当三个试件的膨胀率均大于 0.10% 时，无精度要求。当不符合上述要求时，去掉膨胀率最小的，用其余两个试件的平均值作为该龄期的膨胀率。

当砂浆 6 个月膨胀率小于 0.10% 或 3 个月的膨胀率小于 0.05%（只有在缺少 6 个月膨胀率时才有效）时，则判为无潜在危害。否则，应判为有潜在危害。

7）注意事项

（1）制作试件用水泥的碱含量以氢氧化钠计，氧化钾换算为氧化钠时乘以换算系数 0.658。

（2）特细砂的碱活性试验试件制作时，对特细砂的分级质量不作规定。

（3）砂浆长度法适用于鉴定硅质骨料与水泥（混凝土）中的碱产生潜在反应的危害性，不适用于碱碳酸盐反应活性骨料检验。

（4）国家标准要求材料与成型室的温度应保持在 20~27.5℃，拌合水及养护室的温度应保持在（20±2）℃；成型室、测长室的相对湿度不应少于 80%。行业标准中对试验室的相对湿度没有严格要求，为保证试验结果的准确性，宜参照国家标准执行。

13. 结果判定

普通混凝土用砂的各项检验结果符合《普通混凝土用砂石质量及检验方法标准》 JGJ 52—2006 的规定时，该批砂判为合格品。除筛分析外，当其余检验项目存在不合格项时，应加倍取样进行复验。当复验仍有一项不满足标准要求时，应按不合格品处理。

14. 相关标准

《通用硅酸盐水泥》GB 175—2007。

《行星式水泥胶砂搅拌机》JC/T 681—2005。

《水泥胶砂振动台》JC/T 723—2005。

《水泥胶砂试模》JC/T 726—2005。

《水泥胶砂流动度测定仪（跳桌）》JC/T 958—2005。

《水泥胶砂试体养护箱》JC/T 959—2005。

《水泥胶砂强度检验方法（ISO 法）》GB/T 17671—1999。

3.2　石

1. 概述

石是用于拌合混凝土的一种粗骨料，由天然岩石或卵石经破碎、筛分或经自然条件作用形成的公称粒径大于 5mm 的岩石颗粒。由天然岩石或卵石经破碎筛分而得的称为碎石，自然条件作用形成的称为卵石。建设用卵石、碎石指适用于建筑工程（除水工建筑物）中水泥混凝土及其制品用卵石、碎石。

石子中各级粒径颗粒的分配情况称为石子的级配。根据石子级配情况可分为连续粒级和单粒级。

石子的级配对混凝土的和易性产生很大的影响，进而影响混凝土的强度。良好的级配可用较少的加水量制得流动性好、离析泌水少的混合料，并能在相应的成型条件下，得到均匀密实的混凝土，同时达到节约水泥的效果。单粒级配制混凝土会加大水泥用量，对混凝土的收缩等性能造成不利影响。因此，混凝土用石应采用连续粒级，而单粒级宜用于组合成具有要求级配的连续粒级，也可与连续粒级混合使用，以改善其级配或配成较大粒度的连续级配。

碎石或卵石的颗粒级配范围应符合表 3-5 的要求。

表 3-5　碎石或卵石的颗粒级配范围

级配情况	公称粒级（mm）	累计筛余　按质量（%）											
		方孔筛筛孔边长尺寸（mm）											
		2.36	4.75	9.5	16.0	19.0	26.5	31.5	37.5	53	63	75	90
连续粒级	5~10	95~100	80~100	0~15	0	—	—	—	—	—	—	—	—
	5~16	95~100	85~100	30~60	0~10	—	—	—	—	—	—	—	—
	5~20	95~100	90~100	40~80	—	0~10	0	—	—	—	—	—	—
	5~25	95~100	90~100	—	30~70	—	0~5	0	—	—	—	—	—
	5~31.5	95~100	90~100	70~90	—	15~45	—	0~5	0	—	—	—	—
	5~40	—	95~100	70~90	—	30~65	—	—	0~5	0	—	—	—
单粒级	10~20	—	95~100	85~100	—	0~15	—	—	—	—	—	—	—
	16~31.5	—	95~100	—	85~100	—	—	0~10	0	—	—	—	—
	20~40	—	—	95~100	—	80~100	—	—	0~10	0	—	—	—
	31.5~63	—	—	—	95~100	—	—	75~100	45~75	—	0~10	0	—
	40~80	—	—	—	—	95~100	—	—	70~100	—	30~60	0~10	0

注：公称粒级的上限为该粒级的最大粒径。

如碎石或卵石的颗粒级配不符合表 3-5 要求时，应采取措施并经试验证实能确保工程质量，方允许使用。

2. 检测项目

碎石或卵石的检测项目主要包括：筛分析（颗粒级配）、表观密度、堆积密度、紧密密度、空隙率、含泥量、泥块含量、针状和片状颗粒的总含量、压碎指标、碱活性等。

3. 依据标准

《普通混凝土用砂、石质量及检验方法标准》JGJ 52—2006。

《建设用卵石、碎石》GB/T 14685—2011。

注：上述两标准在执行时有所区别，根据《混凝土结构工程施工质量验收规范》GB 50204—2015 的规定，如果石子应用于拌制混凝土，一般采用行业标准进行检验；如用于其他目的，则可以采用国家标准进行检验。本书内容主要参照行业标准的规定编写，兼顾国家标准的要求。

4. 筛分析（颗粒级配）

1）方法原理

通过一套不同筛孔的试验标准筛，获得石子的颗粒大小分布情况，判定石子的颗粒级配情况。

2）仪器设备

（1）试验筛

筛孔公称直径为 100.0mm、80.0mm、63.0mm、50.0mm、40.0mm、31.5mm、25.0mm、20.0mm、16.0mm、10.0mm、5.00mm 和 2.50mm 的方孔筛以及筛的底盘和盖各一只，筛框直径为 300mm。

（2）天平和秤

天平的最大称量值不小于 5kg，感量不大于 5g；秤的最大称量值不小于 20kg，感量不大于 20g。

（3）烘箱

温度控制范围为（105±5）℃。

3）环境条件

试验室温度宜保持在（20±5）℃。

4）试样制备

试验前，应将样品缩分至表 3-6 所规定的试样最少质量，并烘干或风干后备用。

表 3-6　筛分析所需试样的最少质量

公称粒径（mm）	10.0	16.0	20.0	25.0	31.5	40.0	63.0	80.0
试样最少质量（kg）	2.0	3.2	4.0	5.0	6.3	8.0	12.6	16.0

5）试验步骤

（1）按表 3-6 的规定称取试样。

（2）将试样按筛孔大小顺序过筛，当每只筛上的筛余层厚度大于试样的最大粒径值时，应将该筛上的筛余试样分成两份，再次进行筛分，直至各筛每分钟的通过量不超过试样总量的 0.1%。

（3）称取各筛筛余的质量，精确至试样总质量的 0.1%。各筛的分计筛余量和筛底剩余量的总和与筛分前测定的试样总量相比，其相差不得超过 1%。

6）结果计算

计算分计筛余（各筛上筛余量除以试样的百分率），精确至 0.1%；计算累计筛余（该筛的分计筛余与筛孔大于该筛的各筛的分计筛余百分率之总和），精确至 1%；根据各筛的累计筛余，评定该试样的颗粒级配。

7）注意事项

（1）当筛余试样的颗粒粒径比公称粒径大 20mm 以上时，在筛分过程中允许用手拨动颗粒。

（2）行业标准与国家标准用的试验筛是一致的，均为方孔筛。行业标准中筛孔"公称直径"是标准在修订时考虑到以往的习惯用法，沿用原来的称呼。公称直径为 100.0mm、80.0mm、63.0mm、50.0mm、40.0mm、31.5mm、25.0mm、20.0mm、16.0mm、10.0mm、5.00mm、2.50mm 的方孔筛对应的筛孔边长分别为 90.0mm、75.0mm、63.0mm、53.0mm、37.5mm、31.5mm、26.5mm、19.0mm、16.0mm、9.50mm、4.75mm、2.36mm。

5. 表观密度

1）方法原理

通过测定石子在水中的质量和烘干质量，计算石子颗粒单位体积（包括内封闭孔隙）的质量，得到石子的表观密度。

石子表观密度的检测方法分为标准法和简易法。标准法采用液体天平称量水中石子试样的质量，简易法采用普通天平称量广口瓶中石子和水的总质量。当两种方法的结果有争议时，以标准法为准。

2）仪器设备

（1）液体天平

最大称量值不小于 5kg，感量不大于 5g，其型号及尺寸应能允许在臂上悬挂盛试样的吊篮，并在水中称重。液体天平分机械液体天平与电子液体天平两种，机械液体天平的外形及结构示意图如图 3-5 所示，电子液体天平的外形如图 3-6 所示。

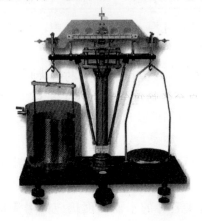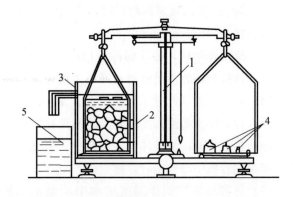

图 3-5　机械液体天平的外形及结构示意图

1—天平；2—吊篮；3—带有溢流孔的金属容器；4—砝码；5—容器

（2）吊篮

直径和高均为 150mm，由孔径 1～2mm 的筛网或钻有孔径为 2～3mm 孔洞的耐锈蚀金属板制成。

（3）盛水容器

有溢流孔，容积宜不小于 5L。

（4）烘箱

温度控制范围为（105±5)℃。

（5）试样筛

筛孔公称直径为 5.00mm 的方孔筛。

（6）温度计

温度测量范围为 0～100℃。

图 3-6　电子液体天平的外形

（7）称

最大称量值不小于 20kg，感量不大于 20g。

（8）广口瓶

容量 1000mL，磨口，并带玻璃片。

3）环境条件

试验室温度宜保持在（20±5)℃。

水温控制在 15～25℃。

4）标准法试验步骤

（1）试验前，将样品筛除公称粒径 5.00mm 以下的颗粒，并缩分至略大于两倍于表 3-7 所规定的最少质量，冲洗干净后分成两份备用。

表 3-7　表观密度试验所需的试样最少质量

最大公称粒径（mm）	10.0	16.0	20.0	25.0	31.5	40.0	63.0	80.0
试样最少质量（kg）	2.0	2.0	2.0	2.0	3.0	4.0	6.0	6.0

（2）按表 3-7 的规定称取试样，取试样一份装入吊篮，并浸入盛水的容器中，水面至少高出试样 50mm。

（3）浸水 24h 后，移放到称量用的盛水容器中，并用上下升降吊篮的方法排除气泡（试样不得露出水面）。吊篮每升降一次约为 1s，升降高度为 30～50mm。

（4）测定水温（此时吊篮应全浸在水中），用天平称取吊篮及试样在水中的质量。称量时盛水容器中水面的高度由容器的溢流孔控制。

（5）提起吊篮，将试样置于浅盘中，放入（105±5)℃的烘箱中烘干至恒重；取出来放在带盖的容器中冷室温后，称量。

（6）称取吊篮在同样温度的水中质量，称量时盛水容器的水面高度仍应由溢流口控制。

（7）表观密度（标准法）应按式（3-17）计算，精确至 10kg/m³。

$$\rho = \left(\frac{m_0}{m_0 + m_1 - m_2} - \alpha_t \right) \times 1000 \tag{3-17}$$

式中 ρ——表观密度（kg/m³）；

m_0——试样的烘干质量（g）；

m_1——吊篮在水中的质量（g）；

m_2——吊篮及试样在水中的质量（g）；

α_t——水温对表观密度影响的修正系数，见表 3-8。

表 3-8 不同水温下碎石或卵石的表观密度影响的修正系数

水温（℃）	15	16	17	18	19	20	21	22	23	24	25
α_t	0.002	0.003	0.003	0.004	0.004	0.005	0.005	0.006	0.006	0.007	0.008

以两次试验结果的算术平均值作为测定值。当两次结果之差大于 20kg/m³ 时，应重新取样进行试验。对颗粒材质不均匀的试样，两次试验结果之差大于 20kg/m³ 时，可取四次测定结果的算术平均值作为测定值。

5）简易法试验步骤

（1）试验前，筛除样品中公称粒径为 5.00mm 以下的颗粒，缩分至略大于表 3-7 规定的量的两倍洗刷干净后，分成两份备用。

（2）按表 3-7 规定的数量称取试样，将试样浸水饱和，然后装入广口瓶中。装试样时，广口瓶应倾斜放置，注入饮用水，用玻璃片覆盖瓶口，以上下左右摇晃的方法排除气泡。

（3）气泡排尽后，向瓶中添加饮用水直至水面凸出瓶口边缘，然后用玻璃片沿瓶口迅速滑行，使其紧贴瓶口水面。擦干瓶外水分后，称取试样、水、瓶和玻璃片总质量。

（4）将瓶中的试样倒入浅盘中，放在（105±5）℃的烘箱中烘干至恒重；取出，放在带盖的容器中冷却至室温后称取质量。

（5）将瓶洗净，重新注入饮用水，用玻璃片紧贴瓶口水面，擦干瓶外水分后称取质量。

（6）表观密度（简易法）应按式（3-18）计算，精确至 10kg/m³：

$$\rho = \left(\frac{m_0}{m_0 + m_2 - m_1} - \alpha_t \right) \times 1000 \tag{3-18}$$

式中 ρ——表观密度（kg/m³）；

m_0——试样的烘干质量（g）；

m_1——试样、水及容量瓶和玻璃片的总质量（g）；

m_2——水及容量瓶总质量（g）；

α_t——水温对表观密度影响的修正系数，见表 3-8。

以两次试验结果的算数平均值作为测定值。当两次结果之差大于 20kg/m³ 时，应重新取样进行试验。对颗粒材质不均匀的试样，如两次试验结果之差大于 20kg/m³ 时，可取四次测定结果的平均值作为测定值。

6）注意事项

（1）恒重（下同）是指相邻两次称量间隔时间不小于 3h 的情况下，其前后两次称量之差小于该项试验所要求的称量精度。

（2）试验的各项称量可以在 15～25℃ 的温度范围内进行，但从试样加水静置的最后 2h 起直至试验结束，其温度相差不应超过 2℃。

（3）水温对砂的表观密度影响较大，试验中应准确控制并监测水温。

6. 堆积密度、紧密密度和空隙率

1）方法原理

通过测量碎石或卵石自然堆积状态下单位体积的质量与人工颠实以后的单位体积的质量，计算空隙率，为拌制混凝土时选用原材料作准备。

2）仪器设备

（1）称

最大称量值不小于 100kg，感量不大于 100g。

（2）容量筒

金属制，其规格见表 3-9。

表 3-9　容量筒的规格要求

碎石后卵石的最大公称粒径（mm）	容量筒容积（L）	容量筒规格（mm）		筒壁厚度（mm）
		内径	净高	
10.0、16.0、20.0、25	10	208	294	2
31.5、40.0	20	294	294	3
63.0、80.0	30	360	294	4

（3）烘箱

温度控制范围为（105±5）℃。

3）环境条件

试验室温度宜保持在（20±5）℃。

4）试验步骤

（1）按表 3-10 的规定称取试样，放入浅盘，在（105±5）℃烘箱中烘干，也可摊在清洁的地面上风干，拌匀后分成两份备用。

表 3-10　堆积密度、紧实密度和空隙率所需碎石或卵石的最小取样质量

最大公称粒径（mm）	10.0	16.0	20.0	25.0	31.5	10.0	63.0	80.0
最小取样质量（kg）	40	40	40	40	80	80	120	120

（2）测定堆积密度时，取试样一份，置于平整干净的地板（或铁板）上，用平头铁锹

铲起试样，使石子自由落入容量筒内。此时，从铁锹的齐口至容量筒上口的距离应保持为 50mm 左右。装满容量筒除去凸出筒口表面的颗粒，并以合适的颗粒填入凹陷部分，使表面稍凸部分和凹陷部分的体积大致相等，称取试样和容量筒总质量。

（3）测定紧密密度时，取试样一份，分三层装入容量筒。装完一层后，在筒底垫一根直径约为 25mm 的钢筋，将筒按住并左右交替颠击地面各 25 下，然后装入第二层。用同样的方法颠实，然后装入第三层，如法颠实。待第三层试样装填完毕后，加料直到试样超出容量筒口，用钢筋沿筒口边缘滚转，刮下高出筒口的颗粒，用合适的颗粒填平凹处，使表面稍突起部分和凹陷部分的体积大致相等。称取总质量。

5）数据处理

堆积密度或紧密密度按式（3-19）计算，精确至 10kg/m^3。

$$\rho_\text{L}\ (\rho_\text{C})=\frac{m_2-m_1}{V}\times1000 \tag{3-19}$$

式中　ρ_L——堆积密度（kg/m^3）；

　　　ρ_C——紧密密度（kg/m^3）；

　　　m_1——容量筒的质量（kg）；

　　　m_2——容量筒和试样总质量（kg）；

　　　V——容量筒容积（L）。

以两次试验结果的算数平均值作为测定值。

空隙率按式（3-20）或式（3-21）计算，精确至 1%。

$$v_\text{L}=\left(1-\frac{\rho_\text{L}}{\rho}\right)\times100\% \tag{3-20}$$

$$v_\text{c}=\left(1-\frac{\rho_\text{c}}{\rho}\right)\times100\% \tag{3-21}$$

式中　v_L、v_c——空隙率（%）；

　　　ρ_L——碎石或卵石的堆积密度（kg/m^3）；

　　　ρ_c——碎石或卵石的紧密密度（kg/m^3）；

　　　ρ——碎石或卵石的表观密度（kg/m^3）。

6）容量筒容积校正

容量筒容积的校正应以（20±5）℃的饮用水装满容量筒，用玻璃板沿筒口滑移，使其紧贴水面，擦干筒外壁水分后称取质量，用式（3-22）计算筒的容积。

$$V=m'_2-m'_1 \tag{3-22}$$

式中　V——容量筒的容积（L）；

　　　m'_1——容量筒和玻璃板质量（kg）；

　　　m'_2——容量筒、玻璃板和水总质量（kg）。

7）注意事项

（1）测定紧密密度时，对最大公称粒径为 31.5mm、40.0mm 的骨料，可采用 10L 的容量筒，对最大公称粒径为 63.0mm、80.0mm 的骨料，可采用 20L 容量筒。

（2）容量筒的容积对试验结果的准确性影响较大，所以应做好容积校正。

7. 含泥量

1）方法原理

将石子浸泡于饮用水中，使石子中的尘屑、淤泥和黏土与较粗颗粒分离，并使之悬浮或溶解于水中，再用标准筛滤去小于 $80\mu m$ 的颗粒，反复浸泡过滤，将石子中的泥全部洗出。根据试样质量的前后变化计算石子的含泥量。

2）仪器设备

（1）秤

最大称量值不小于 20kg；感量不大于 20g。

（2）烘箱

温度控制范围为（105±5）℃。

（3）试验筛

筛孔公称直径 1.25mm 及 $80\mu m$ 的方孔筛各一只。

（4）容器和浅盘

容积约 10L 的瓷盘或金属盒。

3）环境条件

试验室温度宜保持在（20±5）℃。

4）试验步骤

（1）将试样缩分至表 3-11 所规定的量（注意防止细粉丢失），并置于温度为（105±5）℃的烘箱内烘干至恒重，冷却至室温后分成两份备用。

表 3-11　含泥量试验所需的试样最少质量

最大公称粒径（mm）	10.0	16.0	20.0	25.0	31.5	40.0	63.0	80.0
试样量不少于（kg）	2	2	6	6	10	10	20	20

（2）称取试样一份装入容器中摊平，并注入饮用水，使水面高出石子表面 150mm；浸泡 2h 后，用手在水中淘洗颗粒，使尘屑、淤泥和黏土与较粗颗粒分离，并使之悬浮或溶解于水。缓缓地将浑浊液倒入公称直径 1.25mm 及 $80\mu m$ 的方孔套筛（1.25mm 筛放置上面）上，滤去小于 $80\mu m$ 的颗粒。

（3）再次加水于容器中，重复上述过程，直至洗出的水清澈为止。

（4）用水冲洗剩留在筛分上的细粒，并将公称直径为 $80\mu m$ 的方孔筛放在水中（使水面略高出筛内颗粒）来回摇动，以充分洗除小于 $80\mu m$ 的颗粒。然后将两只筛上剩留的颗粒和筒中已洗净的试样一并装入浅盘，置于温度为（105±5）℃的烘箱中烘干至恒重。取出冷却至室温后，称取试样的质量。

（5）碎石或卵石中含泥量 w_c 应按式（3-23）计算，精确至 0.1%。

$$w_c = \frac{m_0 - m_1}{m_0} \times 100\% \tag{3-23}$$

式中 w_c——含泥量（%）；

m_0——试验前烘干试样的质量（g）；

m_1——试验后烘干试样的质量（g）。

以两个试样试验结果的算术平均值作为测定值。两次结果之差大于 0.2% 时，应重新取样进行试验。

5）注意事项

（1）试验前筛子的两面应先用水湿润。

（2）在整个过程中应注意避免大于 $80\mu m$ 的颗粒丢失。

8. 泥块含量

1）方法原理

将碎石或卵石浸泡于饮用水中，碾碎泥块，再用标准筛滤去小于 2.50mm 的颗粒，反复用水淘洗，将砂中的泥块全部滤除。根据试样质量的前后变化计算石子的泥块含量。

2）仪器设备

（1）秤

最大称量值不小于 20kg，感量不大于 20g。

（2）试验筛

筛孔公称直径为 2.50mm 及 5.00mm 的方孔筛各一只。

（3）烘箱

温度控制范围为（105±5）℃。

3）环境条件

试验室温度宜保持在（20±5）℃。

4）试验步骤

（1）将样品缩分至略大于表 3-11 所示的量。缩分后的试样在（105±5）℃的烘箱内烘至恒重，冷却至室温后分成两份备用。

（2）筛去公称粒径 5.00mm 以下颗粒，称取质量。

（3）将试样在容器中摊平，加入饮用水使水面高出试样表面，24h 后把水放出，用手碾压泥块，然后把试样放在公称直径为 2.50mm 的方孔筛上摇动淘洗，直至洗出的水清澈为止。

（4）将筛上的试样小心地从筛里取出，置于温度为（105±5）℃的烘箱中烘干至恒重。取出冷却至室温后，称取试样的质量。

（5）泥块含量应按式（3-24）计算，精确至 0.1%。

$$w_{c,L} = \frac{m_1 - m_2}{m_1} \times 100\% \tag{3-24}$$

式中　$w_{c,L}$——泥块泥量（%）；

m_1——试验前烘干试样的质量（g）；

m_2——试验后烘干试样的质量（g）。

以两个试样试验结果的算术平均值作为测定值。

5）注意事项

（1）缩分时应防止试样所含黏土块被压碎。

（2）淘洗过程中应注意避免大于2.50mm的颗粒丢失。

9. 针状和片状颗粒的总含量

1）方法原理

用针状规准仪和片状规准仪对试样逐粒进行鉴定，将针状颗粒与片状颗粒挑出称重，根据针状和片状颗粒的总质量与试样总质量计算针状和片状颗粒的总含量。

2）仪器设备

（1）针状规准仪和片状规准仪

针状规准仪如图3-7所示，片状规准仪如图3-8所示。

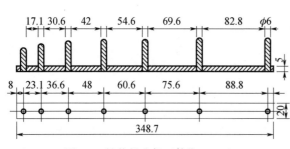

图3-7　针状规准仪（单位：mm）

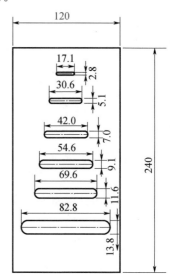

图3-8　片状规准仪（单位：mm）

（2）天平和秤

天平的最大称量值不小于2kg，感量不大于2g；秤的最大称量值不小于20kg，感量不大于20g。

（3）试验筛

筛孔公称直径为 5.00mm、10.0mm、20.0mm、25.0mm、31.5mm、40.0mm、63.0mm 和 80.0mm 的方孔筛各一只，根据需要选用。

（4）卡尺

公称粒径大于 40mm 用卡尺卡口的设定宽度应符合表 3-12 的规定。

表 3-12　公称粒径大于 40mm 用卡尺卡口的设定宽度

公称粒径（mm）	40.0～63.0	63.0～80.0
片状颗粒的卡口宽度（mm）	18.1	27.6
针片颗粒的卡口宽度（mm）	108.6	165.6

3）环境条件

试验室温度宜保持在（20±5）℃。

4）试验步骤

（1）将样品在室内风干至表面干燥，并缩分至表 3-13 规定的量，称量，然后筛分成表 3-14 所规定的粒级备用。

表 3-13　针状和片状颗粒的总含量试验所需的试样最少质量

最大公称粒径（mm）	10.0	16.0	20.0	25.0	31.5	≥40.0
试样最少质量（kg）	0.3	1	2	3	5	10

表 3-14　针状和片状颗粒的总含量试验的粒级划分及其相应的规准仪孔宽或间距

公称粒级（mm）	5.00～10.0	10.0～16.0	16.0～20.0	20.0～25.0	25.0～31.5	31.5～40.0
片状规准仪上相对应的孔宽（mm）	2.8	5.1	7.0	9.1	11.6	13.8
针状规准仪上相对应的间距（mm）	17.1	30.6	42.0	54.6	69.6	82.8

（2）按表 3-14 所规定的粒级用规准仪逐粒对试样进行鉴定，凡颗粒长度大于针状规准仪上相对应的间距的，为针状颗粒。厚度小于片状规准仪上的相应孔宽的，为片状颗粒。

（3）称取由各粒级挑出的针状和片状颗粒的总质量。

（4）结果计算：碎石或卵石中针状和片状颗粒的总含量应按式（3-25）计算，精确至 1%。

$$\omega_p = \frac{m_1}{m_2} \times 100\% \tag{3-25}$$

式中　ω_p——针状和片状颗粒的总含量（%）；

　　　m_1——试样中所含针状和片状颗粒的总质量（g）；

　　　m_0——试样总质量（g）。

5）注意事项

公称粒径大于 40mm 的可用卡尺鉴定其针片状颗粒，卡尺卡口的设定宽度应符合表 3-12 的规定。

10. 压碎值指标

1）方法原理

对试样均匀加荷至 200kN 后，用直径 2.50mm 的方孔筛筛除被压碎的细粒，称量剩留在筛上的试样质量。通过加荷后筛余质量和试样总质量计算压碎值指标。

2）仪器设备

（1）压力试验机

最大荷载不小于 300kN，加荷到 200kN 可稳定 5s。

（2）压碎值指标测定仪

压碎值指标测定仪外形及结构如图 3-9 所示。

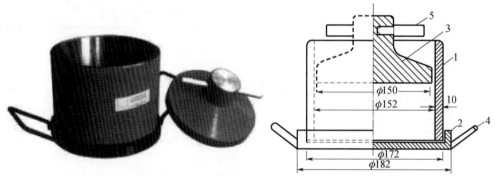

图 3-9 压碎值指标测定仪外形及结构图

1—圆筒；2—底盘；3—加压头；4—手把；5—把手

（3）秤

最大称量值不小于 5kg，感量不大于 5g。

（4）试验筛

筛孔公称直径为 10.0mm 和 20.0mm 的方孔筛各一只。

3）环境条件

试验室温度宜保持在（20±5）℃。

4）试样制备

（1）标准试样一律采用公称粒级为 10.0～20.0mm 的颗粒，并在风干状态下进行试验。

（2）多种岩石组成的卵石，当其公称粒径大于 20.0mm 颗粒的岩石矿物成分与 10.0～20.0mm 粒级有显著差异时，应将大于 20.0mm 的颗粒经人工破碎后，筛取 10.0～

20.0mm 标准粒级另外进行压碎指标试验。

(3) 称取每份 3kg 的试样 3 份备用。

5) 试验步骤

(1) 置圆筒于底盘上，取试样一份，分两层装入圆筒。每装完一层试样后，在底盘下面垫放一直径为 10mm 的圆钢筋，将筒按住，左右交替颠击地面各 25 下。第二层颠实后，试样表面距盘底的高度应控制为 100mm 左右。

(2) 整平筒内试样表面，把加压头装好（注意应使加压头保持平正），放到试验机上在 160～300s 内均匀加荷到 200kN，稳定 5s，然后卸荷，取出测定筒。倒出筒中的试样并称其质量，用直径 2.50mm 的方孔筛筛除被压碎的细粒，称量剩留在筛上的试样质量。

6) 数据处理

碎石或卵石的压碎值指标，应按式（3-26）计算，精确至 0.1%。

$$\delta_a = \frac{m_0 - m_1}{m_0} \times 100\% \tag{3-26}$$

式中　δ_a——压碎值指标（%）；

　　　m_0——试样的质量（g）；

　　　m_1——压碎试验后筛余的试样质量（g）。

多种岩石组成的卵石，应对公称粒径 20.0mm 以下和 20.0mm 以上的标准粒级（10.0～20.0mm）分别进行检验，则其总的压碎值指标应按式（3-27）计算。

$$\delta_a = \frac{\alpha_1 \delta_{a1} + \alpha_2 \delta_{a2}}{\alpha_1 + \alpha_2} \times 100\% \tag{3-27}$$

式中　　　　δ_a——总的压碎值指标（%）；

　　α_1、α_2——公称粒径 20.0mm 以下和 20.0mm 以上两粒级的颗粒含量百分率；

　　δ_{a1}、δ_{a2}——两粒级以标准粒级试验的分计压碎值指标（%）。

以三次试验结果的算术平均值作为压碎指标测定值。

7) 注意事项

缩分后的样品先筛除试样中公称粒径 10.0mm 以下及 20.0mm 以上的颗粒，再用针状规准仪和片状规准仪剔除针状和片状颗粒。

11. 碱活性（岩相法）

1) 方法原理

肉眼逐粒判断岩石的品种及外观品质，再将岩石制成薄片，在显微镜下鉴定矿物质组成、结构等。

2) 仪器设备

（1）试验筛

筛孔公称直径分别为 80.0mm、40.0mm、20.0mm、5.00mm 的方孔筛以及筛的底盘和盖各一只。

（2）秤和天平

称的最大称量值不小于 100kg，感量不大于 100g；天平的最大称量值不小于 2000g，感量不大于 2g。

（3）实体显微镜、偏光显微镜

实体显微镜外形如图 3-10 所示，偏光显微镜外形如图 3-11 所示。

图 3-10　实体显微镜外形

图 3-11　偏光显微镜外形

（4）切片机、磨片机

岩石切片机外形如图 3-12 所示，磨片机外形如图 3-13 所示。

图 3-12　切片机外形

图 3-13　磨片机外形

3）环境条件

试验室温度宜保持在（20±5）℃。

4）试验步骤

（1）经缩分后将样品风干，并按表 3-15 的规定筛分、称取试样。

表 3-15　岩相试验样最少质量

公称粒径（mm）	40.0～80.0	20.0～40.0	5.00～20.0
试样最少质量（kg）	150	50	10

（2）用肉眼逐粒观察试样，必要时将试样放在砧板上用地质锤击碎（应使岩石碎片损失最小），观察颗粒新鲜断面。将试样按岩石品种分类。

（3）每类岩石先确定其品种及外观品质，包括矿物质成分、风化程度、有无裂缝、坚硬性、有无包裹体及断口形状等。

（4）每类岩石均应制成若干薄片，在显微镜下鉴定矿物质组成、结构等，特别应测定其隐晶质、玻璃质成分的含量。

（5）根据岩相鉴定结果，对于不含活性矿物的岩石，可评定为非碱活性骨料。评定为碱活性骨料或可疑时，如果检验出骨料中含有活性二氧化硅时，应采用快速砂浆棒法和砂浆长度法进行碱活性检验；当检验出骨料中含有活性碳酸盐时，应采用岩石柱法进行碱活性检验。

5）注意事项

（1）硅酸类活性硬度物质包括蛋白石、火山玻璃体、玉髓、玛瑙、鳞石英、磷石英、方石英、微晶石英、燧石、具有严重波状消光的石英；碳酸盐类活性矿物为具有细小菱形的白云石晶体。

（2）大于 80.0mm 的颗粒，按照 40.0～80.0mm 一级进行试验。

（3）试样最少数量也可以以颗粒计，每级至少 300 颗。

（4）岩相法适用于鉴定碎石、卵石的岩石种类、成分，检验骨料中活性成分的品种和含量。

12. 碱活性（快速法）

1）方法原理

将试样破碎成粒径小于 5.00mm 的颗粒，与普通硅酸盐水泥配制成水泥胶砂试体，将其置于 1mol/L 浓度 80℃ 的 NaOH 溶液中浸泡 14d，通过测量试体的膨胀值来评定碎石或卵石的潜在危险。

2）仪器设备

（1）烘箱

温度控制范围为（105±5）℃。

（2）台秤

最大称量值不小于 5000g，感量不大于 5g。

（3）试验筛

筛孔公称直径分别为 5.00mm、2.50mm、1.25mm、630μm、315μm、160μm 的方孔筛各一只。

（4）测长仪

测量范围 280～300mm，精度 0.01mm。

（5）胶砂搅拌机

同第 1 章第 1.1 节"7. 胶砂强度"。

（6）恒温养护箱或水浴

温度控制范围为（80±2）℃。

（7）养护筒

由耐碱、耐高温的材料制成，不漏水，密封，防止容器内的温度下降，筒的容积可以保证试件全部浸没在水中。筒内设有试件架，试体垂直于试件架位置。

（8）试模

金属试模，尺寸为 25mm×25mm×280mm，试模两端正中有小孔，可装入不锈钢测头。

（9）其他

镘刀、捣棒、量筒、干燥器、破碎机等。

3）环境条件

试验室温度宜保持在（20±2）℃。

恒温养护箱或水浴温度控制范围为（80±2）℃。

标准养护室或养护箱的温度为（20±1）℃，相对湿度不低于 90%。

4）试样制备

（1）将试样缩分成约 5kg，把试样破碎后筛分成按表 3-15 中所示级配及比例组合成试验用料，并将试样洗净烘干或晾干备用。

（2）水泥应采用符合现行国家标准《通用硅酸盐水泥》GB/T 175 要求的普通硅酸盐水泥。水泥与胶砂的质量比为 1：2.25，水灰比为 0.47。试件规格 25mm×25mm×280mm，每组三条，称取水泥 440g，石料 990g。

（3）将称好的水泥与砂倒入搅拌锅，胶砂搅拌方法见第 1 章第 1.1 节"7. 胶砂强度"。

（4）搅拌完成后，将砂浆分两层装入试模内，每层捣 40 次，测头周围应填实，浇捣完毕后用镘刀刮除多余砂浆，抹平表面，并标明测定方向及编号。

5）试验步骤

（1）将试件成型完毕后，带模放入标准养护室，养护（24±4）h 后脱模。

（2）脱模后，将试样浸泡在有自来水的养护筒中，并将养护筒放置温度（80±2）℃的烘箱或水浴箱中养护 24h。同种骨料制成的试件放在同一养护筒中。

（3）然后将养护筒逐个取出。每次从养护筒中取出一个试体，用抹布擦干表面，立即用测长仪测试件的基长。每个试样至少重复测定两次，取差值在仪器精度范围内的两个读数的平均值作为长度测定值（精确至 0.02mm），每次每个试件的测量方向应一致，待测的试件应用湿布覆盖，防止水分蒸发；从取出试件擦干到读数完成应在（15±5）s 内结束，读完数后的试件应用湿布覆盖。全部试件测完基准长度后，把试件放入装有浓度为 1mol/L 氢氧化钠溶液的养护筒中，并确保试件被完全浸泡。溶液温度应保持在（80±2）℃，将养护筒放回烘箱或水浴箱中。

（4）自测定基准长度之日起，第 3d、7d、10d、14d 再分别测其长度。测长方法与测基长方法相同。每次测量完毕后，应将试件掉头放入原养护筒，盖好筒盖，放回（80±2）℃的烘箱或水浴箱中继续养护到下一个测长龄期。操作时防止氢氧化钠溶液溢溅，避免烧伤皮肤。

（5）在测量时应观察试件的变形、裂缝、渗出物等，特别应观察有无胶体物质，并作详细记录。

6）结果计算

试体中的膨胀率应按式（3-28）计算，精确至 0.01％。

$$\varepsilon_t = \frac{L_t - L_0}{L_0 - 2\Delta} \times 100\% \tag{3-28}$$

式中　ε_t——试件在 t 天龄期的膨胀率（％）；

L_t——试件在 t 天龄期的长度（mm）；

L_0——试件的基长（mm）；

Δ——测头长度（mm）。

以三个试件膨胀率的平均值作为某一龄期膨胀率的测定值。任一试件膨胀率与平均值均应符合下列规定：当平均值小于或等于 0.05％时，其差值均应小于 0.01％；当平均值大于 0.05％时，单个测值与平均值的差值均应小于平均值的 20％；当三个试件的膨胀率均大于 0.01％时，无精度要求。当不符合上述要求时，去掉膨胀率最小的，用其余两个试件的平均值作为该龄期的膨胀率。

7）注意事项

（1）用测长仪测定任一组试件的长度时，均应先调整测长仪的零点。

（2）测长操作时，取放试件应防止氢氧化钠溶液溢溅，避免烧伤皮肤。

（3）国家标准要求材料与成型室的温度应保持在 20～27.5℃，拌合水及养护室的温度应保持在（20±2）℃；成型室、测长室的相对湿度不应少于 80％。行业标准中对试验室的相对湿度没有严格要求，为保证试验结果的准确性，宜参照国家标准执行。

（4）快速法适用于检验硅质骨料与混凝土中的碱产生潜在反应的危害性，不适用于碱碳酸盐骨料检验。

13. 碱活性（砂浆长度法）

1) 方法原理

将试样破碎成粒径小于 5.00mm 的颗粒，采用含碱量为 1.2% 的高碱水泥与试样制成水泥胶砂试体，将其置于（40±2）℃，相对湿度为 95% 以上的养护筒中养护 14d、1 个月、2 个月、3 个月、6 个月，通过测量试体的膨胀值来评定石子的潜在危险。

2) 仪器设备

（1）试验筛

筛孔公称直径分别为 5.00mm、2.50mm、1.25mm、630μm、315μm、160μm 的方孔筛各一只。

（2）胶砂搅拌机

同第 1 章第 1.1 节 "7. 胶砂强度"。

（3）捣棒

截面为 14mm×13mm、长 130～150mm 的钢制捣棒。

（4）试模

金属试模，尺寸为 25mm×25mm×280mm，试模两端正中有小孔，装有不锈钢测头。

（5）养护筒

用耐腐材料（如塑料）制成，应不漏水、不透气，加盖后在养护室能确保筒内空气相对湿度为 95% 以上，筒内设有试件架，架下盛有水，试体垂直立于架上并不与水接触。

（6）测长仪

测量范围 160～185mm，精度 0.01mm。

（7）恒温室

温度控制范围为（40±2）℃。

（8）台秤

最大称量值不小于 5000g，感量不大于 5g。

（9）跳桌

同第 1 章第 1.1 节 "8. 胶砂流动度"。

（10）其他

镘刀、量筒、秒表等。

3) 环境条件

试验室温度宜保持在（20±5）℃。

恒温室温度保持在（20±2）℃。

养护室室温为（40±2）℃，相对湿度 95% 以上。

4）试样制备

（1）原材料

水泥：含碱量为 1.2%，低于此值时，掺浓度为 10% 的氢氧化钠溶液，将碱含量调至水泥量的 1.2%；对于具体工程，当该工程拟用水泥的碱含量高于此值，则应采用工程所使用的水泥。

石料：将样品缩分成约 5kg，破碎筛分后，各粒级都应在筛上用水冲净黏附在骨料上的淤泥和细粉，然后烘干备用。按表 3-16 中所示级配及比例组合成试验用料。

表 3-16　石料级配表

公称粒级（mm）	5.00～2.50	2.50～1.25	1.25～0.630	0.630～0.315	0.315～0.160
分级质量（%）	10	25	25	25	15

（2）配合比

水泥与石料的质量比为 1：2.25。每组三个试件，共需水泥 440g，石料 990g，砂浆用水量按现行国家标准《水泥胶砂流动度测定方法》GB/T 2419 确定，跳桌次数改为 6s 跳动 10 次，以流动度在 105～120mm 为准。

（3）制样方法

成型前 24h，将试验所用材料（水泥、砂、拌合用水等）放入（20±2）℃的恒温室中。

先将称好的水泥与石料倒入搅拌锅内，开动搅拌机，拌合 5s 后徐徐加水，20～30s 加完，自开动机器起搅拌（180±5）s 停机，将黏在叶片上的料刮下，取下搅拌锅。

砂浆分两层装入试模内，每层捣 40 次；测头周围应填实，浇捣完毕后用镘刀刮除多余砂浆，抹平表面，并标明测定方向及编号。

5）试验步骤

（1）将试件成型完毕后，带模放入标准养护室，养护（24±4）h 后脱模（当试件强度较低时，可延长至 48h 脱模）脱模后立即测试件的基长。测长应在（20±2）℃的恒温室中进行，每个试样至少重复测定两次，取差值在仪器精度范围内的两个读数的平均值作为长度测定值（精确至 0.02mm）。待测的试件应用湿布覆盖，防止水分蒸发。

（2）测量后将试件放入养护筒中，盖严后放入（40±2）℃养护室里养护（一个筒内的品种应相同）。

（3）自测长之日起，14d、1 个月、2 个月、3 个月、6 个月再分别测其长度，如有必要还可适当延长。在测长前一天，应把养护筒从（40±2）℃养护室中取出，放在（20±2）℃的恒温室。试件的测长方法与测基长相同，测量完毕后，应将试件掉头放入养护筒，盖好筒盖，放回（40±2）℃养护室继续养护到下一个测长龄期。

（4）在测量时应观察试件的变形、裂缝、渗出物等，特别应观察有无胶体物质，并作详细记录。

6）结果计算

试件的膨胀率应按式（3-29）计算，精确至 0.001%。

$$\varepsilon_t = \frac{L_t - L_0}{L_0 - 2\Delta} \times 100\%$$ (3-29)

式中　ε_t——试件在 t 天龄期的膨胀率（％）；

L_t——试件在 t 天龄期的长度（mm）；

L_0——试件的基长（mm）；

Δ——测头长度（mm）。

以三个试件膨胀率的平均值作为某一龄期膨胀率的测定值。任一试件膨胀率与平均值均应符合下列规定：当平均值小于或等于 0.05％时，其差值均应小于 0.01％；当平均值大于 0.05％时，单个测值与平均值的差值均应小于平均值的 20％；当三个试件的膨胀率均大于 0.10％时，无精度要求。当不符合上述要求时，去掉膨胀率最小的，用其余两个试件的平均值作为该龄期的膨胀率。

7）注意事项

（1）水泥碱含量以氢氧化钠计，氧化钾换算为氧化钠时乘以换算系数 0.658。

（2）砂浆长度法适用于鉴定硅质骨料与水泥（混凝土）中的碱产生潜在反应的危险性，不适用于碱碳酸盐反应活性骨料检验。

（3）国家标准要求材料与成型室的温度应保持在 20～27.5℃，拌合水及养护室的温度应保持在（20±2）℃；成型室、测长室的相对湿度不应少于 80％。行业标准中对试验室的相对湿度没有严格要求，为保证试验结果的准确性，宜参照国家标准执行。

14. 碱活性（岩石柱法）

1）方法原理

在岩石上钻取圆柱体试件，将试件浸入 1mol/L 氢氧化钠溶液中，通过测量试件 7d、14d、21d、28d、56d、84d 的长度变化判定碳酸盐骨料的碱活性危险。

2）仪器设备

（1）钻机

配有小圆筒钻头。

（2）试件养护瓶

耐碱材料制成，能盖严以避免溶液变质和改变浓度。

（3）测长仪

测量范围 25～50mm，精度应不大于 0.01mm。

（4）其他

锯石机、磨片机等。

3）环境条件

恒温室温度宜保持在（20±2）℃。

4）试样制备

（1）应在同块岩石的不同岩性方向取样；岩石层理不清时，应在三个互相垂直的方向上各取一个试件。

（2）钻取的圆柱体试件直径为（9±1）mm，长度为（35±5）mm，试件两端面应磨光、互相平行且与试件的主轴线垂直，试件加工时应避免表面变质而影响碱溶液渗入岩样的速度。

5）试验步骤

（1）将试件编号，然后放入盛有蒸馏水的瓶中，置于（20±2）℃的恒温室中，每隔24h取出擦干表面水分，进行测长，直至试件前后两次测得的长度变化不超过 0.02% 为止，以最后一次测得的试件长度为基长。

（2）将测完基长的试件浸入盛有浓度为 1mol/L 氢氧化钠溶液的瓶中，液面应超过试件顶面至少 10mm，每个试件的平均液量至少应为 50mL。同一瓶中不得浸泡不同品种的试件，盖严瓶盖，置于（20±2）℃的恒温室中。溶液每六个月更换一次。

（3）在（20±2）℃的恒温室中进行测长。每个试件测长方向应始终保持一致。测量时，试件从瓶中取出，先用蒸馏水洗涤，将表面水擦干后再测量。测长龄期从试件泡入碱液时算起，在 7d、14d、21d、28d、56d、84d 时进行测量，如有需要，以后每 1 个月一次，一年后每 3 个月一次。

（4）试件在浸泡期间，应观测其形态的变化，如开裂、弯曲、断裂等，并作记录。

6）结果计算

试件长度变化应按式（3-30）计算，精确至 0.001%。

$$\varepsilon_{st} = \frac{L_t - L_0}{L_0} \times 100\%$$ (3-30)

式中　ε_{st}——试件浸泡 t 天后的长度变化率（%）；

　　　L_t——试件浸泡 t 天后的长度（mm）；

　　　L_0——试件的基长（mm）。

同块岩石所取的试样中以其膨胀率最大的一个测值作为分析该岩石碱活性的依据。试件浸泡 84d 的膨胀率超过 0.10%，应判定为具有潜在碱活性危害。

7）注意事项

（1）测量精度要求为同一试验人员、同一仪器测量同一试件，其误差不应超过 ±0.02%；不同试验人员，同一仪器测量同一试件，其误差不应超过 ±0.03%。

（2）本方法适用于检验碳酸盐岩石与混凝土中的碱发生潜在碱-碳酸盐反应的危害性，不适用于硅质骨料。

15. 结果判定

普通混凝土用碎石、卵石的各项检验结果符合《普通混凝土用砂石质量及检验方法标准》JGJ 52—2006 的规定时，该批石子判为合格品。除筛分析外，当其余检验项目存在不合格项时，应加倍取样进行复验。当复验仍有一项不满足标准要求时，应按不合格品处理。

16. 相关标准

《通用硅酸盐水泥》GB 175—2007。

《行星式水泥胶砂搅拌机》JC/T 681—2005。

《水泥胶砂振动台》JC/T 723—2005。

《水泥胶砂试模》JC/T 726—2005。

《水泥胶砂流动度测定仪（跳桌）》JC/T 958—2005。

《水泥胶砂试体养护箱》JC/T 959—2005。

《试验筛 技术要求和检验 第 2 部分：金属穿孔板试验筛》GB/T 6003.2—2012。

《水泥胶砂强度检验方法（ISO 法）》GB/T 17671—1999。

第 4 章　混凝土

4.1　拌合物

1. 概述

混凝土是由胶凝材料、粗细骨料、水以及必要时掺加的矿物掺合料和化学外加剂按一定比例配制而成的复合材料。建筑工程中最常用的混凝土是以水泥为胶凝材料、表观密度约 2400kg/m³ 的普通水泥混凝土。混凝土具有原材料来源广、抗压强度高、耐久性好、能与钢筋共同工作、耐火性突出、施工方便等优点，是当前建筑工程中最主要的结构材料。

在胶凝材料硬化之前，具有良好和易性的混凝土拌合物能在自重或外力作用下均匀密实地填充模板形成特定形状的混凝土构件。混凝土拌合物的和易性包括流动性、黏聚性和保水性三个方面。混凝土拌合物的性能直接影响混凝土的生产、运输、浇筑、成型等作业的质量，对硬化后混凝土的力学性能和耐久性能也有重要影响，是混凝土的重要性能之一。

2. 检测项目

混凝土拌合物的主要检测项目包括：坍落度、扩展度、表观密度、凝结时间、含气量、泌水、压力泌水。

3. 依据标准

《普通混凝土拌合物性能试验方法标准》GB/T 50080—2016。

4. 坍落度

1）方法原理

通过将混凝土拌合物按规定方法装入标准圆锥坍落度筒内，装满刮平后，垂直向上将筒提起，移到一旁，混凝土拌合物由于自重将会产生坍落现象，然后量出向下坍落的距离来表示试样的坍落度。

2）仪器设备

（1）混凝土搅拌机

混凝土搅拌机由拌筒、加料和卸料机构、传动机构、机架、支承装置组成，能把水泥、砂石材料和水混合并制成混凝土混合料，其外形如图 4-1所示。

（2）坍落度仪

坍落度仪由坍落度筒、漏斗、测量标尺、捣棒、底板等组成，其外形如图 4-2 所示，结构示意如图 4-3 所示。

图 4-1　混凝土搅拌机外形

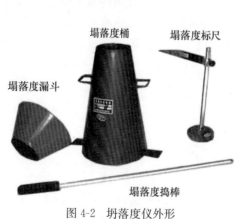

图 4-2　坍落度仪外形

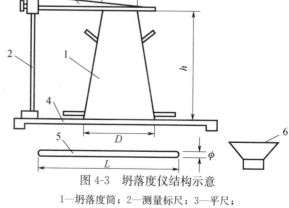

图 4-3　坍落度仪结构示意

1—坍落度筒；2—测量标尺；3—平尺；

4—底板；5—捣棒；6—漏斗

坍落度筒顶部内径为（100±1）mm，底部内径为（200±1）mm，高度为（300±1）mm。

测量标尺量程不应小于 300mm，分度值不应大于 1mm。

底板应采用平面尺寸不小于 1500mm×1500mm、厚度不小于 3mm 的钢板，其最大挠度不应大于 3mm。

捣棒直径应为（16±0.2）mm，长度应为（600±5）mm。

3）环境条件

试验室的相对湿度不宜小于 50%，温度应保持在（20±5）℃，所用材料、试验设备、容器及辅助设备宜与试验室温度保持一致。

4）试验步骤

（1）混凝土拌合物试样应分三层均匀地装入坍落度筒内，每装一层混凝土拌合物，应用捣棒由边缘到中心按螺旋形均匀插捣 25 次，捣实后每层混凝土拌合物试样高度约为筒高的三分之一。

（2）顶层混凝土拌合物装料应高出筒口，插捣过程中，混凝土拌合物低于筒口时，应随时添加。

（3）顶层插捣完后，取下装料漏斗，并将多余混凝土拌合物沿筒口抹平。

（4）清除筒边底板上的混凝土后，垂直平稳地提起坍落度筒，并轻放于试样旁边；当试样不再继续坍落或坍落时间达 30s 时，用钢尺测量出筒高与坍落后混凝土试体最高点之间的高度差，作为该混凝土拌合物的坍落度值。

5）试验结果

混凝土拌合物坍落度值测量应精确至 1mm，结果应修约至 5mm。

6）注意事项

（1）坍落度筒内壁和底板上应湿润无明水。底板应放置在坚实水平面上，坍落度筒放在底板中心，坍落度筒在装料时应保持在固定的位置。

（2）坍落度筒的提离过程宜控制在 3～7s；从开始装料到提坍落度筒的整个过程应连续进行，并应在 150s 内完成。

（3）插捣底层时，捣棒应贯穿整个深度，插捣第二层和顶层时，捣棒应插透本层至下一层的表面。

（4）将坍落度筒提起后混凝土发生一边崩坍或剪坏现象时，应重新取样另行测定；第二次试验仍出现一边崩塌或剪坏现象，应记录说明。

5. 扩展度

1）方法原理

通过将混凝土拌合物按规定方法装入标准圆锥坍落度筒内，装满刮平后，垂直向上将筒提起，移到一旁，混凝土拌合物由于自重将会产生坍落扩展现象，然后量出混凝土拌合物扩展后的平均直径来表示试样的扩展度。

2）仪器设备

同"4. 坍落度"。

3）环境条件

同"4. 坍落度"。

4）试验步骤

（1）试验设备准备、混凝土拌合物装料和插捣应符合"4. 坍落度"的要求。

（2）清除筒边底板上的混凝土后，应垂直平稳地提起坍落度筒，坍落度筒的提离过程宜控制在 3～7s，当混凝土拌合物不再扩散或扩散持续时间已达 50s 时，应使用钢尺测量混凝土拌合物展开扩展面的最大直径以及与最大直径呈垂直方向的直径。

5）结果计算

当两直径之差小于 50mm 时，应取其算数平均值作为扩展度试验结果；当两直径之差不小于 50mm 时，应重新取样另行测定。混凝土拌合物扩展度值测量应精确至 1mm，结果应修约至 5mm。

6）注意事项

（1）本试验方法宜用于坍落度不小于 160mm 的混凝土扩展度的测定。

（2）发现粗骨料在中央堆集或边缘有浆体析出时，应记录说明。

（3）扩展度试验从开始装料到测得混凝土扩展度值的整个过程应连续进行，并应在 4min 内完成。

6. 凝结时间

1）方法原理

测量不同时间贯入阻力仪试针达到胶砂规定深度时的贯入阻力，然后用图示法或内插法求出达到规定贯入阻力值时的时间来表示试样的凝结时间。

2）仪器设备

（1）贯入阻力仪

贯入阻力仪的最大测量值不应小于 1000N，精度应为 ±10N，其外形如图 4-4 所示。测针长 100mm，在距贯入端 25mm 处应有明显标记；测针的承压面积应为 100mm²、50mm² 和 20mm² 三种。

（2）砂浆试样筒

砂浆试样筒应为上口内径 160mm、下口内径 150mm、净高 150mm 的刚性不透水金属圆筒，并配有盖子。

图 4-4　贯入阻力仪外形

（3）混凝土振动台

混凝土振动台主要由悬挂式单轴激振器、弹簧、台面、支架和控制系统组成，其外形如图 4-5 所示。

振动台的振动频率应为（50±2）Hz。在空载条件下，振动台面中心点的垂直振幅应为（0.5±0.02）mm。振动台采用电磁铁固定试模，应保证混凝土试模在振动成型过程中无松动、滑移、电磁铁的吸力不应小于 150mm 立方体单联试模质量的 8 倍。

图 4-5 混凝土振动台外形

（4）试验筛

试验筛应为筛孔公称直径为 5.00mm 的方孔筛。

（5）捣棒

同 "4. 坍落度"。

3）环境条件

试验室的环境温度为（20±2）℃，相对湿度不宜小于 50%。

4）试验步骤

（1）用试验筛从混凝土拌合物中筛出砂浆，然后将筛出的砂浆搅拌均匀；将砂浆一次分别装入三个试样筒中。

（2）凝结时间测定从混凝土搅拌加水开始计时。根据混凝土拌合物的性能，确定测针试验时间，以后每隔 0.5h 测试一次，在临近初凝和终凝时，应缩短测试间隔时间。

（3）在每次测试前 2min，将一片（20±5）mm 厚的垫块垫入筒底一侧使其倾斜，用吸液管吸去表面的泌水，吸水后应复原。

（4）测试时，将砂浆试样筒置于贯入阻力仪上，测针端部与砂浆表面接触，应在（10±2）s 内均匀地使测针贯入砂浆（25±2）mm 深度，记录最大贯入阻力值，精确至 10N；记录测试时间，精确至 1min。

（5）每个试样的贯入阻力测试不应少于 6 次，直至单位面积贯入阻力大于 28MPa 为止。

（6）根据砂浆凝结状况，在测试过程中应以测针承压面积从大到小顺序更换测针，更换测针应按表 4-1 的规定选用。

表 4-1 测针选用规定表

贯入阻力（MPa）	0.2～3.5	3.5～20	20～28
测针面积（mm²）	100	50	20

5）结果计算

（1）单位面积贯入阻力应按式（4-1）计算，精确至 0.1MPa。

$$f_{PR} = \frac{P}{A} \tag{4-1}$$

式中　f_{PR}——单位面积贯入阻力（MPa）；

P——贯入压力（N）；

　　　A——测针面积（mm^2）。

　　（2）凝结时间宜按式（4-2）通过线性回归方法确定。根据式（4-2）可求得当单位面积贯入阻力为 3.5MPa 时对应的时间应为初凝时间，单位面积贯入阻力为 28MPa 时对应的时间应为终凝时间。

$$\ln（t）=a+b\ln（f_{PR}）\tag{4-2}$$

式中　t——单位面积贯入阻力对应的测试时间（min）；

　　　a、b——线性回归系数。

　　（3）凝结时间也可用绘图拟合方法确定。应以单位面积贯入阻力为纵坐标，测试时间为横坐标，绘制出单位面积贯入阻力与测试时间之间的关系曲线。分别以 3.5MPa 和 28MPa 绘制两条平行于横坐标的直线，与曲线交点的横坐标应分别为初凝时间和终凝时间。

　　（4）凝结时间结果应用（h：min）表示，精确至 5min。

　　（5）应以三个试样的初凝时间和终凝时间的算术平均值作为此次试验初凝时间和终凝时间的试验结果。三个测值的最大值或最小值中有一个与中间值之差超过中间值的 10% 时，应以中间值作为试验结果；最大值和最小值与中间值之差均超过中间值的 10% 时，应重新试验。

　　6）注意事项

　　（1）取样混凝土坍落度不大于 90mm 时，宜用振动台振实砂浆；取样混凝土坍落度大于 90mm 时，宜用捣棒人工捣实。用振动台振实砂浆时，振动应持续到表面出浆为止，不得过振；用捣棒人工捣实时，应沿螺旋方向由外向中心均匀插捣 25 次，然后用橡皮锤敲击筒壁，直至表面插捣孔消失为止。振实或插捣后，砂浆表面宜低于砂浆试样筒口 10mm，并应立即加盖。

　　（2）在整个测试过程中，除在吸取泌水或进行贯入试验外，试样筒应始终加盖。每次测定后应及时清理测针。

　　（3）每个砂浆筒每次测 1~2 个点，各测点的间距不应小于 15mm，测点与试样筒壁的距离不应小于 25mm。

7. 泌水

　　1）方法原理

　　通过测定混凝土拌合物的单位面积的泌水量来表示其泌水性能；泌水率通过测量混凝土拌合物总泌水量和用水量之比的百分数来表示。

　　2）仪器设备

　　（1）容量筒

　　容量筒容积应为 5L，并应配有盖子。

（2）量筒

量筒应为容量 100mL、分度值 1mL，并应带塞。

（3）振动台

同 "6. 凝结时间"。

（4）电子天平

电子天平的最大量程应为 20kg，感量不应大于 1g。

（5）捣棒

同 "4. 坍落度"。

3）环境条件

同 "6. 凝结时间"。

4）试验步骤

（1）用湿布润湿容量筒内壁后应立即称量，并记录容量筒的质量。

（2）将混凝土拌合物试样装入容量筒，并进行振实或插捣密实，振实或捣实的混凝土拌合物表面应低于容量筒筒口（30±3）mm，并用抹刀抹平。

（3）将筒口及外表面擦净，称量并记录容量筒与试样的总质量，盖好筒盖并开始计时。

（4）计时开始后 60min 内，应每隔 10min 吸取 1 次试样表面泌水；60min 后每隔 30min 吸取 1 次试样表面泌水，直至不再泌水为止。每次吸水前 2min，应将一片（35±5）mm 厚的垫块垫入筒底一侧使其倾斜，吸水后应平稳地复原盖好。吸出的水应盛放于量筒中，并盖好塞子；记录每次的吸水量，精确至 1mL。

5）结果计算

（1）混凝土拌合物的泌水量应按式（4-3）计算，精确至 0.01mL/mm²。泌水量应取三个试样测值的平均值。三个测值中的最大值或最小值，有一个与中间值之差超过中间值的 15％时，应以中间值作为试验结果；最大值和最小值与中间值之差均超过中间值的 15％时，应重新试验。

$$B_a = \frac{V}{A} \tag{4-3}$$

式中　B_a——单位面积混凝土拌合物的泌水量（mL/mm²）；

　　　V——累计的泌水量（mL）；

　　　A——混凝土拌合物试样外露的表面面积（mm²）。

（2）混凝土拌合物的泌水率应按式（4-4）计算，精确至 1％。泌水率应取三个试样测值的平均值。三个测值中的最大值或最小值，有一个与中间值之差超过中间值的 15％时，应以中间值为试验结果；最大值和最小值与中间值之差均超过中间值的 15％时，应重新试验。

$$B = \frac{V_W}{(W/m_T) \times m} \times 100 \tag{4-4}$$

式中　B——泌水率（%）；

V_w——泌水总量（mL）；

m——混凝土拌合物试样质量（g）按式（4-5）计算；

$$m=m_2-m_1 \tag{4-5}$$

m_T——试验拌制混凝土拌合物的总质量（g）；

W——试验拌制混凝土拌合物拌合用水量（mL）；

m_2——容量筒及试样总质量（g）；

m_1——容量筒质量（g）。

6）注意事项

（1）混凝土拌合物坍落度不大于90mm时，宜用振动台振实，应将混凝土拌合物一次性装入容量筒内，振动持续到表面出浆为止，并应避免过振。

（2）混凝土拌合物坍落度大于90mm时，宜用人工插捣，应将混凝土拌合物分两层装入，每层的插捣次数为25次；捣棒由边缘向中心均匀地插捣，插捣底层时捣棒应贯穿整个深度，插捣第二层时，捣棒应插透本层至下一层的表面；每一层捣完后应使用橡皮锤沿容量筒外壁敲击5～10次，进行振实，直至混凝土拌合物表面插捣孔消失并不见大气泡为止。

（3）自密实混凝土应一次性填满，且不应进行振动和插捣。

（4）在吸取混凝土拌合物表面泌水的整个过程中，应使容量筒保持水平、不受振动；除了吸水操作外，应始终盖好盖子。

8. 压力泌水

1）方法原理

通过测量规定压力状态下加压至10s和140s时的泌水量，采用两者之比的百分数来表示试样的压力泌水率。

2）仪器设备

（1）压力泌水仪

压力泌水仪缸体内径应为（125±0.02）mm，内高应为（200±0.2）mm；工作活塞公称直径应为125mm；筛网孔径应为0.315mm；其结构外形如图4-6所示。

（2）捣棒

同"4. 坍落度"。

（3）烧杯

烧杯容量宜为150mL。

（4）量筒

量筒容量应为200mL。

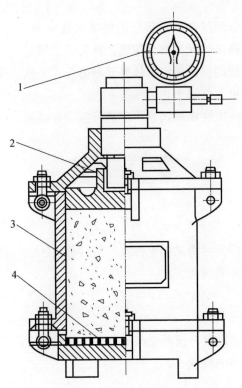

图 4-6 压力泌水仪结构外形

1—压力表；2—工作活塞；3—缸体；4—筛网

3）环境条件

同 "6. 凝结时间"。

4）试验步骤

（1）混凝土试样应分两层装入压力泌水仪缸体并插捣密实，捣实的混凝土拌合物表面应低于压力泌水仪缸体筒口（30±2）mm。

（2）将缸体外表擦干净，压力泌水仪安装完毕后应在 15s 以内给混凝土拌合物试样加压至 3.2MPa；并应在 2s 内打开泌水阀门，同时开始计时，并保持恒压，泌出的水接入150mL 烧杯里，并应移至量筒中读取泌水量，精确至 1mL。

（3）加压至 10s 时读取泌水量，加压至 140s 时读取泌水量。

5）结果计算

压力泌水率应按式（4-6）计算，精确至 1%。

$$B_V = \frac{V_{10}}{V_{140}} \times 100 \tag{4-6}$$

式中 B_V——压力泌水率（%）；

V_{10}——加压至 10s 时的泌水量（mL）；

V_{140}——加压至 140s 时的泌水量（mL）。

6）注意事项

（1）混凝土拌合物应分两层装入，每层的插捣次数应为 25 次；用捣棒由边缘向中心均匀地插捣，插捣底层时捣棒应贯穿整个深度，插捣第二层时，捣棒应插透本层至下一层的表面；每一层捣完后应使用橡皮锤沿缸体外壁敲击 5～10 次，进行振实，直至混凝土拌合物表面插捣孔消失并不见大气泡为止。

（2）自密实混凝土应一次性填满，且不应进行振动和插捣。

9. 表观密度

1）方法原理

通过对混凝土拌合物捣实后的试样先称重，然后量出体积，再用质量与体积之比得到单位体积质量来表示试样的表观密度。

2）仪器设备

（1）容量筒

容量筒应为金属制成的圆筒，筒外壁应有提手。容量筒上沿及内壁应光滑平整，顶面与底面应平行并应与圆柱体的轴垂直。

（2）电子天平

最大量程应为 50kg，最小分度值不应大于 10g。

（3）振动台

同"6. 凝结时间"。

（4）捣棒

同"4. 坍落度"。

3）环境条件

试验室温度应保持在（20±5）℃，相对湿度不宜小于 50%，所用材料、试验设备、容器及辅助设备宜与试验室温度保持一致。

4）试验步骤

（1）容量筒内外壁应擦干净，称出容量筒质量，精确至 10g。

（2）混凝土拌合物试样装入容量筒，并插捣密实。

（3）将筒口多余的混凝土拌合物刮去，表面有凹陷应填平；将容量筒外壁擦净，称出混凝土拌合物试样与容量筒总质量，精确至 10g。

5）结果计算

混凝土拌合物的表观密度应按式（4-7）计算，精确至 10kg/m³。

$$\rho = \frac{m_2 - m_1}{V} \times 1000 \tag{4-7}$$

式中　ρ——混凝土拌合物表观密度（kg/m³）；

m_1——容量筒质量（kg）；

m_2——容量筒和试样总质量（kg）；

V——容量筒容积（L）。

6）容量筒容积测定

（1）将干净容量筒与玻璃板一起称重。

（2）将容量筒装满水，缓慢将玻璃板从筒口一侧推到另一侧，容量筒内应装满水并且不应存在气泡，擦干容量筒外壁，再次称重。

（3）两次称重结果之差除以该温度下水的密度应为容量筒容积 V；常温下水的密度可取 1kg/L。

7）注意事项

（1）骨料最大公称粒径不大于 40mm 的混凝土拌合物宜采用容积不小于 5L 的容量筒，筒壁厚不应小于 3mm；骨料最大公称粒径大于 40mm 的混凝土拌合物应采用内径与内高均大于骨料最大公称粒径 4 倍的容量筒。

（2）坍落度不大于 90mm 时，混凝土拌合物宜用振动台振实；振动台振实时，应一次性将混凝土拌合物装填至高出容量筒筒口；装料时可用捣棒稍加插捣，振动过程中混凝土低于筒口，应随时添加混凝土，振动直至表面出浆为止。

（3）坍落度大于 90mm 时，混凝土拌合物宜用捣棒插捣密实。插捣时，应根据容量筒的大小决定分层与插捣次数：用 5L 容量筒时，混凝土拌合物应分两层装入，每层的插捣次数应为 25 次；用大于 5L 的容量筒时，每层混凝土的高度不应大于 100mm，每层插捣次数应按每 10000mm^2 截面不小于 12 次计算。

（4）插捣应由边缘向中心均匀地插捣，插捣底层时，捣棒应贯穿整个深度，插捣第二层时，捣棒应插透本层至下一层的表面；每一层捣完后用橡皮锤沿容量筒外壁敲击 5～10 次，进行振实，直至混凝土拌合物表面插捣孔消失并不见大气泡为止。

（5）自密实混凝土应一次性填满，且不应进行振动和插捣。

10. 含气量

1）方法原理

通过含气量测定仪先测定未校正混凝土的含气量，然后减去骨料含气量来表示混凝土拌合物试样的含气量。

2）仪器设备

（1）含气量测定仪

含气量测定仪主要由容器和盖体两部分组成，其外形如图 4-7 所示，结构示意如图 4-8 所示。

图 4-7　含气量测定仪外形

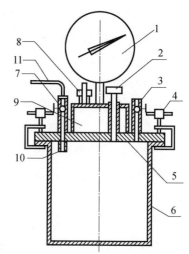

图 4-8　含气量结构示意

1—压力表；2—操作阀；3—排气阀；4—固定卡子；

5—盖体；6—容器；7—进水阀；8—进水阀；

9—气室；10—取水管；11—标定管

（2）捣棒

同"4. 坍落度"。

（3）振动台

同"6. 凝结时间"。

（4）电子天平

最大量程应不宜大于 50kg，最小分度值不应大于 10g。

3）环境条件

试验室温度应保持在（20±5）℃，相对湿度不宜小于 50%，所用材料、试验设备、容器及辅助设备宜与试验室温度保持一致。

4）骨料含气量测定

（1）按式（4-8）、式（4-9）分别计算拌合物试样中粗、细骨料的质量。

$$m_g = \frac{V}{1000} \times m'_g \tag{4-8}$$

$$m_s = \frac{V}{1000} \times m'_s \tag{4-9}$$

式中　m_g——拌合物试样中的粗骨料质量（kg）；

m_s——拌合物试样中的细骨料质量（kg）；

m'_g——混凝土配合比中每 1m³ 混凝土的粗骨料质量（kg）；

m'_s——混凝土配合比中每 1m³ 混凝土的细骨料质量（kg）；

V——含气量测定仪容器容积（L）。

（2）应先向含气量测定仪的容器中注入 1/3 高度的水，然后把粗、细骨料称好，搅拌均匀，倒入容器，加料同时应进行搅拌；水面每升高 25mm 左右，应轻捣 10 次，加料过程中应始终保持水面高出骨料的顶面；骨料全部加入后，应浸泡约 5min，再用橡皮锤轻敲容器外壁，排净气泡，除去水面泡沫，加水至满，擦净容器口及边缘，加盖拧紧螺栓，保持密封不透气。

（3）关闭操作阀和排气阀，打开排水阀和加水阀，应通过加水阀向容器内注入水；当排水阀流出的水流中不出现气泡时，应在注水的状态下，关闭加水阀和排水阀。

（4）关闭排气阀，向气室内打气，应加压至大于 0.1MPa，且压力表显示值稳定；应打开排气阀调压至 0.1MPa，同时关闭排气阀。

（5）开启操作阀，使气室里的压缩空气进入容器，待压力表显示值稳定后记录压力值，然后开启排气阀，压力表显示值应回零；应根据含气量与压力值之间的关系曲线确定压力值对应的骨料的含气量，精确至 0.1%。

（6）混凝土所用骨料的含气量 A_g 应以两次测量结果的平均值作为试验结果；两次测量结果的含气量相差大于 0.5% 时，应重新试验。

5）试验步骤

（1）应用湿布擦净混凝土含气量测定仪容器内壁和盖的内表面，装入混凝土拌合物试样。

（2）刮去表面多余的混凝土拌合物，用抹刀刮平，表面有凹陷应填平抹光。

（3）擦净容器口及边缘，加盖并拧紧螺栓，应保持密封不透气。

（4）应按前述操作步骤测得混凝土拌合物的未校正含气量，精确至 0.1%。

6）结果计算

混凝土拌合物含气量应按式（4-10）计算，精确至 0.1%。

$$A = A_0 - A_g \tag{4-10}$$

式中　A——混凝土拌合物含气量（%）；

　　　A_0——混凝土拌合物的未校正含气量（%）；

　　　A_g——骨料的含气量（%）。

混凝土拌合物未校正的含气量应以两次测量结果的平均值作为试验结果；两次测量结果的含气量相差大于 0.5% 时，应重新试验。

7）含气量测定仪标定

（1）擦净容器，并将含气量测定仪全部安装好，测定含气量测定仪的总质量，精确至 10g。

（2）向容器内注水至上沿，然后加盖并拧紧螺栓，保持密封不透气；关闭操作阀和排气阀，打开排水阀和加水阀，应通过加水阀向容器内注入水；当排水阀流出的水流中不出现气泡时，应在注水的状态下，关闭加水阀和排水阀；应将含气量测定仪外表面擦净，再次测定总质量，精确至 10g。

（3）含气量测定仪的容积应按式（4-11）计算，精确至 0.01L。

$$V=\frac{m_{A2}-m_{A1}}{\rho_w}\times 1000 \qquad (4-11)$$

式中　V——含气量测定仪的容积（L）；

m_{A1}——含气量测定仪的总质量（kg）；

m_{A2}——水、含气量测定仪的总质量（kg）；

ρ_w——容器内水的密度（kg/m³），可取 1kg/L。

（4）关闭排气阀，向气室内打气，应加压至大于 0.1MPa，且压力表显示值稳定；应打开排气阀调压至 0.1MPa，同时关闭排气阀。

（5）开启操作阀，使气室里的压缩空气进入容器，压力表显示值稳定后测得压力值应为含气量为 0 时对应的压力值。

（6）开启排气阀，压力表显示值应回零；关闭操作阀、排水阀和排气阀，开启加水阀，宜借助标定管在注水阀口用量筒接水；用气泵缓缓地向气室内打气，当排出的水是含气量测定仪容积的 1% 时，应按本节第 7）条中第（4）款和第（5）款的操作步骤测得含气量为 1% 时的压力值。

（7）应继续测取含气量分别为 2%、3%、4%、5%、6%、7%、8%、9%、10% 时的压力值。

（8）含气量分别为 0、1%、2%、3%、4%、5%、6%、7%、8%、9%、10% 的试验均应进行两次，以两次压力值的平均值作为测量结果。

（9）根据含气量 0、1%、2%、3%、4%、5%、6%、7%、8%、9%、10% 的测量结果，绘制含气量与压力值之间的关系曲线。

8）注意事项

（1）坍落度不大于 90mm 时，混凝土拌合物宜用振动台振实；振动台振实时，应一次性将混凝土拌合物装填至高出含气量测定仪容器口；振实过程中混凝土拌合物低于容器口时，应随时添加；振动直至表面出浆为止，并应避免过振。

（2）坍落度大于 90mm 时，混凝土拌合物宜用捣棒插捣密实。插捣时，混凝土拌合物应分三层装入，每层捣实后高度约为 1/3 容器高度；每层装料后由边缘向中心均匀地插捣 25 次，捣棒应插透本层至下一层的表面；每一层捣完后用橡皮锤沿容器外壁敲击 5～10 次，进行振实，直至拌合物表面插捣孔消失。

（3）自密实混凝土应一次性填满，且不应进行振动和插捣。

（4）关闭所有阀门用手泵打气加压，使表压稍大于 0.1MPa，用指尖轻弹表面然后微调，准确地将表压调到 0.1MPa。

11. 相关标准

《试验筛 技术要求和检验 第 2 部分：金属穿孔板试验筛》GB/T 6003.2—2012。

《混凝土试验用搅拌机》JG/T 244—2009。

《混凝土试验用振动台》JG/T 245—2009。

《混凝土含气量测定仪》JG/T 246—2009。

《混凝土坍落度仪》JG/T 248—2009。

《维勃稠度仪》JG/T 250—2009。

4.2　硬化混凝土

1. 概述

　　硬化后的混凝土应满足工程设计中有关结构安全和使用寿命的要求，其对应的混凝土性能可分为力学性能和耐久性能。

　　在建筑及市政工程中，混凝土主要用于受压和受弯构件，其抗压强度和抗折强度直接影响结构和构件安全，也是最重要的力学性能指标。混凝土的强度等级以立方体抗压强度标准值为分级依据，用"C"表示。普通混凝土的强度等级以 5MPa 为级差，从 C15 至 C80 共分为 14 个等级。

　　影响混凝土耐久性的因素主要有物理作用和化学作用，如地下水位及压力、温度和冻融、氯离子渗透等。此外也与混凝土自身的组成以及水化反应有关，如收缩、徐变、碱-骨料反应等。由于缺少实地长期观察和测试的条件且各耐久性存在相互间作用和影响，通常采用模拟或强化试验条件的方式评定混凝土的耐久性。其中，抗渗、抗冻和收缩是最常用的耐久性指标。

2. 检测项目

　　硬化混凝土的主要检测项目包括：抗压强度、抗折强度、抗水渗透、抗冻、收缩。

3. 依据标准

　　《普通混凝土力学性能试验方法标准》GB/T 50081—2002。

《普通混凝土长期性和耐久性能试验方法标准》GB/T 50082—2009。

4. 抗压强度

1）方法原理

将混凝土拌合物成型立方体或棱柱体试件，在规定条件下分别进行抗压破型，根据相应的破坏荷载确定混凝土的抗压强度。

2）仪器设备

（1）压力试验机

精度为±1％试件破坏荷载应大于压力机全程的20％，且小于压力机全程的80％。应具有加荷指示装置或加荷速度控制装置，并应能均匀连续地加荷，其外形如图4-9所示。

3）环境条件

试验室温度应保持在（20±5）℃，相对湿度不宜小于50％，所用材料、试验设备、容器及辅助设备宜与试验室温度保持一致。

养护室温度为（20±2)℃，相对湿度为95％以上。

4）试样制备

图4-9　压力试验机外形

（1）成型前，应检查试模尺寸并符合标准中有关规定；试模内表面应涂一层薄层矿物油或其他不与混凝土发生反应的脱模剂。

（2）在试验室拌制混凝土时，其材料用量应以质量计，称量精度应控制在：水泥、掺合料、水和外加剂±0.5％，骨料±1％。

（3）取样或拌制好的混凝土拌合物至少用铁锹再来回拌合三次。

（4）根据混凝土坍落度大小选择成型方法：坍落度不大于70mm的混凝土宜用振动振实；大于70mm的宜用捣棒人工捣实；检验现浇混凝土或预制构件的混凝土，试件成型方法宜与实际采用方法相同。

用振动台振实制作试件时，将混凝土拌合物一次装入试模，装料时稍用抹刀沿各试模壁插捣，并使混凝土拌合物高出试模口。将试模附着或固定在振动台后开启振动台，振动持续至表面出浆为止。振动时振模不得有任何跳动，且不得过振。

用人工插捣制作试件时，混凝土拌合物应分两层装入模内，每层的装料厚度大致相等。插捣时应按螺旋方向从边缘至中心均匀进行。在插捣底层混凝土时，捣棒应达到试模底部；插捣上层时，捣棒应贯穿上层后插入下层20～30mm；插捣时捣棒应保持垂直，不得倾斜。然后应用抹刀沿试模内壁插拔数次。每层插捣次数按在10000mm² 截面积内不得少于12次。插捣后应用橡皮锤轻轻敲击试模四周，直至插捣棒留下的孔洞消失为止。

用插入式振动棒制作试件时，将混凝土拌合物一次装入试模，装料时应用抹刀沿各试模壁插捣，并使混凝土拌合物高出试模口；将振动棒插入试模振捣，直至表面出浆为止。插入试模振捣时，宜用直径为 25mm 的插入式振捣棒；振捣棒距试模底板 10～20mm 且不得触及底板，且应避免过振，以防止混凝土离析；振捣时间一般为 20s。振捣棒拔出时要缓慢，拔出后不得留有孔洞。

（5）刮除试模上口多余的混凝土，待混凝土临近初凝时，用抹刀抹平。

（6）现场取样或试验室拌制后的混凝土应在尽可能短的时间内成型，一般不宜超过 15min。

5）试件养护

（1）试件成型后应立即用不透水的薄膜覆盖表面。

（2）采用标准养护的试件，应在温度为（20±5）℃的环境中静置一昼夜至两昼夜，然后编号、拆模。拆模后应立即放入温度为（20±2）℃，相对湿度为 95% 以上的标准养护室中养护，或在温度为（20±2）℃的不流动的 $Ca(OH)_2$ 饱和溶液中养护。标准养护室内的试件应放在支架上，彼此间隔 10～20mm，试件表面应保持潮湿，并不得被水直接冲淋。

（3）同条件养护试件的拆模时间可与实际构件的拆模时间相同。拆模后，试件仍需同条件养护。

（4）标准养护龄期为 28d（从搅拌加水开始计时）。

6）试验步骤

（1）试件从养护地点取出后应及时进行试验，将试件表面与上、下承压板面擦干净。

（2）将试件安放在试验机的下压板或垫板上，试件的承压面应与成型时的顶面垂直。试件的中心应与试验机下压板中心对准，开动试验机，当上压板与试件或钢垫板接近时，调整球座，使接触均衡。

（3）在试验过程中应连续均匀地加荷，混凝土强度等级 <C30 时，加荷速度取每秒钟 0.3～0.5MPa；混凝土强度等级 ≥C30 且 <C60 时，取每秒钟 0.5～0.8MPa；混凝土强度等级 ≥C60 时，取每秒钟 0.8～1.0MPa。

（4）当试件接近破坏开始急剧变形时，应停止调整试验机油门，直至破坏，记录破坏荷载。

7）结果计算

混凝土立方体抗压强度应按式（4-12）计算，精确至 0.1MPa。

$$f_{cc} = \frac{F}{A} \tag{4-12}$$

式中　f_{cc}——混凝土立方体试件抗压强度（MPa）；

　　　F——试件破坏荷载（N）；

　　　A——试件承压面积（mm²）。

三个试件测值的算术平均值作为该组试件的强度值（精确至 0.1MPa）；三个测值中的最大值或最小值中如有一个与中间值的差值超过中间值的 15% 时，则把最大值及最小值一并去除，取中间值作为该组试件的抗压强度值；如最大值和最小值与中间值的差均超过中间值的 15％，则该组试件的试验结果无效。

8）注意事项

（1）试件表面与上、下承压板面应擦拭干净。

（2）试件承压面与成型时的顶面垂直。

（3）混凝土强度等级≥C60 时，试件周围应设防崩裂装置。

（4）混凝土强度等级＜C60 时，用非标准试件测得强度值均应乘以尺寸换算系数：200mm×200mm×200mm 试件为 1.05，100mm×100mm×100mm 试件为 0.95。当混凝土强度等级≥C60 时，宜采用标准试件；如使用非标准试件时，尺寸换算系数应由试验确定。

5. 抗折强度

1）方法原理

将混凝土拌合物成型棱柱体试件，在规定条件下分别进行抗折破型，根据相应的破坏荷载确定混凝土的抗折强度。

2）试验设备

（1）压力试验机

同"4. 抗压强度"。

（2）抗折装置

抗折装置能使两个相等荷载同时作用在试件跨度 3 分点处，其结构示意如图 4-10 所示。试件的支座和加荷头应采用直径为 20～40mm、长度不小于 $b+10$mm 的硬钢圆柱，支座立脚点位固定铰支座，其他应为滚动支座。

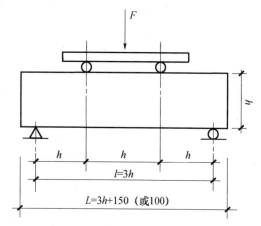

图 4-10　抗折强度试验装置示意

3）环境条件

同"4. 抗压强度"。

4）试样制备

同"4. 抗压强度"。

5）试样养护

同"4. 抗压强度"。

6）试验步骤

（1）试件从养护地点取出后应及时进行试验，将表面擦干净。

（2）安装尺寸偏差不得大于 1mm。试件的承压面应为试件成型时的侧面。

（3）施加荷载应保持均匀、连续。当混凝土强度等级＜C30 时，加荷速度取每秒钟 0.02～0.05MPa；混凝土强度等级≥C30 且＜C60 时，取每秒钟 0.05～0.08MPa；混凝土强度等级≥C60 时，取每秒钟 0.08～0.10MPa，至试件接近破坏时，应停止调整试验机油门，直至试件破坏，然后记录破坏荷载。

7）结果计算

若试件下边缘断裂位置处于两集中荷载作用线之间，则试件的抗折强度按式（4-13）计算，精确至 0.1MPa。

$$f_f = \frac{Fl}{bh^2}$$ (4-13)

式中　f_f——混凝土抗折强度（MPa）；

F——试件破坏荷载（N）；

l——支座间的跨度（mm）；

h——试件截面高度（mm）；

b——试件截面宽度（mm）。

三个试件中若有一个折断面位于两个集中荷载之外，则混凝土抗折强度值按另两个试件的试验结果计算。若这两个测值的差值不大于这两个测值的较小值的 15％时，则该组试件的抗折强度值按这两个测值的平均值计算，否则该组试件的试验结果无效。若有两个试件的下边缘断裂位置位于两个集中荷载作用线之外，则该组试件试验结果无效。

8）注意事项

（1）支座及承压面与圆柱的接触面应平稳、均匀，否则应垫平。

（2）抗折强度值的确定应符合混凝土立方体抗压强度试验值的规定。

（3）当试件尺寸为 100mm×100mm×400mm 非标准试件时，应乘以尺寸换算系数 0.85；当混凝土强度等级≥C60 时，宜采用标准试件；使用非标准试件时，尺寸换算系数应由试验确定。

6. 抗水渗透（渗水高度法）

1）方法原理

通过测定硬化混凝土在恒定水压力下的平均渗水高度来表示混凝土的抗水渗透性能。

2）仪器设备和材料

（1）混凝土抗渗仪

混凝土抗渗仪主要由套模（6 个）、台面、支架、加压系统、储水罐和压力控制系统组成，施加水压力范围应为 0.1～2.0MPa，其外形如图 4-11 所示，结构示意如图 4-12 所示。

图 4-11　混凝土抗渗仪外形

（2）试模

上口内部直径为 175mm、下口内部直径 185mm、高度为 150mm 的圆台体。

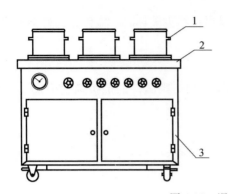

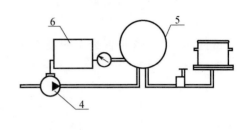

图 4-12　混凝土抗渗仪结构示意

1—套模；2—台面；3—支架；4—加压系统；5—储水罐；6—压力控制系统

（3）梯形板

应采用尺寸为 200mm×200mm 透明材料制成，并应画有十条等间距、垂直于梯形底线的直线。梯形板尺寸示意如图 4-13 所示。

（4）钢尺

分度值应为 1mm。

（5）钟表

分度值不大于 1min。

（6）加压设备

安装试件的加压设备可为螺旋加压或其他加压形式，其压力应能保证将试件压入试件套内。

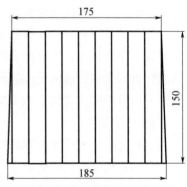

图 4-13　梯形板示意

（7）辅助设备

包括螺旋加压器、烘箱、电炉、浅盘、铁锅和钢丝刷等。

（8）密封材料

宜用石蜡加松香或黄油等材料，也可采取用橡胶套等其他有效密封材料。

3）环境条件

同"4. 抗压强度"。

4）试验步骤

（1）按"4. 抗压强度"要求进行试件的制作和养护，试模采用上口内部直径为 175mm、下口内部直径 185mm、高度为 150mm 的圆台体，6 个试件为一组。

（2）试件拆模后，应用钢丝刷刷去两端面的水泥浆膜，并应立即将试件送入标准养护室进行养护。

（3）从养护室取出试件，并擦拭干净。晾干试件表面，对试件进行密封。

（4）当用石蜡密封时，应在试件侧面裹涂一层熔化的内加少量松香的石蜡。然后应用螺旋加压器将试件压入经过烘箱或电炉预热过的试模中，使试件与试模底平齐，并应在试模变冷后解除压力。试模的预热温度，应以石蜡接触试模，即缓慢熔化，但不流淌为准。

(5) 用水泥加黄油密封时，其质量比应为（2.5～3）∶1。应用三角刀将密封材料均匀地刮涂在试件侧面上，厚度应为 1～2mm。应套上试模并将试件压入，使试件与试模底齐平。

(6) 试件准备好之后，应启动抗渗仪，并开通 6 个试位下的阀门，使水从 6 个孔中渗出，水应充满试位坑，在关闭 6 个试位下的阀门后应将密封好的试件安装在抗渗仪上。

(7) 试件安装好以后，应立即开通 6 个试位下的阀门，应使水压在 24h 内恒定控制在（1.2±0.05）MPa，且加压过程不应大于 5min，应以达到稳定压力的时间作为试验记录起始时间（精确至 1min）。在稳压过程中应随时观察试件端面的渗水情况，当有某一个试件端面出现渗水时，应停止该试件的试验并应记录时间，并应以试件的高度作为该试件的渗水高度。对于试件端面未出现渗水的情况，应在试验 24h 后停止试验，并及时取出试件。

(8) 将从抗渗仪上取出来的试件放在压力机上，并应在试件上、下两端面中心处沿直径方向各放一根直径为 6mm 的钢垫条，并应确保它们在同一竖直平面内。然后开动压力机，应将试件沿纵断面劈裂为两半。试件劈开后，应用防水笔描出水迹。

(9) 应将梯形板放在试件劈裂面上，并应用钢尺沿水痕等间距测量 10 点渗水高度值，读数应精确至 1mm。当读数时遇到某测点被骨料阻挡时，可以靠近骨料两端的渗水高度算术平均值来作为该测点的渗水高度。

5）结果计算

(1) 试件渗水高度应按式（4-14）进行计算。

$$\overline{h_i} = \frac{1}{10} \sum_{j=1}^{10} h_j \tag{4-14}$$

式中　h_j——第 i 个试件第 j 个测点处的渗水高度（mm）；

　　　$\overline{h_i}$——第 i 个试件的平均渗水高度（mm）。

应以 10 个测点渗水高度的平均值作为该试件渗水高度的测定值。

(2) 一组试件的平均渗水高度应按式（4-15）进行计算。

$$\overline{h} = \frac{1}{6} \sum_{i=1}^{6} \overline{h_i} \tag{4-15}$$

式中　$\overline{h}$——一组 6 个试件的平均渗水高度（mm）。

应以一组 6 个试件渗水高度的算术平均值作为该组试件渗水高度的测定值。

6）注意事项

(1) 抗水渗透试验的龄期宜为 28d，并应在到达试验龄期的前一天取出试件。

(2) 要确保抗渗仪的盛水桶保持有水状态，防止设备损坏。

(3) 在试验过程中，当发现水从试件周边渗出时，应重新进行密封。

7. 抗水渗透（逐级加压法）

1）方法原理

通过逐级施加水压力来测定混凝土试件产生渗透时的压力，以抗渗等级来表示混凝土的抗水渗透性能。

2）仪器设备

同"6. 抗水渗透（渗透高度法）"。

3）环境条件

同"4. 抗压强度"。

4）试验步骤

（1）首先应按"6. 抗水渗透（渗透高度法）"要求进行试件的密封和安装。

（2）试验时，水压应从 0.1MPa 开始，以后应每隔 8h 增加 0.1MPa 水压，并应随时观察试件端面的渗水情况。

（3）当 6 个试件中有 3 个试件表面出现渗水时，或加至规定压力（设计抗渗等级）在 8h 内 6 个试件中表面渗水试件少于 3 个时，可停止试验，并应记下此时的水压力。

（4）在试验过程中，当发现水从试件周边渗出时，应重新进行密封。

5）结果计算

混凝土的抗渗等级应以每组 6 个试件中有 4 个试件未出现渗水时的最大水压力乘以 10 来确定。按式（4-16）计算。

$$P=10H-1 \tag{4-16}$$

式中　P——混凝土抗渗等级；

　　　H——6 个试件中有 3 个试件渗水时的水压力（MPa）。

8. 收缩试验（非接触法）

1）方法原理

通过非接触法混凝土收缩变形测定装置测量混凝土试件在规定的温湿度条件下，不受外力作用而引起的长度变化百分数来表示试样的收缩性能。

2）仪器设备

（1）非接触法混凝土收缩变形测定仪

非接触法混凝土收缩变形测定仪多为整机一体化装置，具备自动采集和处理数据、能设定采样时间间隔等功能，其原理示意如图 4-14 所示。整个测试装置（含试件、传感器等）应固定于具有避震功能的固定式实验台面上。

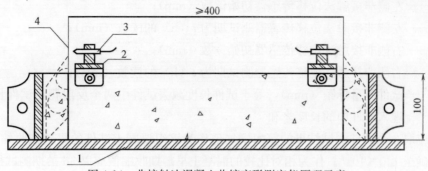

图 4-14 非接触法混凝土收缩变形测定仪原理示意

1—试模；2—固定架；3—传感器探头；4—反射靶

（2）试模

应有可靠方式将反射靶固定于试模上，使反射靶在试件成型浇筑振动过程中不会移位偏斜，且在成型完成后应能保证反射靶与试模之间摩擦力尽可能小。试模应采用具有足够刚度的钢模，且本身的收缩变形应小。试模的长度应保证混凝土试件的测量标距不小于 400mm。

（3）传感器

传感器的测试量程不应小于试件测量标距长度的 0.5% 或量程不应小于 1mm，测试精度不应低于 0.002mm。且应采用可靠方式将传感器测头固定，并应能使测头在测量的整个过程中与试模相对位置保持固定不变。试验过程中应能保证反射靶能够随着混凝土收缩而同步移动。

3）环境条件

试验室温度为（20±2）℃，相对湿度为（60±5）%。

4）试验步骤

（1）试模准备后，应在试模内涂刷润滑油，然后在试模内铺设两层塑料薄膜或者放置一片聚四氟乙烯片，且在薄膜或者聚四氟乙烯片与试模接触的面上均匀涂抹一层润滑油。将反射靶固定在试模式两端。

（2）将混凝土拌合物浇筑入试模后，振动成型并抹平，然后立即带模入恒温恒湿室。成型试件的同时，应测定混凝土的初凝时间。混凝土初凝试验和早龄期收缩试验的环境应相同。当混凝土初凝时，应开始测读试件左右两侧的初始读数，此后应至少每隔 1h 或按设定的时间间隔测定试件两侧的变形读数。

（3）在整个测试过程中，试件在变形测定仪上放置的位置、方向均应始终保持固定不变。

（4）需要测定混凝土自收缩值的试件，应在浇筑振捣后立即采用塑料薄膜作密封处理。

5）结果计算

混凝土收缩率应按照式（4-17）计算。

$$\varepsilon_{st} = \frac{(L_{10} - L_{1t}) + (L_{20} - L_{2t})}{L_0} \tag{4-17}$$

式中　ε_{st}——测试期为 t（h）的混凝土收缩率，t 从初始读数时算起；

L_{10}——左侧非接触法位移传感器初始读数（mm）；

L_{1t}——左侧非接触法位移传感器测试期为 t（h）的读数（mm）；

L_{20}——右侧非接触法位移传感器初始读数（mm）；

L_{2t}——右侧非接触法位移传感器测试期为 t（h）的读数（mm）；

L_0——试件测量标距（mm），等于试件长度减去试件中两个反射靶沿试件长度方向埋入试件中的长度之和。

每组应取 3 个试件测试结果的算术平均值作为该组混凝土试件的早龄期收缩测定值，计算应精确至 1.0×10^{-6}。作为相对比较的混凝土早龄期收缩值应以 3d 龄期测试得到的混凝土收缩值为准。

6）注意事项

（1）采用尺寸为 100mm×100mm×515mm 的棱柱体试件，每组应为 3 个试件。非接触法收缩试验应带模进行测试。

（2）测量前、中、后均多次用标准杆校正仪表的零点。

（3）测试过程中，应使千分表的测头缓慢而平稳地与试件接触，不允许冲击和碰撞。

（4）不允许将千分表的测杆顶过最大程范围，以免影响表的灵敏度和使用寿命。

9. 收缩试验（接触法）

1）方法原理

通过接触法混凝土收缩变形测定装置测量混凝土试件在规定的温湿度条件下，不受外力作用而引起的长度变化百分数来表示试样的收缩性能。

2）仪器设备

（1）收缩测量装置

收缩测量装置主要分为卧式混凝土收缩仪、立式混凝土收缩仪和其他形式的变形测量仪。卧式混凝土收缩仪的测量标距应为 540mm，并应装有精度为 0.001mm 的千分表或测微器；立式混凝土收缩仪的测量标距和测微器同卧式混凝土收缩仪；其他形式的变形测量仪的测量标距不应小于 100mm 及骨料最大粒径的 3 倍，并至少能达到 ±0.001mm 的测量精度，测量混凝

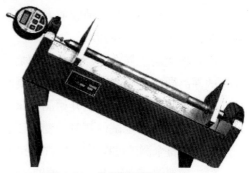

图 4-15　收缩测量装置外形

土收缩变形的装置应具有硬钢或石英玻璃制作的标准杆，其外形如图 4-15 所示。

（2）收缩测头

采用卧式混凝土收缩仪时，试件两端应预埋测头或留有埋设测头的凹槽。卧式收缩试验用测头外形如图 4-16 所示，应由不锈钢或其他不锈材料制成。

采用立式混凝土收缩仪时，试件一端中心应预埋测头。立式收缩试验用测头的另外一端宜用 M20mm×35mm 的螺栓（螺纹通长），其外形如图 4-17 所示，并应与立式混凝土收缩仪底座固定。螺栓和测头都应预埋进去。

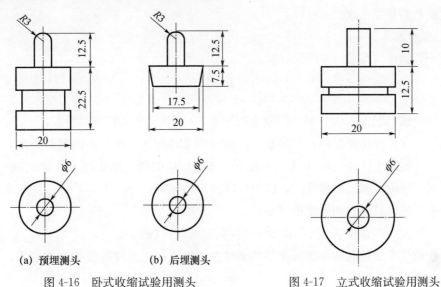

(a) 预埋测头	(b) 后埋测头	

图 4-16　卧式收缩试验用测头　　　　　图 4-17　立式收缩试验用测头

3）环境条件

试验室温度应保持在（20±2）℃，相对湿度保持在（60±5）%。

养护室温度为（20±2）℃，相对湿度为 95% 以上。

4）试验步骤

（1）应采用尺寸为 100mm×100mm×515mm 的棱柱体试件。每组应为 3 个试件。试件应放置在不吸水的搁架上，底面应架空，每个试件之间的间隙应大于 30mm。

（2）测定代表某一混凝土收缩性能的特征值时，试件应在 3 d 龄期时（从混凝土搅拌加水时算起）从标准养护室取出，并应立即移入恒温恒湿室测定其初始长度。此后至少按下列规定的时间间隔测量其变形读数：1d、3d、7d、14d、28d、45d、60d、90d、120d、150d、180d、360d（从移入恒温恒湿室内计时）。

（3）测定混凝土在某一具体条件下的相对收缩值时应按要求的条件进行试验。对非标准养护试件，当需要移入恒温恒湿室进行试验时，应先在该室内预置 4h，再测其初始值。测量时应记下试件的初始干湿状态。

（4）收缩测量前应先用标准杆校正仪表的零点，并应在测定过程中至少再复核 1～2 次，其中一次应在全部试件测读完后进行。当复核时发现零点与原值的偏差超过 0.001mm 时，应调零后重新测量。

（5）试件每次在卧式收缩仪上放置的位置和方向均应保持一致。试件上应标明相应的方向记号。试件在放置及取出时应轻稳仔细，不得碰撞表架及表杆。当发生碰撞时，应取下试件，并应重新以标准杆复核零点。

（6）采用立式混凝土收缩仪时，整套测试装置应放在不易受外部振动影响的地方。读数时宜轻敲仪表或者上下轻轻滑动测头。安装立式混凝土收缩仪的测试台应有减振装置。

（7）用接触法引伸仪测量时，应使每次测量时试件与仪表保持相对固定的位置和方向。每次读数应重复 3 次。

5）结果计算

混凝土收缩率应按式（4-18）计算。

$$\varepsilon_{st} = \frac{L_0 - L_t}{L_b} \tag{4-18}$$

式中　ε_{st}——试验期为 t（d）时的混凝土收缩率，t 从测定初始长度时算起；

　　　L_b——试件的测量标距，用混凝土收缩仪测量时应等于两测头内侧的距离，即等于混凝土试件长度（不计测头凸出部分）减去两个测头埋入深度之和（mm）；采用接触法引伸仪时，即为仪器的测量标距；

　　　L_0——试件长度的初始读数（mm）；

　　　L_t——试件在试验期为 t（d）时测得的长度读数（mm）。

每组应取 3 个试件收缩率的算术平均值作为该组混凝土试件的收缩率测定值，计算精确至 1.0×10^{-6}。

作为相互比较的混凝土收缩率值应为不密封试件于 180d 所测得的收缩率值。可将不密封试件于 360d 所测得的收缩率值作为该混凝土的终极收缩率值。

6）注意事项

（1）采用接触法引伸仪时，所用试件的长度应至少比仪器的测量标距长出一个截面边长。测头应粘贴在试件两侧面的轴线上。

（2）使用混凝土收缩仪时，制作试件的试模应具有能固定测头或预留凹槽的端板。使用接触法引伸仪时，可用一般棱柱体试模制作试件。

（3）收缩试件成型时不得使用机油等憎水性脱模剂。试件成型后应带模养护 1~2d，并保证拆模时不损伤试件。对于事先没有埋设测头的试件，拆模后应立即粘贴或埋设测头。试件拆模后，应立即送至标准养护室养护。

10. 抗冻（慢冻法）

1）方法原理

通过对混凝土试件在气冻水融条件下，测量经受规定的冻融循环次数后强度及质量的变化百分数来表示混凝凝土的抗冻性能。

2）仪器设备

（1）冻融试验箱

冻融试验箱应能使试件静止不动，并应通过气冻水融进行冻融循环。在满载运转的条件下，冷冻期间冻融试验箱内空气的温度应能保持在－20～－18℃范围内；融化期间冻融试验箱内浸泡混凝土试件的水温应能保持在 18～20℃范围内；满载时冻融试验箱内各点温度极差不应超过 2℃。采用自动冻融设备时，控制系统还应具有自动控制、数据曲线实时动态显示、断电记忆和试验数据自动存储等功能。

（2）试件架

试件架应采用不锈钢或者其他耐腐蚀的材料制作，其尺寸应与冻融试验箱和所装的试件相适应。

（3）电子天平

量程不宜大于 20kg，最小分度值不大于 5g。

（4）压力试验机

同 "4. 抗压强度"。

（5）温度传感器

温度传感器的温度检测范围不应小于－20～20℃，测量精度应不大于±0.5℃。

3）环境条件

同 "4. 抗压强度"。

4）试件尺寸及数量

（1）试验应采用尺寸为 100mm×100mm×100mm 的立方体试件。

（2）慢冻法试验所需要的试件组数应符合表 4-2 的规定，每组试件应为 3 块。

表 4-2　慢冻法试验所需的试件组数

设计抗冻标号	D25	D50	D100	D150	D200	D250	D300	＞D300
检查强度所需冻融次数	25	50	50 及 100	100 及 150	150 及 200	200 及 250	250 及 300	300 及设计次数
鉴定 28d 强度所需试件	1	1	1	1	1	1	1	1
冻融试件	1	1	2	2	2	2	2	2
对比试件	1	1	2	2	2	2	2	2
总计试件	3	3	5	5	5	5	5	5

5）试验步骤

（1）在标准养护室内或同条件养护的冻融试验的试件应在养护龄期为 24d 时提前将试件从标养地点取出，随后应将试件放在（20±2）℃水中浸泡，浸泡时水面应高出试件顶面 20～30mm，在水中浸泡的时间应为 4d，试件应在 28d 龄期时开始进行冻融试验。始终在水中养护的冻融试验的试件，当试件养护龄期达到 28d 时，可直接进行后续试验，对此种情况，应在试验报告中予以说明。

（2）当试件养护龄期达到 28d 时应及时取出冻融试验的试件，用湿布擦除表面水分后应对外观尺寸进行测量，试件的外观尺寸应满足边长、高度的公差不得超过 1mm 的要求，并应分别编号、称重，然后按编号置入试件架内，且试件架与试件的接触面积不宜超过试件底面的 1/5。把试件架放入冻融试验箱后，试件与箱底以及与试件与箱壁之间应至少留有 20mm 的空隙。试件架中各试件之间应至少保持 30mm 的空隙。

（3）冷冻时间应在冻融箱内温度降至−18℃时开始计算。每次从装完试件到温度降至−18℃所需的时间应在 1.5～2.0h 内。冻融箱内温度在冷冻时应保持在−20～−18℃之间。

（4）每次冻融循环中试件的冷冻时间不应小于 4h。

（5）冷冻结束后，应立即加入温度为 18～20℃的水，使试件转入融化状态，加水时间不应超过 10min。控制系统应确保在 30min 内，水温不低于 10℃，且在 30min 后水温能保持在 18～20℃。冻融箱内的水面应至少高出试件表面 20mm。融化试件不应小于 4h。融化完毕视为冻融循环结束，可进入下一次冻融循环。

（6）每 25 次循环宜对冻融试件进行一次外观检查。当出现严重破坏时，应立即进行称量。当试件的质量损失率超过 5%，可停止其冻融循环试验。

（7）试件在达到表 4-2 规定的冻融循环次数后，试件应称重并进行外观检查，应详细记录试件表面破损、裂缝及边角缺损情况。当试件表面破损严重时，应先用高强石膏找平，然后应进行抗压强度试验。抗压强度试验应符合抗压强度试验的相关规定。

（8）当冻融循环因故中断且试件处于冷冻状态时，试件应继续保持冷冻状态，直至恢复冻融试验为止，并应将故障原因及暂停时间在试验结果中注明。当试件处于融化状态下因故中断时，中断时间不应超过两个冻融循环的时间。在整个试验过程中，超过两个冻融循环时间的中断故障次数不得超过两次。

（9）对比试件应继续保持原有的养护条件，直到完成冻融循环后，与冻融试验的试件同时进行抗压强度试验。

（10）当冻融循环出现下列三种情况之一时，可停止试验：已达到规定的循环次数；抗压强度已达到 25%；质量损失率已达到 5%。

6）结果计算

强度损失率应按式（4-19）进行计算，精确至 0.1%。

$$\Delta f_c = \frac{f_{c0} - f_{cn}}{f_{c0}} \times 100 \tag{4-19}$$

式中　Δf_c——N 次冻融循环后的混凝土抗压强度损失率（%）；

　　　f_{c0}——对比用的一组标准养护混凝土试件的抗压强度测定值（MPa），精确至 0.1MPa；

　　　f_{cn}——经 N 次冻融循环后的一组混凝土试件抗压强度测定值（MPa），精确至 0.1MPa。

f_{c0} 和 f_{cn} 应以三个试件抗压强度试验结果的算术平均值作为测定值。当三个试件抗压强度最大值或最小值，与中间值之差超过中间值的 15% 时，应剔除此值，再取其余两值的算术平均值作为测定值；当最大值和最小值，均超过中间值的 15％ 时，应取中间值作为测定值。

单个试件的质量损失率应按式（4-20）计算，精确至 0.01％。

$$\Delta W_{ni} = \frac{W_{0i} - W_{ni}}{W_{0i}} \times 100 \tag{4-20}$$

式中　ΔW_{ni}——N 次冻融循环后第 i 个混凝土试件的质量损失率（％）；

　　　W_{0i}——冻融循环试验前第 i 个混凝土试件的质量（g）；

　　　W_{ni}——N 次冻融循环后第 i 个混凝土试件的质量（g）。

一组试件的平均质量损失率应按式（4-21）计算，精确至 0.1％。

$$\Delta W_n = \frac{\sum_{i=1}^{3} \Delta W_{ni}}{3} \times 100 \tag{4-21}$$

式中　ΔW_n——N 次冻融循环后一组混凝土试件的平均质量损失率（％）。

每组试件的平均质量损失率应以三个试件的质量损失率试验结果的算术平均值作为测定值。当某个试验结果出现负值，应取 0，再取三个试件的算术平均值。当三个值中的最大值或最小值，与中间值之差超过 1％ 时，应剔除此值，再取其余两值的算术平均值作为测定值；当最大值和最小值，与中间值之差均超过 1％ 时，应取中间值作为测定值。

抗冻强度等级应以抗压强度损失率达到 25％ 或者质量损失率达到 5％ 时的最大冻融循环次数按表 4-2 确定。

7）注意事项

（1）当部分试件由于失效破损或者停止试验被取出时，应用空白试件填充空位。

（2）试验时应经常对冻融试件进行外观检查，发现有严重破坏时应进行称重，若失重率超过 5％，即可停止试验。

11. 抗冻（快冻法）

1）方法原理

通过对混凝土试件在水冻水融的条件下，测量经受规定的冻融循环次数后动弹性模量及质量的变化来表示混凝凝土的抗冻性能。

2）试验设备

（1）快速冻融装置

快速冻融装置冻融箱内的温度可调节范围为 -20～10℃，控制精度不应大于 1℃。除应在测温试件中埋设温度传感器外，尚应在冻融箱内防冻液中心、中心与任何一个对角线的两端分别设有温度传感器。运转时冻融箱内防冻液各点温度的极差不得超过 2℃。

（2）天平

量程不宜大于 20kg，最小分度值不大于 5g。

（3）混凝土动弹性模量测定仪

输出频率可调范围为 $100\sim20000Hz$，输出功率应能使试件产生受迫震动，其外形如图 4-18 所示。

（4）温度传感器

温度传感器（包括热电偶、电位差计等）应在 $-20\sim20℃$ 范围内测定试件中心温度，且测量精度应为 $±0.5℃$。

（5）试件盒

试件盒宜采用具有弹性的橡胶材料制作，其内表面底部应有半径为 3mm 橡胶突起部分。盒内加水后水面应至少高出试件顶面 5mm。试件盒横截面尺寸宜为 $115mm×115mm$，其截面示意如图 4-19 所示。

3）环境条件

同"4.抗压强度"。

4）试件尺寸及要求

（1）快冻法抗冻试验应采用尺寸为 $100mm×100mm×400mm$ 的棱柱体试件，每组试件应为 3 块。

（2）成型试件时，不得采用憎水性脱膜剂。

（3）除制作冻融试验的试件外，尚应制作同样形状、尺寸，且中心埋有温度传感器的测温试件，测温

图 4-18　混凝土动弹性模量测定仪外形

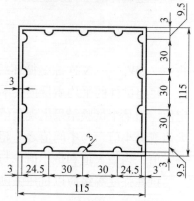

图 4-19　试件盒截面示意图

试件应采用防冻液作为冻融介质。测温试件所用混凝土的抗冻性能应高于冻融试件。测温试件的温度传感器应埋设在试件中心。温度传感器不应采用钻孔后插入的方式埋设。

5）试验步骤

（1）在标准养护室内或同条件养护的试件应在养护龄期为 24d 时提前将冻融试验的试件从养护地点取出，随后应将冻融试件放在 $(20±2)℃$ 水中浸泡，浸泡时水面应高出试件顶面 $20\sim30mm$。在水中浸泡时间应为 4d，试件应在 28d 龄期时开始进行冻融试验。始终在水中养护的试件，当试件养护龄期达到 28d 时，可直接进行后续试验。对此种情况，应在试验报告中予以说明。

（2）当试件养护龄期达到 28d 时应及时取出试件，用湿布擦除表面水分后应对外观尺寸进行测量，试件的外观尺寸应满足边长、高度的公差不得超过 1mm 的要求，并应编号、称量试件初始质量；然后按动弹性模量试验的规定测定其横向基频的初始值。

（3）将试件放入试件盒内，试件应位于试件盒中心，然后向试件盒中注入清水。在整个试验过程中，盒内水位高度应始终保持至少高出试件顶面 5mm。

（4）将试件盒放入冻融箱内的试件架中，测温试件盒应放在冻融箱的中心位置。

（5）每隔 25 次冻融循环宜测量试件的横向基频 f_{ni}。测量前应先将试件表面浮渣清洗干净并擦干表面水分，然后应检查其外部损伤并称量试件的质量 W_{ni}。随后按动弹性模量

试验规定的方法测量横向基频。测完后，应迅速将试件调头重新装入试件盒内并加入清水，继续试验。

（6）当冻融循环出现下列情况之一时，可停止试验：达到规定的冻融循环次数；试件的相对动弹性模量下降到 60% 以下；试件的质量损失率达 5%。

6）冻融条件要求

（1）每次冻融循环应在 2~4h 内完成，且用于融化的时间不得少于整个冻融循环时间的 1/4。

（2）在冷冻和融化过程中，试件中心最低温度和最高温度应分别控制在（−18±2）℃和（5±2）℃内。在任意时刻，试件中心温度不得高于 7℃，且不得低于−20℃。

（3）每块试件从 3℃降至−16℃所用的时间不得少于冷冻时间的 1/2。每块试件从−16℃升至 3℃所用时间不得少于整个融化时间的 1/2，试件内外的温差不宜超过 28℃。

（4）冷冻和融化之间的转换时间不宜超过 10min。

7）结果计算

相对动弹性模量应按式（4-22）计算，精确至 0.1%。

$$P_i = \frac{f_{ni}^2}{f_{oi}^2} \times 100 \tag{4-22}$$

式中　P_i——经 N 次冻融循环后第 i 个混凝土试件的相对动弹性模量（%）；

f_{ni}——经 N 次冻融循环后第 i 个混凝土试件的横向基频（Hz）；

f_{oi}——冻融循环试验前第 i 个混凝土试件横向基频初始值（Hz）。

相对动弹性模量按式（4-23）计算，精确至 0.1%。

$$P = \frac{1}{3} \sum_{i=1}^{3} P_i \tag{4-23}$$

式中　P——经 N 次冻融循环后一组混凝土试件的相对动弹性模量（%）。

当最大值或最小值，与中间值之差超过中间值的 15% 时，应剔除此值，并应取其余两值的算术平均值作为测定值；当最大值和最小值与中间值之差均超过中间值的 15% 时，应取中间值作为测定值。

单个试件的质量损失率应按式（4-24）计算，精确至 0.1%。

$$\Delta W_{ni} = \frac{W_{0i} - W_{ni}}{W_{oi}} \times 100 \tag{4-24}$$

式中　ΔW_{ni}——N 次冻融循环后第 i 个混凝土试件的质量损失率（%）；

W_{0i}——冻融循环试验前第 i 个混凝土试件的质量（g）；

W_{ni}——N 次冻融循环后第 i 个混凝土试件的质量（g）。

一组试件的平均质量损失率应按式（4-25）计算，精确至 0.1%。

$$\Delta W_n = \frac{\sum\limits_{i=1}^{3} \Delta W_{ni}}{3} \times 100 \tag{4-25}$$

式中　ΔW_n——N 次冻融循环后一组混凝土试件的平均质量损失率（%）。

每组试件的平均质量损失率应以三个试件的质量损失率试验结果的算术平均值作为测定值。当某个试验结果出现负值，应取 0，再取三个试件的平均值。当三个值中的最大值或最小值，与中间值之差超过 1％时，应剔除此值，并应取其余两值的算术平均值作为测定值；当最大值和最小值与中间值之差均超过 1％时，应取中间值作为测定值。

　　混凝土抗冻等级应以相对动弹性模量下降至 60％或者质量损失率达 5％时的最大冻融循环次数来确定，并用符号 F 表示。

　　8）注意事项

　　（1）放入试件之前务必将橡皮筒表面擦拭干净。

　　（2）当有试件停止试验被取出时，应另用其他试件填充空位。当试件在冷冻状态下因故中断时，试件应保持在冷冻状态，直至恢复冻融试验为止，并应将故障原因及暂停时间在试验结果中注明。试件在非冷冻状态下发生故障的时间不宜超过两个冻融循环的时间。在整个试验过程中，超过两个冻融循环时间的中断故障次数不得超过 2 次。

　　（3）试件的测量、称量及外观检查应迅速，待测试件应用湿布覆盖。

　　（4）试验时应经常对冻融试件进行外观检查，发现有严重破坏时应进行称重，若失重率超过 5％，即可停止试验。

12. 相关标准

《普通混凝土拌合物性能试验方法标准》GB/T 50080—2016。

《普通混凝土用砂、石质量及检验方法标准》JGJ 52—2006。

《混凝土试模》JG/T 237—2008。

《混凝土抗冻试验设备》JG/T 243—2009。

《混凝土试验用搅拌机》JG/T 244—2009。

《混凝土试验用振动台》JG/T 245—2009。

《混凝土抗渗仪》JG/T 249—2009。

4.3　配合比

1. 概述

　　混凝土是由胶凝材料、粗细骨料、水以及必要时掺加的矿物掺合料和化学外加剂按一定比例配制而成的复合材料。混凝土配合比即单位体积中各组成材料的用量和比例关系，配合比设计即确定配合比的计算和试验过程。

混凝土配合比设计的原则是根据选用的材料，通过试验确定既能满足工作性、强度、耐久性和其他要求而且成本最低（包括原材料、生产、施工、质量控制等）的各组成部分的用量比例。概括起来可称为"满足要求、经济合理"。配合比设计不仅直接对应混凝土的性能要求，也与各组成材料的性能、施工工艺、环境条件等息息相关。随着外加剂和掺合料的发展以及传统砂石料的匮乏，与传统混凝土相比，现代混凝土的配合比设计影响因素更多，相关的性能要求也更高。

2. 依据标准

《普通混凝土配合比设计规程》JGJ 55—2011。

3. 基本规定

（1）混凝土配合比设计应满足混凝土配制强度及其他力学性能、拌合物性能、长期性能和耐久性能的设计要求。

（2）混凝土配合比设计应采用工程实际使用的原材料；配合比设计所采用的细骨料含水率应小于 0.5%，粗骨料含水率应小于 0.2%。

（3）混凝土的最大水胶比应符合现行国家标准《混凝土结构设计规范》GB 50010 的规定。设计年限为 50 年的结构混凝土其耐久性应符合表 4-3 要求。

表 4-3 混凝土耐久性基本要求

环境等级	最大水胶比	最低强度等级	最大氯离子含量（%）	最大碱含量（kg/m³）
一	0.60	C20	0.3	不限制
二ᵃ	0.55	C25	0.20	3.0
二ᵇ	0.50（0.55）	C30（C25）	0.15	
三ᵃ	0.45（0.50）	C35（C30）	0.15	
三ᵇ	0.4	C40	0.10	

注：1. 氯离子含量系指其占硅酸盐水泥熟料的百分率。

2. 预应力构件混凝土中的最大氯离子含量为 0.06%，最低混凝土强度等级应按表中数值提高两个等级。

3. 素混凝土构件的水胶比及最低混凝土强度等级可适当放松。

4. 有可靠经验时，二类环境中的最低混凝土强度等级的要求可适当放宽。

5. 处于严寒和寒冷地区二ᵇ、三ᵃ类环境中的混凝土应使用引气剂，并可使用括号中有关参数。

6. 当使用非碱活性骨料时，对混凝土中的碱含量可不作限制。

（4）除配制 C15 及其以下强度等级的混凝土外，混凝土最小胶凝材料用量应符合表 4-4 的规定。

表 4-4　混凝土的最小胶凝材料用量

最大水胶比	最小胶凝材料用量（kg/m³）		
	素混凝土	钢筋混凝土	预应力混凝土
0.60	250	280	300
0.55	280	300	300
0.50	320		
≤0.45	330		

（5）矿物掺合料在混凝土中的掺量应通过试验确定。采用硅酸盐水泥或普通硅酸盐水泥时，钢筋混凝土中矿物掺合料最大掺量宜符合表 4-5 的规定，预应力混凝土中矿物掺合料最大掺量宜符合表 4-6 的规定。对基础大体积混凝土，粉煤灰、粒化高炉矿渣和复合掺合料的最大掺量可增加 5%。采用掺量大于 30% 的 C 类粉煤灰的混凝土应以实际使用的水泥和粉煤灰掺量进行安定性检验。

表 4-5　钢筋混凝土中矿物掺合料最大掺量

矿物掺合料种类	水胶比	最大掺量（%）	
		采用硅酸盐水泥时	采用普通硅酸盐水泥时
粉煤灰	≤0.40	45	35
	>0.40	40	30
粒化高炉矿渣粉	≤0.40	65	55
	>0.40	55	45
钢渣粉	—	30	20
磷渣粉	—	30	20
硅灰	—	10	10
复合掺合料	≤0.40	65	55
	>0.40	55	45

注：1. 采用其他通用硅酸盐水泥时，宜将水泥混合材掺量 20% 以上的混合材量计入矿物掺合料。

　　2. 复合掺合料各组分的掺量不宜超过单掺时的最大掺量。

　　3. 在混合使用两种或两种以上矿物掺合料时，矿物掺合料总掺量应符合表中复合掺合料的规定。

表 4-6　预应力混凝土中矿物掺合料最大掺量

矿物掺合料种类	水胶比	最大掺量（%）	
		采用硅酸盐水泥时	采用普通硅酸盐水泥时
粉煤灰	≤0.40	35	30
	>0.40	25	20
粒化高炉矿渣粉	≤0.40	55	45
	>0.40	45	35

矿物掺合料种类	水胶比	最大掺量（%）	
		采用硅酸盐水泥时	采用普通硅酸盐水泥时
钢渣粉	—	20	10
磷渣粉	—	20	10
硅灰	—	10	10
复合掺合料	≤0.40	55	45
	>0.40	45	35

注：1. 采用其他通用硅酸盐水泥时，宜将水泥混合材掺量20%以上的混合材量计入矿物掺合料。

2. 复合掺合料各组分的掺量不宜超过单掺时的最大掺量。

3. 在混合使用两种或两种以上矿物掺合料时，矿物掺合料总掺量应符合表中复合掺合料的规定。

（6）混凝土拌合物中水溶性氯离子最大含量应符合表 4-7 的规定。

表 4-7　混凝土拌合物中水溶性氯离子最大含量

环境条件	水溶性氯离子最大含量 （%，水泥用量的质量百分比）		
	钢筋混凝土	预应力混凝土	素混凝土
干燥环境	0.30		
潮湿但不含氯离子的环境	0.20	0.06	1.00
潮湿且含有氯离子的环境、盐渍土环境	0.10		
除冰盐等侵蚀性物质的腐蚀环境	0.06		

（7）长期处于潮湿或水位变动的寒冷和严寒环境以及盐冻环境的混凝土应掺用引气剂。引气剂掺量应根据混凝土含气量要求经试验确定，混凝土最小含气量应符合表 4-8 的规定，最大不宜超过 7.0%。

表 4-8　混凝土最小含气量

粗骨料最大公称粒径（mm）	混凝土最小含气量（%）	
	潮湿或水位变动的寒冷和严寒环境	盐冻环境
40.0	4.5	5.0
25.0	5.0	5.5
20.0	5.5	6.0

注：含气量为气体占混凝土体积的百分比。

（8）对于有预防混凝土碱-骨料反应设计要求的工程，宜掺用适量粉煤灰或其他矿物掺合料，混凝土中最大碱含量不应大于 3.0kg/m³；对于矿物掺合料碱含量，粉煤灰碱含量可取实测值的 1/6，粒化高炉矿渣粉碱含量可取实测值的 1/2。

4. 确定试配强度

（1）当混凝土的设计强度等级小于 C60 时，配制强度应按式（4-26）确定。

$$f_{cu,0} \geqslant f_{cu,k} + 1.645\sigma \tag{4-26}$$

式中 $f_{cu,0}$——混凝土配制强度（MPa）；

      $f_{cu,k}$——混凝土立方体抗压强度标准值，取混凝土的设计强度等级值（MPa）；

      σ——混凝土强度标准差（MPa）。

（2）当设计强度等级不小于 C60 时，配制强度应按式（4-27）确定。

$$f_{cu,0} \geqslant 1.15 f_{cu,k} \tag{4-27}$$

（3）当具有近 1～3 个月的同一品种、同一强度等级混凝土的强度资料，且试件组数不小于 30 时，其混凝土强度标准差 δ 应按式（4-28）计算。

$$\sigma = \sqrt{\frac{\sum\limits_{i=1}^{n} f_{cu,i}^2 - n m_{f_{cu}}^2}{n-1}} \tag{4-28}$$

式中 σ——混凝土强度标准差；

      $f_{cu,i}$——第 i 组的试件强度（MPa）；

      $m_{f_{cu}}$——n 组试件的强度平均值（MPa）；

      n——试件组数。

（4）对于强度等级不大于 C30 的混凝土，当混凝土强度标准差计算值小于 3.0MPa 时，应取 3.0MPa。对于强度等级大于 C30 且小于 C60 的混凝土，当混凝土强度标准差计算值小于 4.0MPa 时，应取 4.0MPa。

（5）当没有近期的同一品种、同一强度等级混凝土强度资料时，其强度标准差 σ 可按表 4-9 取值。

表 4-9   差值 σ 单位：MPa

混凝土强度标准值	≤C20	C25～C45	C50～C55
σ	4.0	5.0	6.0

5. 计算水胶比

（1）当混凝土强度等级小于 C60 时，混凝土水胶比宜按式（4-29）计算。

$$W/B = \frac{\alpha_a f_b}{f_{cu,0} + \alpha_a \alpha_b f_b} \tag{4-29}$$

式中 W/B——混凝土水胶比；

      α_a、α_b——回归系数，按本节第（2）条表 4-10 的规定取值；

      f_b——胶凝材料 28d 胶砂抗压强度（MPa）；也可按本节第 4 条规定。

（2）回归系数（α_a、α_b）宜按下列规定确定：

根据工程所使用的原材料，通过试验建立的水胶比与混凝土强度关系式来确定；当不具备上述试验统计资料时，可按表 4-10 选用。

表 4-10　回归系数 （α_a、α_b） 取值表

系数 \ 粗骨料品种	碎石	卵石
α_a	0.53	0.49
α_b	0.20	0.13

（3）当胶凝材料 28d 胶砂抗压强度值 （f_b） 无实测值时，可按式 （4-30） 计算。

$$f_b = \gamma_f \gamma_s f_{ce} \tag{4-30}$$

式中　γ_f，γ_s——粉煤灰影响系数和粒化高炉矿渣粉影响系数，可按表 4-11 选用；

　　　　f_{ce}——水泥 28d 胶砂抗压强度 （MPa），可实测，也可按本节第 （4） 条确定。

表 4-11　粉煤灰影响系数 （γ_f） 和粒化高炉矿渣粉影响系数 （γ_s）

掺量（％） \ 种类	粉煤灰影响系数 γ_f	粒化高炉矿渣粉影响系数 γ_s
0	1.00	1.00
10	0.85～0.95	1.00
20	0.75～0.85	0.95～1.00
30	0.65～0.75	0.90～1.00
40	0.55～0.65	0.80～0.90
50	—	0.70～0.85

注：1. 采用Ⅰ级、Ⅱ级粉煤灰宜取上限值。

2. 采用 S75 级粒化高炉矿渣粉宜取下限值，采用 S95 级粒化高炉矿渣粉宜取上限值，采用 S105 级粒化高炉矿渣粉可取上限值加 0.05。

3. 当超出表中的掺量时，粉煤灰和粒化高炉矿渣粉影响系数应经试验确定。

（4）当水泥 28d 胶砂抗压强度 （f_{ce}） 无实测值时，可按式 （4-31） 计算。

$$f_{ce} = \gamma_c f_{ce,g} \tag{4-31}$$

式中　γ_c——水泥强度等级值的富余系数，可按实际统计资料确定；当缺乏实际统计资料时，也可按表 4-12 选用；

　　　　$f_{ce,g}$——水泥强度等级值 （MPa）。

表 4-12　水泥强度等级值的富余系数 （γ_c）

水泥强度等级值（MPa）	32.5	42.5	52.5
富余系数	1.12	1.16	1.10

6. 计算用水量和外加剂用量

（1）每立方米干硬性或塑性混凝土的用水量当混凝土水胶比在 0.40～0.80 范围时，

可按表 4-13 和表 4-14 选取；当混凝土水胶比小于 0.40 时，可通过试验确定。

表 4-13　干硬性混凝土的用水量　　　　　　单位：kg/m³

拌合物稠度		卵石最大公称粒径（mm）			碎石最大公称粒径（mm）		
项目	指标	10.0	20.0	40.0	16.0	20.0	40.0
维勃稠度（s）	16～20	175	160	145	180	170	155
	11～15	180	165	150	185	175	160
	5～10	185	170	155	190	180	165

表 4-14　塑性混凝土的用水量　　　　　　单位：kg/m³

拌合物稠度		卵石最大公称粒径（mm）				碎石最大公称粒径（mm）			
项目	指标	10.0	20.0	31.5	40.0	16.0	20.0	31.5	40.0
坍落度（mm）	10～30	190	170	160	150	200	185	15	165
	35～50	200	180	170	160	210	195	185	175
	55～70	210	190	180	170	220	205	195	185
	75～90	215	195	185	175	230	215	205	195

注：用水量系采用中砂时的取值。采用细砂时，每立方米混凝土用水量可增加 5～10kg；采用粗砂时，可减少 5～10kg；掺用矿物掺合料和外加剂时，用水量应相应调整。

（2）掺外加剂时，每立方米流动性或大流动性混凝土的用水量可按式（4-32）计算。

$$m_{w0} = m'_{w0}(1-\beta) \qquad (4-32)$$

式中　m_{w0}——计算配合比每立方米流动性或大流动性混凝土的用水量（kg/m³）；

m'_{w0}——未掺外加剂时推定的满足实际坍落度要求的每立方米混凝土用水量（kg/m³），以表 4-14 中 90mm 坍落度的用水量为基础，按每增大 20mm 坍落度相应增加 5kg/m³ 用水量来计算，当坍落度增大到 180mm 以上时，随坍落度相应增加的用水量可减少；

β——外加剂的减水率（%），应经混凝土试验确定。

（3）每立方米混凝土中外加剂用量应按式（4-33）计算。

$$m_{a0} = m_{b0}\beta_a \qquad (4-33)$$

式中　m_{a0}——计算配合比每立方米混凝土中外加剂用量（kg/m³）；

m_{b0}——计算配合比每立方米混凝土中胶凝材料用量（kg/m³），计算应符合"7. 计算各胶凝材用量"的规定；

β_a——外加剂掺量（%），应经混凝土试验确定。

7. 计算胶凝材料用量

（1）每立方米混凝土的胶凝材料用量应按式（4-34）计算，并应进行试拌调整，在拌合物性能满足的情况下，取经济合理的胶凝材料用量。

$$m_{b0} = \frac{m_{w0}}{W/B}$$ (4-34)

式中 m_{b0}——计算配合比每立方米混凝土中胶凝材料用量（kg/m³）；

m_{w0}——计算配合比每立方米混凝土的用水量（kg/m³）；

W/B——混凝土水胶比。

（2）每立方米混凝土的矿物掺合料用量应按式（4-35）计算。

$$m_{f0} = m_{b0}\beta_f$$ (4-35)

式中 m_{f0}——计算配合比每立方米混凝土中矿物掺合料用量（kg/m³）；

β_f——矿物掺合料掺量（%），可根据相关规定确定。

（3）每立方米混凝土水泥用量应按式（4-36）计算。

$$m_{c0} = m_{b0} - m_{f0}$$ (4-36)

式中 m_{c0}——计算配合比每立方米混凝土中水泥用量（kg/m³）。

8. 选取砂率

砂率应根据骨料的技术指标、混凝土拌合物性能和施工要求，参考既有历史资料确定。当缺乏砂率的历史资料时，混凝土砂率的确定应符合下列规定：

（1）坍落度小于 10mm 的混凝土，其砂率应经试验确定。

（2）坍落度为 10～60mm 的混凝土，其砂率可根据粗骨料品种、最大公称粒径及水胶比按表 4-15 选取。

（3）坍落度大于 60mm 的混凝土，其砂率可经试验确定，也可在表 4-15 的基础上，按坍落度每增大 20mm、砂率增大 1% 的幅度予以调整。

表 4-15　混凝土的砂率　　　　　　　　　　　单位:%

水胶比	卵石最大公称粒径（mm）			碎石最大公称粒径（mm）		
	10.0	20.0	40.0	16.0	20.0	40.0
0.40	26～32	25～31	24～30	30～35	29～34	27～32
0.50	30～35	29～34	28～33	33～38	32～37	30～35
0.60	33～38	32～37	31～36	36～41	35～40	33～38
0.70	36～41	35～40	34～39	39～44	38～43	36～41

注：1. 本表数值系中砂的选用砂率，对细砂或粗砂，可相应地减少或增大砂率。

　　2. 采用人工砂配制混凝土时，砂率可适当增大。

　　3. 只用一个单粒级粗骨料配制混凝土时，砂率应适当增大。

9. 计算骨料用量

（1）当采用质量法计算混凝土配合比时，粗、细骨料用量应按式（4-37）计算；砂率应按式（4-38）计算。

$$m_{f0}+m_{c0}+m_{g0}+m_{s0}+m_{w0}=m_{cp} \tag{4-37}$$

$$\beta_s=\frac{m_{s0}}{m_{g0}+m_{s0}}\times100\% \tag{4-38}$$

式中　m_{g0}——计算配合比每立方米混凝土的粗骨料用量（kg/m³）；

m_{s0}——计算配合比每立方米混凝土的细骨料用量（kg/m³）；

β_s——砂率（%）；

m_{cp}——每立方米混凝土拌合物的假定质量（kg），可取 2350～2450 kg/m³。

（2）当采用体积法计算混凝土配合比时，砂率应按式（4-38）计算，粗、细骨料用量应按式（4-39）计算。

$$\frac{m_{c0}}{\rho_c}+\frac{m_{f0}}{\rho_f}+\frac{m_{g0}}{\rho_g}+\frac{m_{s0}}{\rho_s}+\frac{m_{w0}}{\rho_w}+0.01\alpha=1 \tag{4-39}$$

式中　ρ_c——水泥的密度（kg/m³）；

ρ_f——矿物掺合料的密度（kg/m³）；

ρ_g——粗骨料的表观密度（kg/m³）；

ρ_s——细骨料的表观密度（kg/m³）；

ρ_w——水的密度（kg/m³），可取 1000kg/m³；

α——混凝土的含气量百分数，在不使用引气剂或引气型外加剂时，α 可取 1。

10. 试配

（1）混凝土试配应采用强制式搅拌机进行搅拌，同第 4.1 节 "4. 坍落度"，搅拌方法宜与施工采用的方法相同。

（2）试验室成型条件同第 4.1 节 "9. 表观密度"，

（3）每盘混凝土试配的最小搅拌量应符合表 4-16 的规定，并不应小于搅拌机公称容量的 1/4 且不应大于搅拌机公称容量。

表 4-16　混凝土试配的最小搅拌量

粗骨料最大公称粒径（mm）	拌合物数量（L）
≤31.5	20
40.0	25

（4）在计算配合比的基础上应进行试拌。计算水胶比宜保持不变，并应通过调整配合比其他参数使混凝土拌合物性能符合设计和施工要求，然后修正计算配合比，提出试拌配合比。

（5）在试拌配合比的基础上应进行混凝土强度试验，并应符合下列规定：

应采用三个不同的配合比，其中一个应为本节第（4）条确定的试拌配合比，另外两个配合比的水胶比宜较试拌配合比分别增加和减少 0.05，用水量应与试拌配合比相同，砂率可分别增加和减少 1%；进行混凝土强度试验时，拌合物性能应符合设计和施工要求；进行混凝土强度试验时，每个配合比应至少制作一组试件，并应标准养护 28d 或设计规定龄期时试压。

11. 调整与确定

1）调整

（1）根据混凝土强度试验结果，宜绘制强度和水胶比的线性关系图或插值法确定略大于配制强度对应的水胶比。

（2）在试拌配合比的基础上，用水量和外加剂用量应根据确定的水胶比作调整。

（3）胶凝材料用量应以用水量乘以确定的胶水比（水胶比的倒数）计算得出。

（4）粗骨料和细骨料用量应根据用水量和胶凝材料用量进行调整。

2）校正系数计算

（1）配合比调整后的混凝土拌合物的表观密度应按式（4-40）计算。

$$\rho_{c,c} = m_c + m_f + m_g + m_s + m_w \tag{4-40}$$

式中　$\rho_{c,c}$——混凝土拌合物的表观密度计算值（kg/m³）；

m_c——每立方米混凝土的水泥用量（kg/m³）；

m_f——每立方米混凝土的矿物掺合料用量（kg/m³）；

m_g——每立方米混凝土的粗骨料用量（kg/m³）；

m_s——每立方米的混凝土的细骨料用量（kg/m³）；

m_w——每立方米的混凝土的用水量（kg/m³）。

（2）混凝土配合比校正系数应按式（4-41）计算。

$$\delta = \frac{\rho_{c,t}}{\rho_{c,c}} \tag{4-41}$$

式中　δ——混凝土配合比校正系数；

$\rho_{c,t}$——混凝土拌合物的表观密度实测值（kg/m³）。

（3）当混凝土拌合物的表观密度实测值与计算值之差的绝对值不超过计算值的 2% 时，调整的配合比可维持不变；当二者之差超过 2% 时，应将配合比中每项材料用量均乘以校正系数（δ）。

12. 特种混凝土

1）抗渗混凝土

（1）原材料要求

水泥宜采用普通硅酸盐水泥；粗骨料宜采用连续级配，其最大公称粒径不宜大于40.0mm，含泥量不得大于1.0％，泥块含量不得大于0.5％；细骨料宜采用中砂，含泥量不得大于3.0％，泥块含量不得大于1.0％；抗渗混凝土宜掺用外加剂和矿物掺合料，粉煤灰等级应为Ⅰ级或Ⅱ级。

（2）配合比要求

最大水胶比应符合表4-17的规定；每立方米混凝土中的胶凝材料用量不宜小于320kg；砂率宜为35％～45％；掺用引气剂或引气型外加剂的抗渗混凝土，应进行含气量试验，含气量宜控制在3.0％～5.0％。

表 4-17　抗渗混凝土最大水胶比

设计抗渗等级	最大水胶比	
	C20～C30	C30 以上
P6	0.60	0.55
P8～P12	0.55	0.50
＞P12	0.50	0.45

（3）抗渗性能要求

配制抗渗混凝土要求的抗渗水压值应比设计值提高0.2MPa，抗渗试验结果应满足式（4-42)要求。

$$P_t \geqslant \frac{P}{10} + 0.2 \tag{4-42}$$

式中　P_t——6个试件中不少于4个未出现渗水时的最大水压值（MPa）；

P——设计要求的抗渗等级值（MPa）。

2）抗冻混凝土

（1）原材料要求

水泥应采用硅酸盐水泥或普通硅酸盐水泥；粗骨料宜选用连续级配，其含泥量不得大于1.0％，泥块含量不得大于0.5％；细骨料含泥量不得大于3.0％，泥块含量不得大于1.0％；粗、细骨料均应进行坚固性试验，并应符合现行行业标准《普通混凝土用砂、石质量及检验方法标准》JGJ 52 的规定；抗冻等级不小于F100的抗冻混凝土宜掺用引气剂；在钢筋混凝土和预应力混凝土中不得掺用含有氯盐的防冻剂；在预应力混凝土中不得掺用含有亚硝酸盐或碳酸盐的防冻剂。

（2）配合比要求

最大水胶比和最小胶凝材料用量应符合表 4-18 的规定。

复合矿物掺合料掺量宜符合表 4-19 的规定；其他矿物掺合料掺量宜符合表 4-18 的规定。

掺用引气剂的混凝土最小含气量应符合表 4-8 的要求。

表 4-18   最大水胶比和最小胶凝材料用量

设计抗冻等级	最大水胶比		最小胶凝材料用量（kg/m³）
	无引气剂时	掺引气剂时	
F50	0.55	0.60	300
F100	0.50	0.55	320
不低于 F150	—	0.50	350

表 4-19   复合矿物掺合料最大掺量

水胶比	最大掺量（%）	
	采用硅酸盐水泥时	采用普通硅酸盐水泥时
≤0.40	60	50
>0.40	50	40

注：1. 采用其他普通硅酸盐水泥时，可将水泥混合掺量 20% 以上的混合材量计入矿物掺合料。

2. 复合矿物掺合料中各矿物掺合料组分的掺量不宜超过表 4-5 中单掺时的限量。

3）高强混凝土

（1）原材料要求

水泥应选用硅酸盐水泥或普通硅酸盐水泥；粗骨料宜采用连续级配，其最大公称粒径不宜大于 25.0mm，针片状颗粒含量不宜大于 5.0%，含泥量不应大于 0.5%，泥块含量不应大于 0.2%；细骨料的细度模数宜为 2.6~3.0，含泥量不应大于 2.0%，泥块含量不应大于 0.5%；宜采用减水率不小于 25% 的高性能减水剂；宜复合掺用粒化高炉矿渣粉、粉煤灰和硅灰等矿物掺合料；粉煤灰等级不应低于 Ⅱ 级；对强度等级不低于 C80 的高强度混凝土宜掺用硅灰。

（2）配合比要求

水胶比、胶凝材料用量和砂率可按表 4-20 选取，并应经试配确定。外加剂和矿物掺合料的品种、掺量，应通过试配确定；矿物掺合料掺量宜为 25%~40%；硅灰掺量不宜大于 10%；水泥用量不宜大于 500kg/m³。

表 4-20   水胶比、胶凝材料用量和砂率

强度等级	水胶比	胶凝材料用量（kg/m³）	砂率（%）
≥C60，<C80	0.28~0.34	480~560	
≥C80，<C100	0.26~0.28	520~580	35~42
C100	0.24~0.26	550~600	

（3）在试配过程中，应采用三个不同的配合比进行混凝土强度试验，其中一个可为依据表 4-20 计算后调整拌合物的试拌配合比，另外两个配合比的水胶比，宜较试拌配合比分别增加和减少 0.02。

（4）高强混凝土设计配合比确定后，尚应采用该配合比进行不少于三盘混凝土的充分试验，每盘混凝土应至少成型一组试件，每组混凝土的抗压强度不应低于配制强度。

（5）高强混凝土抗压强度测定宜采用标准尺寸试件，使用非标准尺寸试件时，尺寸折算系数应经试验确定。

4）泵送混凝土

（1）原材料要求

水泥宜采用硅酸盐水泥、普通硅酸盐水泥、矿渣硅酸盐水泥和粉煤灰硅酸盐水泥；粗骨料宜采用连续级配，其针片状颗粒含量不宜大于 10％，粗骨料的最大公称粒径与输送管径之比宜符合表 4-21 的规定。

表 4-21　粗骨料的最大公称粒径与输送管径之比

粗骨料品种	泵送高度（m）	粗骨料的最大公称粒径与输送管径之比
碎石	＜50	≤1∶3.0
	50～100	≤1∶4.0
	＞100	≤1∶5.0
卵石	＜50	≤1∶2.5
	50～100	≤1∶3.0
	＞100	≤1∶4.0

注：1. 细骨料宜采用中砂，其通过公称直径为 315μm 筛筛孔的颗粒含量不宜少于 15％。

　　2. 泵送混凝土应掺用泵送剂或减水剂，并宜掺用矿物掺合料。

（2）配合比要求

胶凝材料用量不宜小于 300kg/m³；砂率宜为 35％～45％。

（3）泵送混凝土试配时应考虑坍落度经时损失。

5）大体积混凝土

（1）原材料要求

水泥宜采用中、低热硅酸盐水泥或低热矿渣硅酸盐水泥，水泥的 3d 和 7d 水化热应符合现行国家标准《中热硅酸盐水泥 低热硅酸盐水泥 低热矿渣硅酸盐水泥》GB 200 规定。当采用硅酸盐水泥或普通硅酸盐水泥时，应掺加矿物掺合料，胶凝材料的 3d 和 7d 水化热分别不宜大于 240kJ/kg 和 270kJ/kg。水化热试验方法应按现行国家标准《水泥水化热测定方法》GB/T 12959 执行；粗骨料宜为连续级配，最大公称粒径不宜小于 31.5mm，含泥量不应大于 1.0％；粗骨料宜采用中砂，含泥量不应大于 3.0％；外加剂宜掺用矿物掺合料和缓凝型减水剂。

（2）配合比要求

水胶比不宜大于 0.55，用水量不宜大于 175kg/m³；在保证混凝土性能要求的前提下，应减少胶凝材料中的水泥用量，提高矿物掺合料掺量，矿物掺合料掺量应符合基本规定的要求。

（3）在配合比试配和调整时，控制混凝土绝热温升不宜大于 50℃。

（4）大体积混凝土配合比应满足施工对混凝土凝结时间的要求。

13. 注意事项

（1）配合比调整后，应测定拌合物水溶性氯离子含量，试验结果应符合表 4-7 的规定。

（2）对耐久性有设计要求的混凝土应进行相关耐久性试验验证。

（3）生产单位可根据常用材料设计出常用的混凝土配合比备用，并应在启用过程中予以验证或调整，当对混凝土性能有特殊要求或水泥、外加剂或矿物拌合物等原材料品种、质量有显著变化时，应重新进行配合比设计。

14. 相关标准

《中热硅酸盐水泥　低热硅酸盐水泥　低热矿渣硅酸盐水泥》GB 200—2003。

《水泥密度测定方法》GB/T 208—2014。

《水泥水化热测定方法》GB/T 12959—2008。

《水泥胶砂强度检验方法（ISO 法）》GB/T 17671—1999。

《混凝土结构设计规范》GB 50010—2011。

《普通混凝土拌合物性能试验方法标准》GB/T 50080—2016。

《普通混凝土力学性能试验方法标准》GB/T 50081—2002。

《普通混凝土长期性能和耐久性能试验方法标准》GB/T 50082—2009。

《普通混凝土用砂、石质量及检验方法标准》JGJ 52—2006。

《混凝土试验用搅拌机》JG/T 244—2009。

《水运工程混凝土试验规程》JTJ 270—1998。

第5章 砂 浆

5.1 拌合物

1. 概述

砂浆是由胶凝材料、细骨料、水以及必要时掺加的矿物掺合料、保水增稠材料和化学外加剂按一定比例配制而成的复合材料。建筑砂浆在工程中主要起粘结、衬垫和传力作用，从结构、保温到装饰应用广泛。随着建筑业的发展，由专业化生产企业生产的预拌砂浆因品种丰富、保水性好、质量稳定、环境友好等特点已成为继预拌混凝土之后对我国建筑业产生巨大影响的建筑材料之一。

在建筑工程中，砂浆往往和其他材料一起构成一个整体，如砌筑砂浆能将单个块材粘结在一起成为砌体，保温砂浆能涂抹在基体上形成保温体系。砂浆的可施工性主要取决于砂浆拌合物的性能，而砂浆拌合物的性能对砂浆硬化后的性能也有重要影响，因此砂浆拌合物性能是砂浆的重要性能之一。

2. 检测项目

砂浆拌合物的主要检测项目包括：稠度、表观密度、凝结时间、保水率、分层度。

3. 依据标准

《建筑砂浆基本性能试验方法标准》JGJ/T 70—2009。

4. 稠度

1）方法原理

通过砂浆稠度仪测量在规定时间内试锥沉入砂浆拌合物的深度来表示砂浆试样的稠度。

2）仪器设备

（1）砂浆稠度仪

砂浆稠度仪由试锥、容器和支座三部分组成。试锥由钢材或铜材制成，试锥高度为145mm，锥底直径为75mm，试锥连同滑杆的重量应为（300±2）g，盛载砂浆容器由钢板制成，筒高为180mm，锥底内径为150mm；支座分底座、支架及刻度显示三个部分，由铸铁、钢或其他金属制成，其外形如图5-1所示，其结构示意如图5-2所示。

图 5-1　砂浆稠度仪外形图

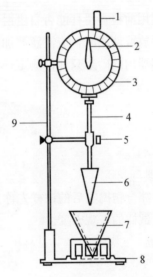

图 5-2　砂浆稠度仪示意图

1—齿条测杆；2—摆针；3—刻度盘；4—滑杆；
5—制动螺钉；6—试锥；7—盛装容器；8—底座；9—支架

（2）钢制捣棒

直径10mm、长350mm，端部磨圆。

（3）秒表

分度值不大于1s。

3）环境条件

试验室的温度应保持在（20±5）℃，需要模拟施工条件下所用的砂浆时，所用原材料的温度宜与施工现场保持一致。

4）试验步骤

（1）用少量润滑油轻擦滑杆，再将滑杆上多余的油用吸油纸擦净，使滑杆能自由滑动。

（2）用湿布擦净盛浆容器和试锥表面，将砂浆拌合物一次装入容器，使砂浆表面低于容器口约 10mm 左右。用捣棒自容器中心向边缘均匀地插捣 25 次，然后轻轻地将容器摇动或敲击 5～6 下，使砂浆表面平整，然后将容器置于稠度测定仪的底座上。

（3）拧松制动螺钉，向下移动滑杆，当试锥尖端与砂浆表面刚接触时，拧紧制动螺钉，使齿条侧杆下端刚接触滑杆上端，读出刻度盘上的读数，精确至 1mm。

（4）拧松制动螺钉，同时计时，10s 时立即拧紧螺钉，将齿条测杆下端接触滑杆上端，从刻度盘上读出下沉深度，精确至 1mm。

5）结果计算

二次读数的差值即为砂浆的稠度值；取两次试验结果的算术平均值，精确至 1mm，如两次试验值之差大于 10mm，应重新取样测定。

6）注意事项

（1）设备使用前检查滑杆能否自由滑动。

（2）试锥存放或使用时，应注意严加保护，不得碰伤标锥体的外锥面和锥体尖端。

（3）盛装容器内的砂浆只允许测定一次稠度，重复测定时应重新取样。

5. 表观密度

1）方法原理

通过对砂浆拌合物捣实后的试样先称重，然后量出体积，再用重量与体积相比得到单位体积质量表示试样的表观密度。

2）仪器设备

（1）容量筒

金属制成，内径 108mm、净高 109mm、筒壁厚 2mm、容积为 1L。

（2）天平

量程不宜大于 5kg，最小分度值不大于 5g。

（3）钢制捣棒

直径 10mm、长 350mm、端部磨圆。

（4）砂浆密度测定仪

砂浆密度测定仪外形如图 5-3 所示，结构尺寸示意如图 5-4 所示。

（5）振动台

振幅（0.5±0.05）mm，频率（50±3）Hz。

（6）秒表。

图 5-3　砂浆密度仪外形

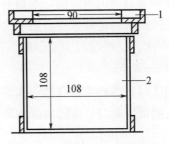

图 5-4　砂浆密度仪结构示意

1—漏斗；2—容量筒

3）环境条件

试验室的温度应保持在（20±5)℃，需要模拟施工条件下所用的砂浆时，所用原材料的温度宜与施工现场保持一致。

4）试验步骤

（1）按"4. 稠度"要求测定砂浆拌合物的稠度。

（2）用湿布擦净容量筒的内表面，称量容量筒质量，精确至 5g。

（3）捣实可采用手工或机械方法。当砂浆稠度大于 50mm 时，宜采用人工插捣法，当砂浆稠度不大于 50mm 时，宜采用机械振动法。

（4）捣实或振动后将筒口多余的砂浆拌合物刮去，使砂浆表面平整，然后将容量筒外壁擦净，称出砂浆与容量筒总质量，精确至 5g。

5）结果计算

砂浆拌合物的质量密度应按式（5-1）计算，精确至 $10kg/m^3$。

$$\rho = \frac{m_2 - m_1}{V} \times 1000 \qquad (5\text{-}1)$$

式中　ρ——砂浆拌合物的质量密度（kg/m^3）；

　　m_1——容量筒质量（kg）；

　　m_2——容量筒及试样质量（kg）；

　　V——容量筒容积（L）。

取两次试验结果的算术平均值。

6）容量筒容积校正

（1）选择一块能覆盖住容量筒顶面的玻璃板，称出玻璃板和容量筒的质量。

（2）向容量筒中灌入温度为（20±5)℃的饮用水，灌到接近上口时，一边不断加水，一边把玻璃板沿筒口徐徐推入盖严。玻璃板下不得存在气泡。

（3）擦净玻璃板面及筒壁外的水分，称量容量筒、水和玻璃板的质量，精确至 5g。后者与前者质量之差（以 kg 计）即为容量筒的容积（L）。

7）注意事项

（1）容量筒容积每次使用前要容积校正。

（2）用湿布擦净容量筒的内表面，不得有明水，再称量容量筒质量。

（3）采用人工插捣时，将砂浆拌合物一次装满容量筒，使稍有富余，用捣棒由边缘向中心均匀地插捣 25 次，插捣过程中如砂浆沉落到低于筒口，则应随时添加砂浆，再用木锤沿容器外壁敲击 5～6 下。

（4）采用振动法时，将砂浆拌合物一次装满容量筒连同漏斗在振动台上振 10s，振动过程中如砂浆沉入到低于筒口，应随时添加砂浆。

6. 分层度

1）方法原理

将砂浆装入分层度桶前，先测定砂浆的稠度，静止一定时间并去掉分层度桶上面三分之二的砂浆，再做一次稠度，用两次的稠度差来表示试样的分层度。

2）仪器设备

（1）砂浆分层度筒

内径为 150mm，上节高度为 200mm，下节带底净高为 100mm，用金属板制成，上、下层连接处需加宽到 3～5mm，并设有橡胶垫圈，其外形如图 5-5 所示，结构尺寸示意图如图 5-6 所示。

图 5-5　分层度测定仪外形

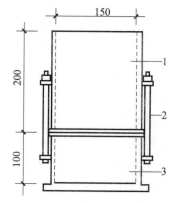

图 5-6　分层度测定仪结构尺寸示意图

1—无底圆筒；2—连接螺栓；3—有底圆筒

（2）振动台

振幅（0.5±0.05）mm，频率（50±3）Hz。

（3）砂浆稠度仪

同"4. 稠度"。

3）环境条件

试验室的温度应保持在（20±5)℃，需要模拟施工条件下所用的砂浆时，所用原材料的温度宜与施工现场保持一致。

4）试验步骤（标准法）

（1）首先将砂浆拌合物按"4. 稠度"要求测定稠度。

（2）将砂浆拌合物一次装入分层度筒内，待装满后，用木锤在容器周围距离大致相等的四个不同部位轻轻敲击 1～2 下，如砂浆沉落到低于筒口，则应随时添加，然后刮去多余的砂浆并用抹刀抹平。

（3）静置 30min 后，去掉上节 200mm 砂浆，剩余的 100mm 砂浆倒出放在拌合锅内拌 2min，再按"4. 稠度"要求测其稠度。前后测得的稠度之差即为该砂浆的分层度值（mm）。

5）试验步骤（快速法）

（1）按"4. 稠度"要求测定砂浆拌合物稠度。

（2）应将分层度筒预先固定在振动台上，砂浆一次装入分层度筒内，振动 20s。

（3）去掉上节 200mm 砂浆，剩余 100mm 砂浆倒出放在拌合锅内拌 2min，再按"4. 稠度"要求测定其稠度。

6）结果计算

上述测得的前后稠度之差即为该砂浆的分层度值；取两次试验结果的算术平均值作为该砂浆的分层度值，当两次分层度试验值之差如大于 10mm，应重新取样测定。

7）注意事项

（1）当发生争议时应以标准法为准。

（2）试验时用木锤在容器周围敲击时，用力要均匀，且用力不宜过大。

7. 保水性

1）方法原理

通过测定规定数量的标准滤纸析出标准试样中水的重量与标准砂浆试样中含水量的比值大小来反映试样的保水性。

2）仪器设备

（1）试模

金属或硬塑料圆环试模，内径 100mm、内部高度 25mm。

（2）容器

可密封的取样容器，应清洁、干燥。

（3）重物

2kg 的重物。

（4）金属滤网

网格尺寸 $45\mu m$，圆形，直径为（110 ± 1）mm。

（5）超白滤纸

中速定性滤纸，直径 110mm，单位面积 $200g/m^2$。

（6）不透水片

2 片金属或玻璃的方形或圆形不透水片，边长或直径大于 110mm。

（7）天平

量程为 200g，感量为 0.1g；量程为 2000g，感量应为 1g。

（8）烘箱

3）环境条件

试验室的温度应保持在（20 ± 5）℃，需要模拟施工条件下所用的砂浆时，所用原材料的温度宜与施工现场保持一致。

4）试验步骤

（1）称量下不透水片与干燥试模质量和 15 片中速定性滤纸质量。

（2）抹掉试模边的砂浆，称量试模、底部不透水片与砂浆总质量。

（3）用金属滤网覆盖在砂浆表面，再在滤网表面放上 15 片滤纸，用上部不透水片盖在滤纸表面，以 2kg 的重物把上部不透水片压住。

（4）静置 2min 后移走重物及上部不透水片，取出滤纸（不包括滤网），迅速称量滤纸质量。

（5）按照砂浆的配比及加水量计算砂浆的含水率，当无法计算时，可按照本节 6）条的规定测定砂浆含水率。

5）结果计算

砂浆保水性应按式（5-2）计算，精确至 0.1%。

$$W=\left[1-\frac{m_4-m_2}{\alpha\times(m_3-m_1)}\right]\times100\%\tag{5-2}$$

式中　W——保水率（%）；

　　　m_1——底部不透水片与干燥试模质量（g）；

　　　m_2——15 片滤纸吸水前的质量（g）；

　　　m_3——试模、底部不透水片与砂浆总质量（g）；

　　　m_4——15 片滤纸吸水后的质量（g）；

　　　α——砂浆含水率（%）。

取两次试验结果的算术平均值作为砂浆的含水率，且第二次试验应重新取样测定。当两个测定值之差超过 2% 时，此组试验结果应为无效。

6）砂浆含水率测定

测定砂浆含水率时，应称取（100 ± 10）g 砂浆拌合物试样，置于一干燥并已称重的盘中，在（105 ± 5）℃的烘箱中烘干至恒重。砂浆含水率应按式（5-3）计算，精确至 0.1%。

$$\alpha=\frac{m_6-m_5}{m_6}\times100\tag{5-3}$$

式中　α——砂浆含水率（%）；

　　　m_5——烘干后砂浆样本损失的质量（g）；

m_6——砂浆样本的总质量（g）。

取两次试验结果的算术平均值作为砂浆的含水率。当两个测定值之差超过 2％时，此组试验结果应为无效。

7）注意事项

（1）测定含水率时称量烘干后砂浆样本要烘干至恒重，至少测量三次质量不再变化为止。

（2）金属滤网应保持清洁、平整、无变形。

（3）将砂浆拌合物一次性填入试模，并用抹刀插捣数次，当填充砂浆略高于试模边缘时，用抹刀以 45°角一次性将试模表面多余的砂浆刮去，然后再用抹刀以较平的角度在试模表面反方向将砂浆刮平。

8. 凝结时间

1）方法原理

采用测量不同时间试针达到砂浆拌合物规定深度时的贯入阻力，然后用图示法或内插法求出达到规定贯入阻力值时的时间来表示试样的凝结时间。

2）仪器设备

（1）砂浆凝结时间测定仪

砂浆凝结时间测定仪由试针、容器、台秤和支座四部分组成，其外形如图 5-7 所示，结构示意如图 5-8 所示。试针由不锈钢制成，截面积为 $30mm^2$；盛砂浆容器由钢制成，内径 140mm，高 75mm；压力表的称量精度为 0.5N；支座分为底座、支架及操作杆三部分，由铸铁或钢制成。

图 5-7　砂浆凝结时间测定仪外形

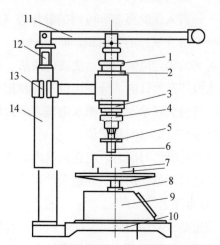

图 5-8　砂浆凝结时间测定仪结构示意

1—调距螺母；2—限位螺母；3—调位螺母；4—夹头；5—垫片；

6—试针；7—盛浆容器；8—调零螺母；9—压力表座；10—底座；

11—操作杆；12—调节杆；13—立架；14—立柱

（2）时钟

3）环境条件

试验室的温度应保持在（20±2）℃，需要模拟施工条件下所用的砂浆时，所用原材料的温度宜与施工现场保持一致。

4）试验步骤

（1）将制备好的砂浆拌合物装入砂浆容器内，并低于容器上口 10mm，轻轻敲击容器，并予以抹平，盖上盖子，放在规定试验条件下保存。

（2）砂浆表面的泌水不清除，将容器放到压力表圆盘上，调节调位螺母，使贯入试针与砂浆表面接触；松开限位螺母，再调节调距螺母，以确定压入砂浆内部的深度为 25mm 后再拧紧限位螺母；旋动调零螺母，使压力表指针调到零位。

（3）测定贯入阻力值，用截面为 30mm² 的贯入试针与砂浆表面接触，在 10s 内缓慢而均匀地垂直压入砂浆内部 25mm 深，每次贯入时记录仪表读数 N_P，贯入杆离开容器边缘或已贯入部位至少 12mm。

（4）在规定的试验条件下，实际贯入阻力值，在成型后 2h 开始测定，以后每隔半小时测定一次，至贯入阻力值达到 0.3MPa 后，改为每 15min 测定一次，直至贯入阻力值达到 0.7MPa 为止。

5）结果计算

砂浆贯入阻力值按式（5-4）计算，精确至 0.01MPa。

$$f_P = \frac{N_P}{A_P} \tag{5-4}$$

式中　　f_P——贯入阻力值（MPa）；

　　　　N_P——贯入深度至 25mm 时的静压力（N）；

　　　　A_P——贯入试针的截面积，即 30mm²。

凝结时间的确定可采用图示法或内插法，有争议时应以图示法为准。

从加水搅拌开始计时，分别记录时间和相应的贯入阻力值，根据试验所得各阶段的贯入阻力与时间的关系绘图，由图求出贯入阻力值达到 0.5MPa 的所需时间（min），此时时间值即为砂浆的凝结时间测定值。

测定砂浆的凝结时间时，应在同盘内取两个试样，以两个试验结果的算术平均值作为该砂浆的凝结时间值，两次试验结果的误差不应大于 30min，否则应重新测定。

6）注意事项

（1）测定砂浆凝结时间试验时，应在同盘内取两个试样。

（2）试验时砂浆容器内砂浆表面泌水不应清除。

（3）试验结束，须将压力表座，试针及垫片擦洗干净。压力表座勿受重压。

9. 相关标准

《试验用砂浆搅拌机》JG/T 3033—1996。

《化学分析滤纸》GB/T 1914—2007。

5.2　硬化砂浆

1. 概述

　　硬化后的砂浆应满足工程设计中有关结构安全、使用功能和寿命的要求，其对应的砂浆性能可分为力学性能和耐久性能。

　　抗压强度是砂浆最基本的力学性能，砂浆的强度等级以立方体抗压强度为分级依据，用"M"表示。普通砌筑砂浆分为 M5、M7.5、M10、M15、M20、M25 和 M30 共 7 个强度等级。影响砂浆耐久性的因素主要有地下水位及压力、温度和冻融、材料自身的收缩等。因此，抗压强度、抗渗性、抗冻性、收缩等是用于评定硬化后砂浆的重要性能指标。

2. 检测项目

　　硬化砂浆的检测项目主要包括：抗压强度、抗渗性、抗冻性、收缩。

3. 依据标准

　　《建筑砂浆基本性能试验方法标准》JGJ/T 70—2009。

4. 抗压强度

1）方法原理

将砂浆成型 70.7mm×70.7mm×70.7mm 立方体试件，在规定条件下进行抗压破型，根据相应的破坏荷载确定砂浆的抗压强度。

2）仪器设备

（1）压力试验机

精度为 1%，试件破坏荷载应不小于压力机量程的 20%，且不大于全量程的 80%。试验机上、下压板及试件之前可垫以钢垫板，垫板的尺寸应大于试件的承压面，其不平度应为每 100mm 不超过 0.02mm。

（2）振动台

振动台空载台面的垂直振幅应为（0.5±0.05）mm，空载频率应为（50±3）Hz，空载台面振幅均匀度不大于 10%，一次试验至少能固定（或用磁力吸盘）三个试模。

（3）试模

尺寸为 70.7mm×70.7mm×70.7mm 的带底试模，试模宜选用不低于 HT200 的铸铁，亦可选用 Q235 号钢或采用性能指标不低于 Q235 号钢的其他牌号钢或采用其他不吸水材料制作。试模结构应保证组装时试模侧板能正确定位整个试模，必须连接紧密紧固可靠，在振动成型时不得松动漏浆，应具有足够的刚度并拆装方便。试模的内表面应机械加工，其不平度应为每 100mm 不超过 0.05mm，组装后各相邻的不垂直度不应超过±0.5°。

（4）钢制捣棒

直径为 10mm，长为 350mm，端部应磨圆。

3）环境条件

拌合试验室的温度应保持在（20±5）℃，所用材料、试验设备、容器及辅助设备宜与试验室温度保持一致。

养护室环境温度为（20±2）℃，相对湿度为 90% 以上。

4）试样制备

（1）在试验室制备砂浆试样时，所用材料应提前 24h 运入室内。拌合时，试验室的温度应保持在（20±5）℃。当需要模拟施工条件下所用的砂浆时，所用原材料的温度宜与施工现场保持一致。

（2）试验所用原材料应与现场使用材料一致，砂应通过 4.75mm 筛。

（3）试验室掺拌制砂浆时，材料用量应以质量计。水泥、外加剂、掺合料等的称量精度应为±0.5%，细骨料的称量精度应为±1%。

（4）在试验室搅拌砂浆时应采用机械搅拌，搅拌机公称容量 15L，搅拌的用量宜为搅拌机容量的 30%～70%，搅拌时间不应少于 120s。掺有掺合料和外加剂的砂浆，其搅拌时间不应少于 180s。

（5）采用立方体试件，每组试件 3 个。

（6）采用黄油等密封材料涂抹试件的外接缝，试模内涂刷薄层机油或脱模剂，将拌制好的砂浆一次性装满砂浆试模。

（7）待表面水分稍干后将高出试模部分的砂浆沿试模顶面刮去并抹平。

5）试件养护

（1）试件制作后应在室温为（20±5)℃的环境下静置（24±2）h。当气温较低时可适当延长时间，但不应该超过两昼夜，然后对试件进行编号、拆模。

（2）试件拆模后应立即放入温度（20±2)℃，相对湿度为 90％以上的标准养护室中养护。

（3）养护期间，试件彼此间隔不小于 10mm，混合砂浆试件上面应覆盖以防有水滴在试件上。

6）试验步骤

（1）试件从养护地点取出后应及时进行试验。

（2）试验前将试件表面擦拭干净，测量尺寸，并检查其外观。并据此计算试件的承压面积，如实测尺寸与公称尺寸之差不超过 1mm，可按公称尺寸进行计算。

（3）将试件安放在试验机的下压板（或下垫板）上，试件的承压面应与成型时的顶面垂直，试件中心应与试件试验机的下压板（或下垫板）中心对准。

（4）开动试验机，当上压板（或上垫板）与试件接近时，调整球座，使接触面均衡受压。

（5）承压试验应连续而均匀的加荷，加荷速度应为每秒 0.25～1.5kN/s（砂浆强度不大于 2.5MPa 时，宜取下限），当试件接近破坏而开始迅速变形时，停止调整试验机油门，直至试件破坏，然后记录破坏荷载。

7）数据处理

砂浆立方体抗压强度应按式（5-5）计算，精确至 0.1MPa。

$$f_{m,cu} = \frac{N_u}{A} \times k \tag{5-5}$$

式中　$f_{m,cu}$——砂浆立方体试件抗压强度（MPa）；

　　　N_u——试件破坏荷载（N）；

　　　A——试件承压面积（mm^2）；

　　　k——换算系数，取 1.35。

以三个试件测值的算术平均值为该组试件的砂浆立方体试件抗压强度平均值，精确至 0.1MPa。

当三个测值的最大值或最小值与中间值的差值超过中间值的 15％时，则把最大值及最小值一并舍除，取中间值作为该组试件的抗压强度值；如有两个测值与中间值的差值均超过中间值的 15％时，则该组试件的试验结果无效。

8）注意事项

（1）当稠度≥50mm时宜采用人工振捣成型，当稠度<50mm时宜采用振动台振实成型。

（2）人工振捣时用捣棒均匀地由边缘向中心按螺旋方式插捣25次，插捣过程中如砂浆沉落低于试模口，应随时添加砂浆，可用油灰刀插捣数次，并用手将试模一边抬高5～10mm，各振动5次，使砂浆高出试模顶面6～8mm。

（3）机械振动时将砂浆一次装满试模，放置到振动台上，振动时试模不得跳动，振动5～10s或持续到表面出浆为止，不得过振。

5. 抗渗性能

1）方法原理

将砂浆成型规定的抗渗试件，在规定条件下进行抗水渗透试验，根据相应的渗透压力确定砂浆的抗渗性能。

2）仪器设备

（1）砂浆渗透仪，由机架试模、水泵、压力容器、控制阀压力表和电气控制等装置部分组成。其外形如图5-9所示。

（2）金属试模

上口直径70mm，下口直径80mm，高30mm的截头圆锥带底金属试模，其外形如图5-10所示。

图5-9 砂浆渗透仪外形　　　　　图5-10 砂浆金属试模外形

3）环境条件

同"4. 抗压强度"。

4）试验步骤

（1）应将拌合好的砂浆一次装入试模中，并用抹灰刀均匀插捣15次，再颠实5次，当填充砂浆略高于试模边缘时，应用抹刀以45°角一次性将试模表面多余的砂浆刮去，然后再用抹刀以较平的角度在试模表面反方向将砂浆刮平，应成型6个试件。

（2）试件成型后，应在室温（20±5）℃的环境下，静置（24±2）h 后再脱模。试件脱模后，应放入温度（20±20）℃、湿度 90％以上的养护室养护至规定龄期。试件取出待表面干燥后，应采用密封材料密封装入砂浆渗透仪中进行抗渗试验。

（3）抗渗试验时，应从 0.2MPa 开始加压，恒压 2h 后增至 0.3MPa，以后每隔 1h 增加 0.1MPa。当 6 个试件中有 3 个试件表面出现渗水现象时，应停止试验，记下当时水压。

5）结果计算

砂浆抗渗压力值应以每组 6 个试件中 4 个试件未出现渗的最大压力计，并应按式（5-6）计算。

$$P = H - 0.1 \tag{5-6}$$

式中　P——砂浆抗渗压力值（MPa）；

　　　H——6 个试件中 3 个渗水时的水压力（MPa）。

6）注意事项

（1）试验前仔细检查各连接部分和管接头处是否松动和漏水。

（2）向蓄水罐内注水时，应将阀门全部打开，使水注满各部，试模内壁应充满水使空气排除后安装试模。

（3）在试验过程中，当发现水从试件周边渗出时，应停止试验，重新密封后再继续试验。

6. 抗冻性能

1）方法原理

对砂浆试件在负温环境中冻结，温水中溶解后，通过测定强度和质量损失百分比来表示试样的抗冻性能。

2）仪器设备

（1）冷冻箱（室）

箱（室）内的温度保持在−20～15℃。

（2）篮框

用钢筋焊成，其尺寸与所装试件的尺寸相适应。

（3）天平或案秤

量程不宜大于 2kg，最小分度值不大于 1g。

（4）溶解水槽

装入试件后能使水温保持在 15～20℃。

（5）压力试验机

精度应为 1％，量程应不小于压力机量程的 20％，且不应大于全量程的 80％。

3）环境条件

同 "4. 抗压强度"。

4）试件制作与养护

（1）砂浆抗冻试件应采用 70.7mm×70.7mm×70.7mm 的立方体试件，并应制备两组、每组 3 块，分别作为抗冻和与抗冻试件同龄期的对比抗压强度检验试件。

（2）砂浆试件的制作与养护方法应符合砂浆抗压强度试验的规定。

5）试验步骤

（1）当无特殊要求时，试件应在 28d 龄期进行冻融试验。试验前两天，应把冻融试件和对比试件从养护室取出，进行外观检查并记录其原始状况，随后放入 15~20℃的水中浸泡，浸泡的水面应至少高出试件顶面 20mm，冻融试件应在浸泡两天后取出，并用拧干的湿毛巾轻轻擦去表面水分，然后对冻融试件进行编号，称其质量。冻融试件置入篮框进行冻融试验，对比试件则放回标准养护室中继续养护，直到完成冻融循环后，与冻融试件同时试压。

（2）冷冻箱（室）内的温度均应以其中心温度为准。试件冻结温度应控制在 -20~-15℃。当冷冻箱（室）内温度低于 -15℃时，试件方可放入。如试件放入之后，温度高于 -15℃时，则应以温度重新降至 -15℃时计算试件的冻结时间。从装完试件至温度重新降至 -15℃的时间不应超过 2h。

（3）每次冻结时间应为 4h，冻结完成后应立即取出试件，并应立即放入能使水温保持在 15~20℃的水槽中进行溶化。槽中水面应至少高出试件表面 20mm，试件在水中溶化的时间不应小于 4h。溶化完毕即为一次冻融循环。取出试件，送入冻冷箱（室）进行下一次循环试验，依次连续进行直至设计规定次数或试件破坏为止。

（4）冻融试验结束后，将冻融试件从水槽取出，用拧干的湿布轻轻擦去试件表面水分，然后称其质量。对比试件应提前两天浸水。

（5）应将冻融试件与对比试件同时进行抗压强度试验。

6）结果计算

砂浆试件冻融后的强度损失率应按式（5-7）计算，精确至 1%。

$$\Delta f_{\mathrm{m}} = \frac{f_{\mathrm{m1}} - f_{\mathrm{m2}}}{f_{\mathrm{m1}}} \times 100\% \qquad (5\text{-}7)$$

式中　Δf_{m}——n 次冻融循环后的砂浆强度损失率（%）；

　　　f_{m1}——对比试件的抗压强度平均值（MPa）；

　　　f_{m2}——经 n 次冻融循环后的 3 块试件抗压强度的算术平均值（MPa）。

砂浆试件冻融后的质量损失率应按式（5-8）计算，精确至 1%。

$$\Delta m_{\mathrm{m}} = \frac{m_0 - m_{\mathrm{n}}}{m_0} \times 100\% \qquad (5\text{-}8)$$

式中　Δm_{m}——n 次冻融循环后的质量损失率，以 3 块试件的算术平均值计算（%）；

　　　m_0——冻融循环试验前的试件质量（g）；

　　　m_{n}——n 次冻融循环后的试件质量（g）。

当冻融试件的抗压强度损失率不大于 25%，且质量损失率不大于 5%时，则该组砂浆试块在相应标准要求的冻融循环次数下，抗冻性能可判为合格，否则应判为不合格。

7) 注意事项

(1) 冻或融时，篮框与容器底面或地面须架高 20mm，篮框内各试件之间应至少保持 50mm 的间距。

(2) 对比试件在浸泡后要放回标准养护室中继续养护。

(3) 每五次循环，应进行一次外观检查，并记录试件的破坏情况；当该组试件有 2 块出现明显分层、裂开、贯通缝等破坏时，该组试件的抗冻性能试验应终止。

7. 收缩

1) 方法原理

通过立式砂浆收缩仪测定砂浆试件在规定的温湿度条件下，不受外力作用而引起的长度变化表示试样的收缩。

2) 仪器设备

(1) 立式砂浆收缩仪

标准杆长度为 (176±1) mm，测量精度应为 0.01mm，其外形示意如图 5-11 所示。

(2) 收缩头

黄铜或不锈钢加工而成，其外形示意如图 5-12 所示。

(3) 试模

尺寸为 40mm×40mm×160mm 棱柱体，且在试模的两个端面中心，应各开一个 $\phi6.5$mm 的孔洞。

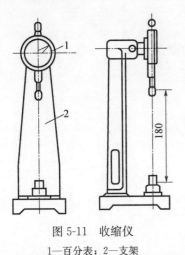

图 5-11　收缩仪

1—百分表；2—支架

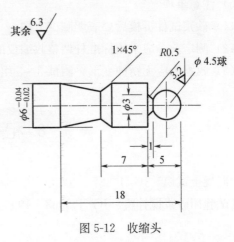

图 5-12　收缩头

3) 环境条件

预养室温度 (20±5)℃；养护环境温度为 (20±2)℃，相对湿度为 90% 以上。

4）试验步骤

（1）将收缩头固定在试模两端面的孔洞中，使收缩头露出试件端面（8±1）mm。

（2）应将拌合好的砂浆装入试模中，再用水泥胶砂振动台振动密实，然后置于（20±5）℃的室内，4h之后将砂浆表面抹平，砂浆应带模在标准养护条件［温度为（20±2）℃，相对湿度为90％以上］下养护7d后，方可拆模，并编号，标明测试方向。

（3）应将试件移入温度（20±2）℃，相对湿度（60±5）％的试验室中预置4h，方可按标明的测试方向立即测定试件的初始长度。

（4）测定初始长度后，应将砂浆试件置于温度（20±2）℃、相对湿度为（60±5）％的室内，然后第7d、14d、21d、28d、56d、90d分别测定试件的长度，即为自然干燥后长度。

5）结果计算

砂浆自然干燥收缩值应按式（5-9）计算。

$$\varepsilon_{at}=\frac{L_0-L_t}{L-L_d} \tag{5-9}$$

式中　ε_{at}——相应为 t（7d、14d、21d、28d、56d、90d）时的自然干燥收缩值；

　　　L_0——试件成型后7d的长度即初始长度（mm）；

　　　L——试件的长度160mm；

　　　L_d——两个收缩头埋入砂浆中长度之和，即（20±2）mm；

　　　L_t——相应为 t（7d、14d、21、28、56、90d）时试件的实测长度（mm）。

应取三个试件测值的算术平均值作为干燥收缩值。当一个值与平均值偏差大于20％时，应剔除；当有两个值超过20％时，该组试件结果应无效。每块试件的干燥收缩值应取两位有效数字，精确至 10×10^{-6}。

6）注意事项

（1）砂浆试件拆模后要表明测试方向。

（2）测定前，应采用标准杆调整收缩仪的百分表的原点。

（3）收缩头应无锈蚀变形，测试3～5组后应更换。

8. 相关标准

《混凝土试模》JG/T 237—2008。

《试验用砂浆搅拌机》JG/T 3033—1996。

5.3 配合比

1. 概述

砂浆是由胶凝材料、细骨料、水以及必要时掺加的矿物掺合料、保水增稠材料和化学外加剂按一定比例配制而成的复合材料。砂浆配合比即单位体积中各组成材料的用量和比例关系，配合比设计即确定配合比的计算和试验过程。

砂浆配合比设计不仅需要满足结构设计的要求，还需要考虑各组成材料的性能、施工工艺、环境条件等因素，此外还应具有较好的经济性。随着预拌砂浆技术的进步以及新型掺合料、保水增稠材料的发展，砂浆的品种和功能也更加丰富，对配合比设计也提出更高的要求。

2. 依据标准

《砌筑砂浆配合比设计规程》JG/T 98—2010。

3. 材料要求

（1）砌筑砂浆所用原材料不应对人体、生物与环境造成有害的影响，并应符合现行国家标准的规定。

（2）水泥：采用通用硅酸盐水泥或砌筑水泥。水泥强度等级应根据砂浆品种及强度等级的要求进行选择。M15 及以下强度等级的砌筑砂浆宜选用 32.5 级的通用硅酸盐水泥；M15 以上强度等级的砌筑砂浆宜选用 42.5 级的通用硅酸盐水泥。

（3）砂：宜选用中砂，并应符合现行行业标准的规定，且应全部通过 4.75mm 的筛孔。

（4）生石灰熟化成石灰膏时，应用孔径不大于 3mm×3mm 的网过滤，熟化时间不得少于 7d，磨细生石灰粉的熟化时间不得少于 2d，沉淀池中储存的石灰膏，应采取防止干燥、冻结和污染的措施。严禁使用脱水硬化的石灰膏；制作电石膏的电石渣应用孔径不大于 3mm×3mm 的网过滤，检验时应加热至 70℃后至少保持 20min，并应待乙炔挥发完后再使用；消石灰粉不得直接用于砌筑砂浆中。

（5）石灰膏、电石膏试配时的稠度，应为（120±5）mm。

（6）粉煤灰、粒化高炉矿渣粉、硅灰、天然沸石粉应分别符合国家现行标准的规定。当采用其他品种矿物掺合料时，应有可靠的技术依据，并应在使用前进行试验验证。

（7）采用保水增稠材料时，应在使用前进行试验验证，并应有完整的型式检验报告。

（8）外加剂应符合国家现行有关标准的规定，引气型外加剂应有完整的型式检验报告。

（9）拌制砂浆用水应符合现行行业标准的规定。

4. 技术条件

（1）水泥砂浆及预拌砌筑砂浆的强度等级可分为 M5、M7.5、M10、M15、M20、M25、M30；水泥混合砂浆的强度等级可分为 M5、M7.5、M10、M15。

（2）砌筑砂浆拌合物的表观密度宜符合表 5-1 的规定。

表 5-1　砌筑砂浆拌合物的表观密度

砂浆种类	表观密度（kg/m³）
水泥砂浆	≥1900
水泥混合砂浆	≥1800
预拌砌筑砂浆	≥1800

（3）砌筑砂浆的稠度、保水率、试配抗压强度应同时满足要求。

（4）砌筑砂浆施工时的稠度宜按表 5-2 选用。

表 5-2　砌筑砂浆的施工稠度

砌体种类	施工稠度（mm）
烧结普通砖砌体、粉煤灰砖砌体	70~90
混凝土砖砌体、普通混凝土小型空心砌块砌体、灰砂砖砌体	50~70
烧结多孔砖砌体、烧结空心砖砌体、轻骨料混凝土小型空心砌块砌体、蒸压加气混凝土砌块砌体	60~80
石砌体	30~50

（5）砌筑砂浆的保水率应符合表 5-3 的规定。

表 5-3　砌筑砂浆的保水率

砂浆种类	保水率（%）
水泥砂浆	≥80
水泥混合砂浆	≥84
预拌砌筑砂浆	≥88

（6）有抗冻性要求的砌体工程，砌筑砂浆应进行冻融试验。砌筑砂浆的抗冻性应符合表 5-4 的规定，且当设计对抗冻性有明确要求时，尚应符合设计规定。

表 5-4　砌筑砂浆的抗冻性

使用条件	抗冻指标	质量损失率（%）	强度损失率（%）
夏热冬暖地区	F15		
夏热冬冷地区	F25		
寒冷地区	F35	≤5	≤25
严寒地区	F50		

（7）砌筑砂浆中的水泥和石灰膏、电石膏等材料的用量应按表 5-5 选用。

表 5-5　砌筑砂浆的材料用量

砂浆种类	材料用量（kg/m³）
水泥砂浆	≥200
水泥混合砂浆	≥350
预拌砌筑砂浆	≥200

注：1. 水泥砂浆中的材料用量是指水泥用量。

　　2. 水泥混合砂浆中的材料用量是指水泥和石灰膏、电石膏的材料总量。

　　3. 预拌砌筑砂浆中的材料用量是指胶凝材料用量，包括水泥和替代水泥的粉煤灰等活性矿物掺合料。

（8）砌筑砂浆中可掺入保水增稠材料、外加剂等，掺量应经试配后确定。

（9）砌筑砂浆试配时应采用机械搅拌。搅拌时间应自开始加水算起，并应符合下列规定：

对水泥砂浆和水泥混合砂浆，搅拌时间不得少于 120s，对预拌砌筑砂浆和掺有粉煤灰、外加剂、保水增稠材料等的砂浆，搅拌时间不得少于 180s。

5. 确定试配强度

砂浆的试配强度应按式（5-10）计算，精确至 0.1MPa。

$$f_{m,0} = k f_2 \qquad (5\text{-}10)$$

式中　$f_{m,0}$——砂浆的试配强度（MPa）；

　　　f_2——砂浆强度等级值（MPa）；

　　　k——系数，按表 5-6 取值。

表 5-6　砂浆强度标准差 σ 及 k 值

强度等级 施工水平	强度标准差 σ（MPa）							k
	M5	M7.5	M10	M15	M20	M25	M30	
优良	1.00	1.50	2.00	3.00	4.00	5.00	6.00	1.15
一般	1.25	1.88	2.50	3.75	5.00	6.25	7.50	1.20
较差	1.50	2.25	3.00	4.50	6.00	7.50	9.00	1.25

6. 确定标准差

砂浆强度标准差的确定应符合下列规定。

（1）当有统计资料时，砂浆强度标准差应按式（5-11）计算。

$$\sigma = \sqrt{\dfrac{\sum\limits_{i=1}^{n} f_{m,1}^2 - n\mu_{f_m}^2}{n-1}} \tag{5-11}$$

式中　$f_{m,1}$——统计周期内同一品种砂浆第 i 组试件的强度（MPa）；

　　　μ_{f_m}——统计周期内同一品种砂浆 n 组试件强度的平均值（MPa）；

　　　n——统计周期内同一品种砂浆试件的总组数，$n \geqslant 25$。

（2）当无统计资料时，砂浆强度标准差可按表 5-6 取值。

7. 计算水泥用量

（1）每立方米砂浆中的水泥用量，应按式（5-12）计算，精确至 1kg。

$$Q_c = 1000 \left(f_{m,0} - \beta \right) / \left(\alpha \cdot f_{ce} \right) \tag{5-12}$$

式中　Q_c——每立方米砂浆的水泥用量（kg）；

　　　f_{ce}——水泥的实测强度（MPa）；

　　　α、β——砂浆的特征系数，其中 α 取 3.03，β 取 -15.09。

注：各地区也可用本地区试验资料确定 α、β 值，统计用的试验组数不得少于 30 组。

（2）在无法取得水泥的实测强度值时，可按式（5-13）计算。

$$f_{ce} = \gamma_c \cdot f_{ce,k} \tag{5-13}$$

式中　$f_{ce,k}$——水泥强度等级值（MPa）；

　　　γ_c——水泥强度等级值的富余系数，宜按实际统计资料确定；无统计资料时可取 1.0。

8. 计算石灰膏用量

石灰膏用量应按式（5-14）计算，精确至 1kg。

$$Q_D = Q_A - Q_c \tag{5-14}$$

式中 Q_D——每立方米砂浆的石灰膏用量（kg），石灰膏使用时的稠度宜为（120±5）mm；

Q_c——每立方米砂浆的水泥用量（kg），应精确至 1kg；

Q_A——每立方米砂浆中水泥和石灰膏的总量应精确至 1kg，可为 350kg。

9. 确定砂用量

每立方米砂浆中的砂用量，应按干燥状态（含水率小于 0.5%）的堆积密度值作为计算值（kg）。

10. 确定用水量

每立方米砂浆中的用水量，可根据砂浆稠度等要求选用 210～310kg。混合砂浆中的用水量，不包括石灰膏中的水；当采用细砂或粗砂时，用水量分别取上限或下限；当稠度小于 70mm 时，用水量可小于下限；施工现场气候炎热或干燥季节，可酌情增加用水量。

11. 现场水泥砂浆要求

（1）水泥砂浆的材料用量可按表 5-7 选用。

表 5-7　每立方米水泥砂浆材料用量　　　　　　　　　　单位：kg/m³

强度等级	水泥	砂	用水量
M5	200～230		
M7.5	230～260		
M10	260～290	砂的堆积密度值	270～330
M15	290～330		
M20	340～400		

续表

强度等级	水泥	砂	用水量
M25	360～410	砂的堆积密度值	270～330
M30	430～480		

注：1. M15 及 M15 以下强度等级水泥砂浆，水泥强度等级为 32.5 级；M15 以上强度等级水泥砂浆，水泥强度等级为 42.5 级。

2. 当采用细砂或粗砂时，用水量分别取上限或下限。

3. 稠度小于 70mm 时，用水量可小于下限。

4. 施工现场气候炎热或干燥季节，可酌情增加用水量。

5. 试配强度应按本规程式（5-10）计算。

（2）水泥粉煤灰砂浆材料用量可按表 5-8 选用。

表 5-8　水泥粉煤灰砂浆材料用量　　　　　　单位：kg/m³

强度等级	水泥和粉煤灰总量	粉煤灰	砂	用水量
M5	210～240			
M7.5	240～270	粉煤灰掺量可占胶凝材料总量的 15％～25％	砂的堆积密度值	270～330
M10	270～300			
M15	300～330			

注：1. 表中水泥强度等级为 32.5 级。

2. 当采用细砂或粗砂时，用水量分别取上限或下限。

3. 稠度小于 70mm 时，用水量可小于下限。

4. 施工现场气候炎热或干燥季节，可酌情增加用水量。

5. 试配强度应按本规程式（5-10）计算。

12. 预拌砌筑砂浆要求

（1）在确定湿拌砌筑砂浆稠度时应考虑砂浆在运输和储存过程中的稠度损失。

（2）湿拌砌筑砂浆应根据凝结时间要求确定外加剂掺量。

（3）干混砌筑砂浆应明确拌制时的加水量范围。

（4）预拌砌筑砂浆的搅拌、运输、储存等应符合现行行业标准的规定。

（5）预拌砌筑砂浆性能应符合现行行业标准的规定。

（6）预拌砌筑砂浆生产前应进行试配，试配强度应按标准计算确定，试配时稠度取 70～80mm。

（7）预拌砌筑砂浆中可掺入保水增稠材料、外加剂等，掺量应经试配后确定。

13. 试配

（1）砌筑砂浆试配时应考虑工程实际要求，搅拌应按标准规定。

（2）按计算或查表所得配合比进行试拌时，应按现行行业标准测定砌筑砂浆拌合物的稠度和保水率。当稠度和保水率不能满足要求时，应调整材料用量，直到符合要求为止，然后确定为试配时的砂浆基准配合比。

（3）试配时至少应采用三个不同的配合比，其中一个配合比应为按本规程得出的基准配合比，其余两个配合比的水泥用量应按基准配合比分别增加及减少10%。在保证稠度、保水率合格的条件下，可将用水量、石灰膏、保水增稠材料或粉煤灰等活性掺合料用量作相应调整。

（4）砌筑砂浆试配时稠度应满足施工要求，并应按现行行业标准分别测定不同配合比砂浆的表观密度及强度；并应选定符合试配强度及和易性要求、水泥用量最低的配合比作为砂浆的试配配合比。

14. 调整与确定

（1）应根据标准确定的砂浆配合比材料用量，按式（5-15）计算砂浆的理论表观密度值：

$$\rho_t = Q_c + Q_D + Q_s + Q_w \tag{5-15}$$

式中　ρ_t——砂浆的理论表观密度值（kg/m³），精确至10kg/m³。

（2）应按式（5-16）计算砂浆配合比校正系数δ：

$$\delta = \rho_c / \rho_t \tag{5-16}$$

式中　ρ_c——砂浆的理论表观密度值（kg/m³），精确至10kg/m³。

（3）当砂浆的实测表观密度值与理论表观密度值之差的绝对值不超过理论值的2%时，可将按标准得出的试配配合比确定为砂浆设计配合比；当超过2%时，应将试配配合比中每项材料用量均乘以校正系数（δ）后，确定为砂浆设计配合比。

15. 相关标准

《用于水泥和混凝土中的粉煤灰》GB/T 1596—2017。

《用于水泥、砂浆和混凝土中的粒化高炉矿渣粉》GB/T 18046—2017。

《高强高性能混凝土用矿物外加剂》GB/T 18736—2017。

《混凝土用水标准》JGJ 63—2006。

《建筑砂浆基本性能试验方法标准》JGJ/T 70—2009。

《天然沸石粉在混凝土与砂浆中应用技术规程》JGJ/T 112—1997。

第6章 外加剂

6.1 物理力学性能

1. 概述

混凝土外加剂是混凝土中除胶凝材料、骨料、水和纤维组分外，在混凝土拌制之前或拌制过程中加入的，用以改善混凝土性能的材料，其掺量一般不大于5%。随着预拌混凝土的普及以及各类工程对混凝土各项性能要求的不断提高，在混凝土中掺加外加剂已成为现代混凝土不可或缺的一种技术手段。混凝土外加剂按其主要使用功能可分为改善拌合物流变性能的，如泵送剂、减水剂；调节凝结时间和硬化过程的，如缓凝剂、速凝剂；改善耐久性的，如引气剂、阻锈剂；改善其他性能的，如膨胀剂、防冻剂等。

检测外加剂的使用功能必然离不开混凝土或砂浆，外加剂的各项功能需要通过基准混凝土、受检混凝土和基准砂浆、受检砂浆相关性能的差异来体现。因此，与混凝土类似，外加剂的检测项目也大致分为拌合物性能、硬化后性能以及耐久性能三部分。

2. 检测项目

外加剂物理力学性能的主要检测项目包括：减水率、凝结时间差、含气量1h经时变化量、坍落度1h经时变化量、泌水率比、抗压强度比、相对耐久性、强度损失率比（50次冻融）、收缩率比、透水压力比、渗透高度比、限制膨胀率。

3. 依据标准

《混凝土外加剂》GB 8076—2008。

《混凝土外加剂匀质性试验方法》GB/T 8077—2012。

《混凝土防冻泵送剂》JG/T 377—2012。

《砂浆、混凝土防水剂》JC/T 474—2008。

《混凝土膨胀剂》GB/T 23439—2017。

4. 减水率

1）方法原理

分别测定基准混凝土和掺外加剂的受检混凝土拌合物的坍落度，当两者基本相同时，以基准混凝土与受检混凝土单位用水量之差与基准混凝土单位用水量之比（百分数）来表示受检外加剂的减水率。

2）仪器设备

同第 4 章第 4.1 节"4. 坍落度"。

3）原材料及配合比

（1）原材料

水泥采用外加剂检验专用的基准水泥。基准水泥由硅酸盐水泥熟料与二水石膏共同粉磨而成的强度等级为 42.5 的 P·I 型硅酸水泥，其熟料中铝酸三钙（C_3A）含量 6%～8%，硅酸三钙（C_3S）含量 55%～60%，游离氧化钙（f-CaO）含量不超过 1.2%，碱（$Na_2O+0.658K_2O$）含量不超过 1.0%，水泥的比表面积（350±10）m^2/kg。

砂采用符合 GB/T 14684 中 II 区要求的中砂，细度模数为 2.6～2.9，含泥量小于 1%。

石子采用符合 GB/T 14685 中公称粒径为 5～20mm 的碎石或卵石，采用二级配，其中 5～10mm 占 40%，10～20mm 占 60%，满足连续级配要求，针片状颗粒含量小于 10%，空隙率小于 47%，含泥量小于 0.5%。如有争议时，以碎石试验结果为准。

水应符合 JGJ 63 混凝土用水的技术要求。

（2）配合比

掺高性能减水剂或泵送剂的基准混凝土和受检混凝土的单位水泥用量为 360kg/m^3；掺其他外加剂的基准混凝土和受检混凝土单位水泥用量为 330kg/m^3。

掺高性能减水剂或泵送剂的基准混凝土和受检混凝土的砂率均为 43%～47%；掺其他外加剂的基准混凝土和受检混凝土的砂率均为 36%～40%；但掺引气减水剂或引气剂的受检混凝土的砂率应比基准混凝土的砂率低 1%～3%。

外加剂采用生产厂家推荐的掺量。

掺高性能减水剂或泵送剂的基准混凝土和受检混凝土的坍落度控制在（210±10）mm，用水量为坍落度在（210±10）mm 时的最小用水量；掺其他外加剂的基准混凝土和受检混凝土的坍落度控制在（80±10）mm。

4）环境条件

试验室温度应保持在（20±3）℃，相对湿度不宜小于 50%，所用材料、试验设备、容器及辅助设备宜与试验室温度保持一致。

5）试验步骤

（1）按前述配合比要求称量拌合用料，拌合量应在 20～45L 之间，采用 60L 单卧轴式强制搅拌机进行搅拌。外加剂为粉状时，将水泥、砂、石、外加剂一次投入搅拌机，先干拌均匀后再加入拌合水，一起搅拌 2min；外加剂为液体时，将水泥、砂、石一次投入搅拌机，干拌均匀后再加入掺有外加剂的拌合水，一起搅拌 2min。

（2）出料后，在铁板上用人工翻拌至均匀。

（3）按第 4 章 4.1 节 "4. 坍落度" 要求分别测定基准混凝土和受检混凝土的坍落度。如两者的坍落度符合相应范围要求时，根据拌合用水量计算各自的单位用水量，否则应调整拌合用水量，直至坍落度符合要求为止。

6）结果计算

减水率按式（6-1）计算，应精确到 0.1%。

$$W_R = \frac{W_0 - W_1}{W_0} \times 100 \tag{6-1}$$

式中　W_R——减水率（%）；

W_0——基准混凝土单位用水量（kg/m³）；

W_1——受检混凝土单位用水量（kg/m³）。

减水率以 3 批试验的算术平均值计，精确到 1%。若 3 批试验的最大值或最小值中有 1 个与中间值之差超过中间值 15% 时，把最大值与最小值舍去，取中间值为该组试验的减水率。若有 2 个测值与中间值之差均超过 15% 时，则该批试验结果无效，应重新试验。

7）注意事项

（1）用水量包括液体外加剂、砂、石材料中所含的水量。

（2）基准混凝土和受检混凝土所用原材料应相同，骨料含水量一致。

（3）当基准混凝土和受检混凝土的坍落度测量时未达到控制范围时，不宜多次加水搅拌调整。

5. 凝结时间差

1）方法原理

按规定配合比拌制基准混凝土和掺外加剂的受检混凝土，使两者拌合物的坍落度基本相同，分别测定基准混凝土与受检混凝土的凝结时间，其差值即为凝结时间差。

2）仪器设备

同第 4 章第 4.1 节"6. 凝结时间"。

3）原材料及配合比

同"4. 减水率"。

4）环境条件

试验室温度应保持在（20±2）℃，相对湿度不宜小于 50％。

5）试验步骤

（1）按"4. 减水率"要求拌制基准混凝土和受检混凝土的拌合物，并使其坍落度符合相应范围要求。

（2）将混凝土拌合物用 5mm 振动筛（圆孔筛）筛出砂浆，拌匀后装入上口内径 160mm、下口内径 150mm、净高 150mm 的刚性不渗水的金属圆筒，砂浆表面应略低于筒口约 10mm，用振动台振实 3～5s，之后加盖于（20±2）℃的环境中静置。

（3）基准混凝土一般在成型后 3～4h 开始测试，掺早强剂的在成型后 1～2h、掺缓凝剂的在成型后 4～6h 开始测试；以后每隔 0.5h 或 1h 测试 1 次，但在临近初凝、终凝时可以缩短测试间隔。

（4）测试时，将砂浆试样筒置于贯入阻力仪上，测针端部与砂浆表面接触，然后在（10±2）s 内均匀地使测针贯入砂浆（25±2）mm 深。记录最大净压力，精确至 10N，同时记录测试时间，精确至 1min。

（5）测试初凝时使用面积 100mm² 的试针，测试终凝时使用面积 20mm² 的试针。每次测点应距之前的测点不小于 2 倍试针直径且不小于 15mm，试针与容器边缘的距离不小于 25mm。

6）结果计算

贯入阻力值按式（6-2）计算。

$$R = \frac{P}{A} \tag{6-2}$$

式中　R——贯入阻力值（MPa）；

　　　P——贯入深度达 25mm 时的净压力（N）；

　　　A——试针的截面积（mm²）。

以贯入阻力值为纵坐标，测试时间为横坐标（测试时间从水泥与水接触时开始计算），绘制贯入阻力值与时间关系曲线，求出贯入阻力值达 3.5MPa 时对应的时间作为初凝时间；贯入阻力达 28MPa 时对应的时间作为终凝时间。

凝结时间差按式（6-3）计算。

$$\Delta T = T_t - T_c \tag{6-3}$$

式中　ΔT——凝结时间之差（min）；

　　　T_t——受检混凝土的初凝或终凝时间（min）；

T_c——基准混凝土的初凝或终凝时间（min）。

每批混凝土拌合物取 1 个试样测试凝结时间，共取 3 个试样的平均值。若 3 批试验的最大值或最小值之中有 1 个与中间值之差超过 30min，则取 3 个值的中间值作为试验结果，若有 2 个测值与中间值之差均超过 30min，结果无效，应重新试验。基准混凝土和受检混凝土的初凝时间和终凝时间均以 min 表示，修约到 5min；凝结时间差以 min 表示，修约到 5min。

7）注意事项

（1）环境温度对混凝土拌合物的凝结时间有显著影响，试验期间应防止环境温度的波动。

（2）如测试期间试样表面有泌水现象，应在每次贯入试验前用吸管等工具将泌水吸去。

6. 含气量 1h 经时变化量

1）方法原理

分别测试掺外加剂的受检混凝土拌合物在出料后以及静置 1h 时的含气量，以两者之差表示拌合物保持含气量的能力。

2）仪器设备

同第 4 章第 4.1 节"10. 含气量"。

3）原材料及配合比

同"4. 减水率"。

4）环境条件

试验室温度应保持在（20±3）℃，相对湿度不宜小于 50%，所用材料、试验设备、容器及辅助设备宜与试验室温度保持一致。

5）试验步骤

（1）按第 4 章 4.1 节"10. 含气量"要求测试受检混凝土拌合物的初始含气量。

（2）将拌合物装入经湿布擦拭的试样筒内，加盖静置至 1h（从加水搅拌时开始计算）。

（3）从试样筒中倒出拌合物，在铁板上用铁锹翻拌至均匀，再测试其含气量。

6）结果计算

含气量 1h 经时变化量按式（6-4）计算，精确到 0.1%。

$$\Delta A = A_0 - A_{1h} \qquad (6-4)$$

式中　ΔA——含气量的 1h 经时变化量（%）；

A_0——出机后测得的含气量（%）；

A_{1h}——1h 后测得的含气量（%）。

每批混凝土拌合物取 1 个试样，含气量以 3 个试样测值的算术平均值来表示。若 3 个试样中的最大值或最小值有 1 个与中间值之差超过 0.5% 时，将最大值与最小值一并舍去，取中间值作为该批的试验结果；如果最大值与最小值与中间值之差均超过 0.5％，结果无效，应重新试验。

7）注意事项

（1）混凝土拌合物应一次装满并高于含气量测定仪容器，用振动台振实 15～20s。

（2）湿布擦过的试样筒不应出现明水，试样筒要及时加盖。

7. 坍落度 1h 经时变化量

1）试验原理

分别测试掺外加剂的受检混凝土拌合物在出料后以及静置 1h 时的坍落度，以两者之差表示拌合物保持流动性的能力。

2）仪器设备

同第 4 章第 4.1 节 "4. 坍落度"。

3）原材料及配合比

同 "4. 减水率"。

4）环境条件

试验室温度应保持在（20±3）℃，相对湿度不宜小于 50％，所用材料、试验设备、容器及辅助设备宜与试验室温度保持一致。

5）试验步骤

（1）按第 4 章 4.1 节 "4. 坍落度" 要求测试受检混凝土的初始坍落度。

（2）将足够量的混凝土拌合物装入用湿布擦过的试样筒内，加盖静置至 1h（从加水搅拌时开始计算）。

（3）从试样筒中倒出拌合物，在铁板上用铁锹翻拌至均匀，再测试其坍落度。

6）结果计算

坍落度 1h 经时变化量按式（6-5）计算，结果修约至 5mm。

$$\Delta Sl = Sl_0 - Sl_{1h} \tag{6-5}$$

式中　ΔSl——坍落度经时变化量（mm）；

Sl_0——出机时测得的坍落度（mm）；

Sl_{1h}——1h 后测得的坍落度（mm）。

每批混凝土取 1 个试样，坍落度和坍落度 1h 经时变化量均以 3 次试验结果的平均值表示。3 次试验的最大值和最小值与中间值之差有 1 个超过 10mm 时，将最大值和最小值一并舍去，取中间值作为该批的试验结果；最大值和最小值与中间值之差均超过 10mm 时，结果无效，应重新试验。

7）注意事项

（1）坍落度为（210±10）mm 的混凝土要分两层装料，每层装入高度为筒高的一半，每层用插捣棒插捣 15 次。

（2）装入试样筒内的混凝土拌合物要足量，不宜少于 10L，且应及时加盖，防止水分散失。

8. 泌水率比

1）方法原理

分别测试基准混凝土和掺外加剂受检混凝土的泌水率，以两者的比值表示外加剂抗泌水的能力。

2）试验设备

同第 4 章第 4.1 节"7. 泌水"。

3）原材料及配合比

同"4. 减水率"。

4）环境条件

试验室环境温度应始终保持（20±2）℃，相对湿度不宜小于 50%。

5）试验步骤

（1）先用湿布润湿容积为 5L 的带盖容器（内径为 185mm，高 200mm），将混凝土拌合物一次装入容器中，在振动台上振动 20s，然后用抹刀轻轻抹平，加盖以防水分蒸发。

（2）自抹面开始计算时间，在前 60min，每隔 10min 用吸液管吸出泌水一次，以后每隔 20min 吸水一次，直至连续三次无泌水为止。

（3）每次吸水前 5min，应将筒底一侧垫高约 20mm，使筒倾斜，以便于吸水。每次吸水后，将筒轻轻放平盖好。

（4）每次将吸出的水注入带塞的量筒，加塞保存。至试验结束时读取或称量量筒中的总水量，精确至 1mL 或 1g。

6）结果计算

按式（6-6）计算泌水率比，精确到 1%。

$$B_R = \frac{B_t}{B_c} \times 100 \tag{6-6}$$

式中　B_R——泌水率之比（%）；

　　　B_t——受检混凝土泌水率（%），按式（6-7）计算；

　　　B_c——基准混凝土泌水率（%），按式（6-7）计算。

$$B = \frac{V_W}{(W/G)\,G_W} \times 100 \tag{6-7}$$

式中　B——泌水率（%）；

　　　V_W——泌水总质量（g）；

W——混凝土拌合物的用水量（g）；

G——混凝土拌合物的总质量（g）；

G_W——试样质量（g），按式（6-8）计算。

$$G_W = G_1 - G_0 \qquad (6\text{-}8)$$

式中　G_1——筒及试样的质量（g）；

G_0——筒的质量（g）。

每批混凝土拌合物取 1 个试样，泌水率取 3 个试样的算术平均值，精确到 0.1％。如果 3 个试样的最大值或最小值中有 1 个与中间值之差大于中间值的 15％时，把最大值与最小值一并舍去，取中间值作为该组试验的泌水率；如果最大值和最小值与中间值之差均大于中间值的 15％时，结果无效，应重新试验。

7）注意事项

（1）试样表面经抹平后应比容器筒口边低约 20mm。

（2）在吸水过程中，应避免振动试样筒及筒中拌合物。

9. 抗压强度比

1）方法原理

以基准混凝土和掺外加剂的受检混凝土同龄期试块抗压强度之比（百分数）来表示外加剂对硬化后混凝土强度的影响。

2）试验设备

同第 4 章第 4.2 节"4. 抗压强度"。

3）原材料及配合比

同"4. 减水率"。

4）环境条件

试验室温度应保持在（20±3）℃，相对湿度不宜小于 50％，所用材料、试验设备、容器及辅助设备宜与试验室温度保持一致。

养护室温度为（20±2）℃，相对湿度为 95％以上。

5）试验步骤

按第 4 章第 4.2 节"4. 抗压强度"要求分别测试基准混凝土和受检混凝土的抗压强度。成型强度试件时振动台的振动时间为 15～20s。

6）结果计算

抗压强度比按式（6-9）计算，精确到 1％。

$$R_f = \frac{f_t}{f_c} \times 100 \qquad (6\text{-}9)$$

式中　R_f——抗压强度比（％）；

f_t——掺外加剂混凝土的抗压强度（MPa）；

f_c——基准混凝土的抗压强度（MPa）。

试验结果以 3 批试验测值的平均值表示，若 3 批试验中有 1 批的最大值或最小值与中间值的差值超过中间值的 15%，取中间值为试验结果，若有两批测值与中间值的差均超过中间值的 15%，结果无效，应重新试验。

7）注意事项

（1）掺防冻剂的混凝土抗压强度比以受检标养混凝土、受检负温混凝土与基准混凝土在不同条件下的抗压强度之比表示。

（2）掺防冻泵送剂受检混凝土在（20±3）℃环境下预养 6h 后（从搅拌加水时间算起），移入冰箱内并用塑料布覆盖试件，其环境温度应于 3～4h 内均匀地降至规定温度，养护 7d 后（从搅拌加水时间算起）脱模，放置在（20±3）℃环境温度下解冻 6h，之后再进行抗压强度试验或转标准养护。

10. 收缩率比

1）方法原理

分别测试基准混凝土和掺外加剂的受检混凝土的收缩率，以两者之比（百分数）来表示外加剂对硬化后混凝土收缩的影响。

2）仪器设备

同第 4 章第 4.2 节"9. 收缩（接触法）"。

3）原材料及配合比

同"4. 减水率"。

4）环境条件

试验室温度为（20±2）℃、相对湿度为（60±5）%。

5）试验步骤

按第 4 章第 4.2 节"9. 收缩（接触法）"要求分别测试基准混凝土和受检混凝土的 28d 收缩率。成型收缩率试件时振动台的振动时间为 15～20s。

6）结果计算

收缩率比以龄期 28d 时受检混凝土与基准混凝土收缩率比值表示，按式（6-10）计算。

$$R_\varepsilon = \frac{\varepsilon_t}{\varepsilon_c} \times 100 \qquad (6-10)$$

式中　R_ε——收缩率比（%）；

ε_t——受检混凝土的收缩率（%）；

ε_c——基准混凝土的收缩率（%）。

每批混凝土拌合物取 1 个试样，以 3 组试样（基准和受检各 3 个）收缩率比的算术平均值为结果，修约至 1％。

11. 相对耐久性试验

1）方法原理

分别测试掺外加剂的受检混凝土的初始动弹性模量和冻融 200 次后的动弹性模量，以后者与前者的比值（百分数）来表示外加剂对硬化后混凝土耐久性的影响。

2）仪器设备

同第 4 章第 4.2 节"11. 抗冻（快冻法）"。

3）原材料及配合比

同"4. 减水率"。

4）环境条件

试验室温度应保持在（20±3）℃，相对湿度不宜小于 50％，所用材料、试验设备、容器及辅助设备宜与试验室温度保持一致。

养护室温度为（20±2）℃，相对湿度为 95％以上。

5）试验步骤

（1）按第 4 章第 4.2 节"11. 抗冻（快冻法）"要求测试受检混凝土的初始动弹性模量。成型相对耐久性试件时振动台的振动时间为 15～20s。

（2）将试件在标准养护室中养护 28d。

（3）按第 4 章第 4.2 节"11. 抗冻（快冻法）"要求对试件进行 200 次冻融循环。

（4）按第 4 章第 4.2 节"11. 抗冻（快冻法）"要求测定 200 次冻融循环后试件的动弹性模量。

6）结果计算

相对耐久性指标是以受检混凝土冻融 200 次后的动弹性模量与初始动弹性模量之比（百分数）来表示，每批混凝土拌合物取 1 个试样，相对动弹性模量以 3 个试件测值的算术平均值表示，修约至 1％。

12. 强度损失率比（50 次冻融）

1）方法原理

将基准混凝土在标养 28d 后进行冻融试验，受检混凝土先负温 7d 再转标养 28d 后进行冻融试验，分别测试冻融循环后基准混凝土和受检混凝土的抗压强度，以两者差值与前者的比值（百分数）表示外加剂的抗冻性能。

2）仪器设备

同第 4 章第 4.2 节"10. 抗冻（慢冻法）"。

3）原材料及配合比

同"4. 减水率"。

4）环境条件

试验室温度应保持在（20±3）℃，相对湿度不宜小于50％，所用材料、试验设备、容器及辅助设备宜与试验室温度保持一致。

养护室温度为（20±2）℃，相对湿度为95％以上。

5）试验步骤

（1）按第 4 章第 4.2 节"10. 抗冻（慢冻法）"要求成型基准混凝土和受检混凝土试件，振动台的振动时间为10～15s。

（2）基准混凝土试件在标养 28d 后取 1 组进行抗压强度试验，另 1 组进行 50 次冻融循环试验。受检混凝土取 1 组试件在标养 28d 后进行抗压强度试验，另 1 组试件在成型后（未脱模）按下述方法进行负温预养处理。

（3）将受检混凝土在（20±3）℃环境下预养 6h（自搅拌加水时算起）后带模移入冻箱，并用塑料布覆盖。冻箱温度应在 3～4h 内均匀地降至规定负温。

（4）受检混凝土负温养护 7d 后（从成型加水时算起）从冻箱中取出，脱模。

（5）将受检混凝土置于（20±3）℃环境下解冻 6h。之后转标准养护。

（6）受检混凝土试件在标养 28d 后（自解冻后算起）进行 50 次冻融循环试验。

（7）按第 4 章第 4.2 节"10. 抗冻（慢冻法）"要求分别测试基准混凝土和受检混凝土 50 次冻融循环试验后的抗压强度。

6）结果计算

分别计算基准混凝土和受检混凝土经 50 次冻融循环后的强度损失率，之后按式（6-11）计算强度损失率比（50 次冻融），修约至 1％。

$$D_r = \frac{\Delta f_{AT}}{\Delta f_C} \times 100 \tag{6-11}$$

式中　　D_r——50 次冻融强度损失率比（％）；

　　Δf_{AT}——受检负温混凝土 50 次冻融强度损失率（％）；

　　Δf_C——基准混凝土 50 次冻融强度损失率（％）。

13. 透水压力比

1）方法原理

分别测试基准砂浆和掺外加剂的受检砂浆的透水压力，以两者之比（百分数）来表示外加剂对砂浆抗渗性能的影响。

2）仪器设备

同第 5 章第 5.2 节"5. 抗渗性能"。

3）原材料及配合比

（1）原材料

水泥采用混凝土外加剂性能检验专用基准水泥；砂采用符合 GB/T 17671 规定的 ISO 标准砂。

（2）配合比

水泥与标准砂的质量比为 1∶3，防水剂掺量采用生产厂家的推荐掺量，用水量根据各项试验要求确定。

4）环境条件

试验室的温度应保持在（20±3）℃，所用材料、试验设备、容器及辅助设备宜与试验室温度保持一致。

养护室温度为（20±2）℃，相对湿度为 95％以上。

5）试验步骤

（1）确定基准砂浆和受检砂浆的用水量，二者应保持相同的流动度（按第 1 章第 1.1 节"8. 胶砂流动度"要求测试），并以基准砂浆在 0.3～0.4MPa 压力下透水为准，确定水灰比。

（2）用上口直径 70mm、下口直径 80mm、高 30mm 的截头圆锥带底金属试模成型基准砂浆和受检砂浆试样。用塑料布将试件静置。

（3）带模养护（24±2）h 后脱模，将试件放入（20±2）℃的水中养护至 7d，取出待表面干燥后，用密封材料将试件密封装入渗透仪中。

（4）启动渗透仪，水压从 0.2MPa 开始，恒压 2h 后增至 0.3MPa，以后每隔 1h 增加水压 0.1MPa。

（5）当 6 个试件中有 3 个试件端面呈现渗水现象时，可停止试验，记录当时的水压值。若加压至 1.5MPa，恒压 1h 仍未透水，应停止升压。

6）结果计算

基准砂浆和受检砂浆的透水压力分别取各组 6 个试件中 4 个未出现渗水时的最大水压力。透水压力比按照式（6-12）计算，精确至 1％。

$$R_{pm} = \frac{P_{tm}}{P_{rm}} \times 100 \qquad (6\text{-}12)$$

式中　R_{pm}——受检砂浆与基准砂浆透水压力比（％）；

P_{tm}——受检砂浆的透水压力（MPa）；

P_{rm}——基准砂浆的透水压力（MPa）。

7）注意事项

（1）如为缓凝型产品，可适当延长带模养护时间。

（2）如受检砂浆在 1.5MPa 下仍有多于 4 个试件未出现渗水时，应在报告中予以注明。

14. 渗透高度比

1）方法原理

分别测试基准混凝土和掺外加剂的受检混凝土的渗透高度，以两者之比（百分数）来表示外加剂对混凝土抗水渗透性能的影响。

2）仪器设备

同第 4 章第 4.2 节 "6. 抗水渗透（渗水高度法）"。

3）原材料及配合比

试验用各种原材料同 "4. 减水率"。

基准混凝土与受检混凝土的配合比设计、搅拌等同 "4. 减水率" 要求，但混凝土拌合物的坍落度应控制在（180±10）mm，砂率宜为 38%～42%。

4）环境条件

试验室温度应保持在（20±3）℃，相对湿度不宜小于 50%，所用材料、试验设备、容器及辅助设备宜与试验室温度保持一致。

养护室温度为（20±2）℃，相对湿度为 95% 以上。

5）试验步骤

（1）按第 4 章第 4.2 节 "6. 抗水渗透（渗水高度法）" 要求成型混凝土试件并进行打压试验，但初始压力为 0.4MPa。

（2）若基准混凝土在 1.2MPa 以下某个压力透水，则受检混凝土也加到这个压力，并保持相同的时间。若基准混凝土与受检混凝土在 1.2MPa 时都未透水，则停止升压。

（3）将试件从抗渗模具中取出，在压力机上沿纵向劈开，在底边均匀取 10 点，测定各试件的平均渗透高度。

6）结果计算

渗透高度比按照式（6-13）计算，精确至 1%。

$$R_{hc} = \frac{H_{tc}}{H_{rc}} \times 100 \tag{6-13}$$

式中　R_{hc}——受检混凝土与基准混凝土渗透高度之比（%）；

H_{tc}——受检混凝土的渗透高度（mm）；

H_{rc}——基准混凝土的渗透高度（mm）。

15. 限制膨胀率（方法 A）

1）方法原理

通过测量仪和标准杆测试各试验条件下（龄期、养护条件）掺膨胀剂水泥胶砂试件的变形量，用其与试件初始长度的比值来表示膨胀剂的限制膨胀率。

2）仪器设备

（1）测量仪

测量仪（A法）由千分表、支架和标准杆组成，如图6-1所示，千分表的分辨率为0.001mm。

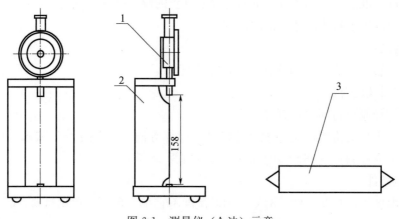

图6-1　测量仪（A法）示意

1—电子千分表；2—支架；3—标准杆

（2）纵向限制器

纵向限制器由纵向钢丝与钢板焊接制成，钢丝采用D级钢弹簧丝，钢丝焊接处的拉脱强度不低于785MPa，如图6-2所示。纵向限制器不应变形，两钢板间的平行度公差不大于0.2mm，生产检验使用次数不应超过5次，第三方检验时不应超过1次。

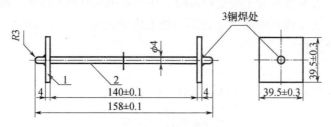

图6-2　纵向限制器示意

1—钢板；2—钢丝；3—钢丝焊接处

（3）搅拌机、振动台、试模等

同第1章第1.1节"7. 胶砂强度"。

3）原材料及配合比

（1）原材料

水泥采用外加剂性能检验专用基准水泥。也可采用由熟料与二水石膏共同粉磨而成的强度等级为42.5MPa的硅酸盐水泥，其熟料中 C_3A 含量 6%～8%，C_3S 含量 55%～60%，游离氧化钙含量不超过1.2%，碱（$Na_2O+0.658K_2O$）含量不超过0.7%，水泥的比表面积（350±10）m²/kg。

标准砂应符合《水泥胶砂强度检验方法（ISO 法）》GB/T 17671 的要求。

水应符合《混凝土用水标准》JGJ 63 混凝土用水的要求。

（2）配合比

每成型 3 条试体需称量的材料和用量见表 6-1。

表 6-1　限制膨胀率材料用量

材料	代号	材料质量（g）
水泥	C	607.5±2.0
膨胀剂	E	67.5±0.2
标准砂	S	1350.0±5.0
水	W	270.0±1.0

注：$\frac{E}{C+E}=0.10$；$\frac{S}{C+E}=2.00$；$\frac{W}{C+E}=0.40$。

4）环境条件

试验室温度为（20±2）℃，相对湿度不低于 50%，膨胀剂、基准水泥、标准砂、拌合水以及仪器用具等的温度应与室温一致。

湿气养护箱的温度为（20±1）℃，相对湿度不低于 90%。

试体养护水的温度为（20±1）℃。

恒温恒湿箱温度为（20±2）℃，相对湿度为（60±5）%。

5）试验步骤

（1）按第 1 章第 1.1 节 "7. 胶砂强度" 要求搅拌成型试体。同一试验条件成型 1 组（3 条）试体，试体全长 158mm，其中胶砂部分尺寸为 40mm×40mm×140mm。此外还需按第 1 章第 1.1 节 "7. 胶砂强度" 要求成型相应数量的胶砂强度用试体（不含限制膨胀器）。成型后的试体放入湿气养护箱进行养护。

（2）根据试体的凝结硬化情况，适时取出 1 组胶砂强度试体（不含限制膨胀器），脱模后按第 1 章第 1.1 节 "7. 胶砂强度" 要求进行抗压强度测试。当试体的抗压强度达到（10±2）MPa 时，从湿气养护箱中取出测长用试体（含限制膨胀器），脱模；否则应继续在湿气养护箱养护。

（3）测量前 3h，将测量仪、标准杆放在试验室内，用标准杆校正测量仪并调整千分表零点。测量前，将试件及测量仪测头擦净。每次测量时，试件记有标志的一面与测量仪的相对位置必须一致，纵向限制器测头与测量仪测头应正确接触，读数应精确至 0.001mm。

（4）测量完初始长度的试件立即放入水中养护，7d 后（自放入水中算起）取出，再次测量试件长度。之后将试件移入恒温恒湿箱养护。

（5）空气中养护 21d 后（自放入恒温恒湿箱算起）取出试件，再次测量长度。也可以根据需要测量不同龄期的长度，观察膨胀收缩变化趋势。

6）结果计算

各龄期限制膨胀率按式（6-14）计算，修约至 0.001％。

$$\varepsilon = \frac{L_1 - L}{L_0} \times 100 \qquad (6\text{-}14)$$

式中　ε——所测龄期的限制膨胀率（％）；

　　　L_1——所测龄期的试体长度测量值（mm）；

　　　L——试体的初始长度测量值（mm）；

　　　L_0——试体的基准长度 140mm。

每组 3 个试件，取相近的 2 个试件测定值的平均值为结果，修约至 0.001％。

7）注意事项

（1）试件脱模后在 1h 内测量试体的初始长度，不同龄期的试件应在规定时间±1h 内完成测量。

（2）测长用试件在脱模后养护时，应注意不损伤试件测头。试件之间应保持 15mm 以上间隔，试件支点距限制钢板两端约 30mm。

16. 限制膨胀率（方法 B）

1）方法原理

通过测量仪测试各试验条件下（龄期、养护条件）掺膨胀剂水泥胶砂试件的变形量，用其与试件初始长度的比值来表示膨胀剂的限制膨胀率。

2）仪器设备

测量仪（B 法）由千分表、支架、养护水槽组成，如图 6-3 所示，千分表的分辨率为 0.001mm。其他仪器设备同"15. 限制膨胀率（方法 A）"。

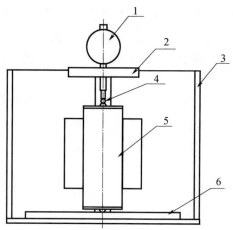

图 6-3　测量仪（B 法）示意

1—千分表；2—支架；3—养护水槽；4—上测头；5—试体；6—下端板

3）原材料及配合比

同"15. 限制膨胀率（方法 A）"。

4）环境条件

同"15. 限制膨胀率（方法 A）"。

5）试验步骤

（1）按"15. 限制膨胀率（方法 A）"要求搅拌成型试体，并在湿气养护箱中养护至规定时间。

（2）测量前 3h，将测量仪、恒温水槽、自来水放在试验室内恒温，并将试体及测量仪测头擦净。

（3）试件脱模后在 1h 内应固定在测量支架上，将测量支架和试件一起放入未加水的恒温水槽，测量试件的初始长度，读数应精确至 0.001mm。

（4）向恒温水槽中注入温度为（20±2）℃的自来水，水面应高于试体。7d 后再次测量试件长度。

（5）在 1h 内放掉恒温水槽中的水，将测量支架和试件一起取出放入恒温恒湿箱养护，21d 后测量试件在空气中的长度。也可以根据需要测量不同龄期的长度，观察膨胀收缩变化趋势。

6）结果计算

同"15. 限制膨胀率（方法 A）"。

7）注意事项

（1）不同龄期的试体应在规定时间±1h 内完成测量。

（2）在水中养护期间不得移动试体和恒温水槽。

（3）试验方法 A 和 B 法测量结果有分歧时，以方法 B 为准。

17. 结果判定

产品经检验，匀质性检验结果符合《混凝土外加剂》GB 8076—2008 要求，各种类型外加剂受检混凝土性能指标中，高性能减水剂及泵送剂的减水率和坍落度的经时变化量，其他减水剂的减水率、缓凝型外加剂的凝结时间差、引气型外加剂的含气量及其经时变化量、硬化混凝土的各项指标符合《混凝土外加剂》GB 8076—2008 要求时，则判定该批号外加剂合格。如不符合上述要求时，则判该批号外加剂不合格。

其余检测项目可作为参考指标，由供需双方协商确定。

18. 相关标准

《水泥化学分析方法》GB/T 176—2017。

《建筑结构钢》GB/T 700—2006。

《水泥胶砂流动度测定方法》GB/T 2419—2008。

《建筑弹簧钢丝》GB/T 4357—2009。

《水泥比表面积测定方法 勃氏法》GB/T 8074—2008。

《混凝土外加剂的定义、分类、命名和术语》GB/T 8075—2005。

《混凝土外加剂匀质性试验方法》GB/T 8077—2012。

《建筑用砂》GB/T 14684—2011。

《建筑用卵石、碎石》GB/T 14685—2011。

《水泥胶砂强度检验方法（ISO法）》GB/T 17671—1999。

《普通混凝土拌合物性能试验方法标准》GB/T 50080—2016。

《普通混凝土力学性能试验方法标准》GB/T 50081—2002。

《普通混凝土长期性能和耐久性能试验方法标准》GB/T 50082—2009。

《混凝土防浆剂》JC/T 475—2004。

《普通混凝土配合比设计规程》JGJ 55—2011。

《混凝土用水标准》JGJ 63—2006。

《建筑砂浆基本性能试验方法标准》JGJ/T 70—2009。

《混凝土试验用搅拌机》JG/T 244—2009。

6.2　匀质性

1. 概述

在混凝土中加入外加剂的主要用途是调节或改善混凝土拌合物或硬化后的各项性能。受混凝土原材料质量波动的影响，使用相同配合比不同批次原材料拌制而成的混凝土，其各项性能也存在差异。由于外加剂掺量较小，效果明显，检测周期长，不同批次外加剂间的质量波动对所配制混凝土的性能会有较大的影响。为控制混凝土生产质量的稳定、统一，需要对不同批次间外加剂的性能差异进行限制，这些限制性指标统称为外加剂的匀质性。

2. 检测项目

外加剂匀质性的检测项目主要包括：固体含量（含水率）、密度、细度、pH 值、氯离子、碱含量、水泥净浆流动度。

3. 依据标准

《混凝土外加剂匀质性试验方法》GB/T 8077—2012。

4. 含固量

1）方法原理

在已恒重的称量瓶内放入被测液体试样于一定的温度下烘至恒重。

2）仪器设备

（1）分析天平

分度值 0.0001g。

（2）鼓风电热恒温干燥箱

温度范围室温至 200℃。

（3）带盖称量瓶

直径 65mm，高 25mm。

（4）干燥器

内盛变色硅胶，如图 6-4 所示。

图 6-4　干燥器及变色硅胶

3）试验步骤

（1）将洁净带盖称量瓶放入烘箱内，于 100～105℃烘 30min；取出置于干燥器内，冷却 30min 后称量。重复上述步骤直至恒重。

（2）称取液体试样 3.0000～5.0000g；将被测液体试样装入已经恒重的称量瓶内，盖上盖称量试样和称量瓶的总质量，精确至 0.0001g。

（3）将盛有试样的称量瓶放入烘箱内，开启瓶盖，升温至 100～105℃烘干；盖上盖置于干燥器内冷却 30min 后称量。重复上述步骤直至恒重。

4）结果计算

含固量的质量分数按式（6-15）计算。

$$X_{固} = \frac{m_2 - m_0}{m_1 - m_0} \times 100 \qquad (6\text{-}15)$$

式中　$X_{固}$——含固量（%）；

　　　m_0——称量瓶的质量（g）；

　　　m_1——称量瓶加液体试样的质量（g）；

　　　m_2——称量瓶加液体试样烘干后的质量（g）。

本试验应进行 2 次平行测定，取 2 次测值的平均值。2 次测定的差值（绝对值）不得大于 0.30%，否则试验无效。

5）注意事项

（1）经第一次灼烧、冷却、称量后，通过连续对每次 15min 的灼烧、冷却、称量的方法来检查是否达到恒重。当连续两次称量之差小于 0.0005g 时，即可视为恒重。

（2）宜使用干燥能力较强的干燥剂，每次称量要及时迅速，防止试样吸水影响试验结果。

5. 含水率

1）方法原理

在已恒重的称量瓶内放入被测粉状试样于一定的温度下烘至恒重。

2）仪器设备

（1）分析天平

分度值 0.0001g。

（2）鼓风电热恒温干燥箱

温度范围室温至 200℃。

（3）带盖称量瓶

直径 65mm，高 25mm。

（4）干燥器

内装变色硅胶。

3）试验步骤

（1）将洁净带盖称量瓶放入烘箱内，于 100～105℃烘 30min，取出置于干燥器内，冷却 30min 后称量。重复上述步骤直至恒重。

（2）称取粉状试样 1.0000～2.0000g；将被测粉状试样装入已经恒重的称量瓶内，盖上盖称量试样和称量瓶的总质量，精确至 0.0001g。

（3）将盛有试样的称量瓶放入烘箱内，开启瓶盖，升温至 100～105℃烘干；盖上盖置于干燥器内冷却 30min 后称量。重复上述步骤直至恒重。

4）结果计算

含水率的质量分数 $X_水$ 按式（6-16）计算。

$$X_水 = \frac{m_1 - m_2}{m_1 - m_0} \times 100 \tag{6-16}$$

式中　$X_水$——含水率（%）；

　　　m_0——称量瓶的质量（g）；

　　　m_1——称量瓶加粉状试样的质量（g）；

　　　m_2——称量瓶加粉状试样烘干后的质量（g）。

本试验应进行 2 次平行测定，取 2 次测值的平均值。2 次测定的差值（绝对值）不得大于 0.30%，否则试验无效。

5）注意事项

（1）经第一次灼烧、冷却、称量后，通过连续对每次 15min 的灼烧、冷却、称量的方法来检查是否达到恒重。当连续两次称量之差小于 0.0005g 时，即可视为恒重。

（2）宜使用干燥能力较强的干燥剂，每次称量要及时迅速，防止试样吸水影响试验结果。

6. 密度（比重瓶法）

1）方法原理

将被测溶液灌满已校正体积的比重瓶，在规定温度下用天平称量其质量，从而得出溶液的密度。

2）仪器设备

（1）比重瓶

容积 25mL 或 50mL，由瓶体、瓶塞组成，瓶塞内设有毛细管，如图 6-5 所示。

（2）分析天平

分度值 0.0001g。

（3）干燥器

内盛变色硅胶。

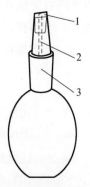

图 6-5　比重瓶外形及组成
1—瓶塞；2—毛细管；3—瓶体

（4）恒温器

控温范围（20±1）℃。

3）环境条件

试验室的温度宜为（20±2）℃。

4）试验步骤

（1）将已校正体积的比重瓶洗净、干燥，灌满被测溶液。

（2）将比重瓶塞上塞子后浸入（20±1）℃恒温器内，恒温 20min。

（3）取出比重瓶，用吸水纸吸干瓶外的水及由毛细管溢出的溶液后，在天平上称量比重瓶和外加剂溶液的总质量。

5）结果计算

外加剂溶液的密度按式（6-17）计算。

$$\rho=\frac{m_2-m_0}{V}=\frac{m_2-m_0}{m_1-m_0}\times 0.9982 \tag{6-17}$$

式中 ρ——20℃时外加剂溶液的密度（g/mL）；

  V——比重瓶在 20℃时的容积（mL）；

  m_0——干燥的比重瓶质量（g）；

  m_1——比重瓶盛满 20℃水的质量（g）；

  m_2——比重瓶装满 20℃外加剂溶液后的质量（g）；

 0.9982——20℃时纯水的密度（g/mL）。

本试验应进行 2 次平行测定，取 2 次测值的平均值。2 次测定的差值不得大于 0.001g/mL，否则试验无效。

6）比重瓶容积校正

（1）将比重瓶依次用水、乙醇、丙酮和乙醚洗涤并吹干，连塞子一起放入（20±1）℃的干燥器内干燥；宜干燥 15min 后取出称重，之后再放入干燥器内。重复以上过程直至恒重。

（2）将调温至 20℃的蒸馏水装入瓶内，塞上塞子，使多余的水分从塞子毛细管流出，用吸水纸吸干瓶外的水。注意不能让吸水纸吸出塞子毛细管里的水，水要保持与毛细管上口相平，立即在天平上称量比重瓶装满水后的质量。

（3）比重瓶在 20℃时的容积按式（6-18）计算。

$$V=\frac{m_1-m_0}{0.9982} \tag{6-18}$$

式中 V——比重瓶在 20℃时的容积（mL）；

  m_0——干燥的比重瓶质量（g）；

  m_1——比重瓶盛满 20℃水的质量（g）；

 0.9982——20℃时纯水的密度（g/mL）。

7）注意事项

（1）试验时应控制环境温度。

（2）每次称量要及时迅速，防止水分散失影响试验结果。

（3）称量要及时迅速，使用干燥能力较强的干燥剂。

（4）比重瓶应定期校正容积。

7. 细度

1）方法原理

采用孔径 0.315mm 的试验筛，称取烘干试样倒入筛内，用人工筛样，称量筛余物的质量，用筛余物质量的百分数表示试样的细度。

2）仪器设备

（1）试验筛

试验筛采用孔径为 0.315mm 的铜丝网筛布，筛框有效直径 150mm，高 50mm。筛布应紧绷在筛框上，接缝应严密，并附有筛盖。

（2）分析天平

最小分度值不大于 0.001g，最大称量宜不小于 100g。

3）试验步骤

（1）试验前试验筛应保持清洁，称取经 100～105℃烘干的试样 10g，精确至 0.001g。

（2）将称量好的试样倒入筛中，用人工筛样。将近筛完时，应一手执筛往复摇动，一手拍打，摇动速度每分钟 120 次。其间，筛子应向一定方向旋转数次，使试样分散在筛布上，直至每分钟通过质量不超过 0.005g 时为止。

（3）移去筛盖，用毛刷从试验筛底部方向轻刷筛网，将筛网上的筛余物全部移至天平，称量其质量，精确至 0.001g。

4）结果计算

试样细度用筛余百分数表示，按式（6-19）计算，结果修约至 0.01%。

$$F = \frac{R_t}{W} \times 100 \tag{6-19}$$

式中　F——试样筛余百分数（%）；

　　　R_t——筛余物质量（g）；

　　　W——试样质量（g）。

每个样品应称取两个试样分别筛析，取筛余平均值为筛析结果。若两次筛余结果绝对误差大于 0.40% 时，试验无效。

5）注意事项

（1）每做完一次筛析试验宜用毛刷清理一次筛网。用毛刷在试验筛的正、反两面刷几次，然后轻轻敲击筛框，将筛上剩余颗粒振出。

（2）试验筛的筛网会在使用中磨损，宜定期对试验筛进行校正。

8. pH 值

1) 方法原理

根据奈斯特（Nernst）方程利用一对电极在不同 pH 值溶液中能产生不同电位差，在 25℃时每相差一个单位 pH 值时产生 59.15mV 的电位差。通过由测试电极（玻璃电极）和参比电极（饱和甘汞电极）组成的一对电极，可根据被测溶液的电位差测定其 pH 值。

2) 仪器设备

（1）酸度计

酸度计有数字式和指针式，应具有温度补偿功能，如图 6-6 和图 6-7 所示。

图 6-6　数字式酸度计

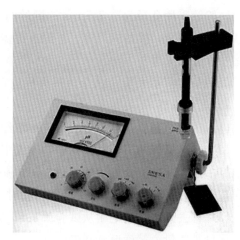

图 6-7　指针式酸度计

（2）电极

试验用电极包括甘汞电极、玻璃电极或复合电极。

（3）分析天平

分度值 0.0001g。

3) 环境条件

试验室的温度宜为（20±3）℃。

4) 试样制备

液体试样可直接测试，粉体试样应配制成 10g/L 的溶液。被测溶液的温度应为（20±3）℃。

5) 试验步骤

（1）将电极夹子夹在电极杆上，然后将已在蒸馏水中浸泡 24h 的玻璃电极和甘汞电极夹在电极夹上，并适当地调整两支电极的高度和距离；将两支电极的插头引出线分别插入酸度计相应的插孔，并紧固在接线柱上。

（2）校正酸度计。

（3）先后用水和被测溶液冲洗电极；将电极浸入被测溶液中，轻轻摇动试杯，使溶液均匀；待到酸度计的读数稳定 1min 后，记录读数。

6）结果计算

本试验应进行 2 次平行测定，取 2 次测值的平均值。2 次测定的差值不得大于 0.2，否则试验无效。

7）酸度计校正

（1）将适量的标准缓冲溶液注入试杯，安装电极并将两支电极浸入溶液。

（2）将温度补偿器调至在被测缓冲液的实际温度；按下酸度计读数开关，调节读数校正器，使示值为标准溶液的 pH 值。

（3）复按读数开关，使其处在开放位置，此时示值应返回至 pH＝7 处。

（4）结束校正后，以蒸馏水冲洗电极。

8）注意事项

（1）测试结束后，复按读数开关，使示值返回 pH＝7 处，用蒸馏水冲洗电极，以待下次测试。

（2）酸度计经校正后，在测试期间不得再旋转校正调节器，否则必须重新校正。

9. 氯离子含量（电位滴定法）

1）方法原理

银离子与氯离子反应生成溶解度很小的氯化银白色沉淀。以银电极（电势随 Ag^+ 浓度而变化）为指示电极，以甘汞电极为参比电极，用电位计或酸度计测定两电极在溶液中组成原电池的电势。在等当点前滴入硝酸银生成氯化银沉淀，两电极间的电势变化缓慢；等当点时氯离子全部生成氯化银沉淀，这时滴入少量硝酸银将引起电势急剧变化。根据电势的变化可确定滴定终点，由滴定所消耗的硝酸银体积可求出氯离子的含量。

2）仪器设备和材料

（1）电位测定仪或酸度计

参见"8. pH 值"。

（2）电极

试验电极包括银电极（或氯电极）、甘汞电极。

（3）分析天平

分度值 0.0001g。

（4）磁力搅拌器

磁力搅拌器利用磁性物质同性相斥的特性，通过不断变换基座两端的极性推动磁性搅拌子转动，从而带动溶液旋转搅拌，达到均匀混合的效果，如图 6-8 所示。多数磁力搅拌器还带有加热功能。

（5）滴定管

25mL。

（6）移液管

10mL。

（7）硝酸（1+1）

用 98％浓硝酸和水按体积比 1∶1 配制。

（8）硝酸银溶液（17g/L）

准确称取 17g 分析纯固体硝酸银（AgNO₃），用蒸馏水溶解，放入 1L 棕色容量瓶中稀释至刻度，摇匀，用 0.1000mol/L 氯化纳标准溶液对硝酸银溶液进行标定。

图 6-8　磁力搅拌器外形

（9）氯化钠标准溶液（0.1000mol/L）

称取 10g 氯化纳（基准试剂），盛在称量瓶中，于 130～150℃烘干 2h，在干燥器内冷却后精确称取 5.8443g，用蒸馏水溶解并稀释至 1L，摇匀。

3）试验步骤

（1）准确称取外加剂试样 0.5000～5.000g，放入烧杯中，加 200mL 蒸馏水和 4mL 硝酸（1+1），使溶液呈酸性，搅拌至完全溶解；如不能完全溶解，可用快速定性滤纸过滤，并用蒸馏水洗涤残渣至无氯离子为止。

（2）用移液管加入 10mL 0.1000mol/L 的氯化钠标准溶液，烧杯内加入磁力搅拌子，将烧杯放在磁力搅拌机上；开动搅拌并插入银电极（或氯电极）及甘汞电极，两电极与电位计或酸度计相连接；用硝酸银溶液缓慢滴定，记录电位和对应的滴定管读数。

（3）接近等当点时，应缓慢滴加硝酸银溶液，每次定量加入 0.1mL；当电势发生突变时，表示等当点已过，此时继续滴入硝酸银溶液，直至电势趋向变化平缓。记录第一个终点时消耗硝酸银溶液的体积。

（4）在同一溶液中，用移液管再加入 10mL 0.1000mol/L 氯化钠标准溶液（此时溶液电位降低）；继续用硝酸银溶液滴定，直至第二个等当点出现。记录电位和对应的硝酸银溶液消耗体积。

（5）在不加入试样的情况下，按前述步骤进行空白试验。用二次微商法计算出两次终点分别消耗的硝酸银的体积。

4）结果计算

在邻近等当点时，每次加入的硝酸银溶液是相等的，试样溶液的电位随滴加硝酸银体积的增加而变化，电位对体积的二次导数（$\Delta^2 E/\Delta V^2$）必定会在正负两个符号发生变化的某一点变成零，该一点对应的硝酸银溶液体积即为终点体积。该体积可通过二次微商法计算，并用内插法求得。

外加剂中氯离子所消耗的硝酸银体积按式（6-20）计算。

$$V = \frac{(V_1 - V_{01}) + (V_2 - V_{02})}{2} \tag{6-20}$$

式中 V_1——试样溶液加 10mL 氯化钠标准溶液时消耗硝酸银溶液的体积（mL）；

　　V_2——试样溶液加 20mL 氯化钠标准溶液时消耗硝酸银溶液的体积（mL）；

　　V_{01}——空白试验加 10mL 氯化钠标准溶液时消耗硝酸银溶液的体积（mL）；

　　V_{02}——空白试验加 20mL 氯化钠标准溶液时消耗硝酸银溶液的体积（mL）。

外加剂中氯离子含量 X_{Cl^-} 按式（6-21）计算。

$$X_{Cl^-} = \frac{c \times V \times 35.45}{m \times 1000} \times 100 \tag{6-21}$$

式中 X_{Cl^-}——外加剂中的氯离子含量（%）；

　　c——硝酸银溶液的浓度（mol/L）；

　　V——外加剂中氯离子所消耗硝酸银溶液的体积（mL）；

　　m——外加剂样品的质量（g）。

本试验应进行 2 次平行测定，取 2 次测值的平均值。2 次测定的差值（绝对值）不得大于 0.05%，否则试验无效。

5）硝酸银溶液标定

（1）用移液管吸取 10mL 0.1000mol/L 的氯化钠标准溶液于烧杯中，加蒸馏水稀释至 200mL，加 4mL 硝酸（1+1）。

（2）在磁力搅拌下，用硝酸银溶液以电位滴定法测定终点。

（3）过等当点后，在同一溶液中再加入 10mL 0.1000mol/L 氯化钠标准溶液，继续用硝酸银溶液滴定至第二个终点。

（4）用二次微商法计算两次终点分别消耗的硝酸银溶液体积。

（5）按式（6-22）计算硝酸银溶液的浓度。

$$c = \frac{c'V'}{V_0} \tag{6-22}$$

式中 c——硝酸银溶液的浓度（mol/L）；

　　c'——氯化钠标准溶液的浓度（mol/L）；

　　V'——氯化钠标准溶液的体积（mL）；

　　V_0——10mL 氯化钠标准溶液消耗硝酸银溶液的体积（mL），按式（6-23）计算。

$$V_0 = V_{02} - V_{01} \tag{6-23}$$

式中 V_0——10mL 氯化钠标准溶液消耗硝酸银溶液的体积（mL）；

　　V_{01}——空白试验中加 10mL 氯化钠标准溶液时消耗硝酸银溶液的体积（mL）；

　　V_{02}——空白试验中加 20mL 氯化钠标准溶液时消耗硝酸银溶液的体积（mL）。

6）注意事项

（1）称量氯化钠基准试剂应精确至 0.0001g，所配置的硝酸银溶液宜静置 2 周后再标定。

（2）滴定操作中银电极在使用前应用细砂纸擦亮后浸入硝酸（1+1）溶液中，待有气体放出后，取出冲洗干净待用。

10. 总碱量（火焰光度法）

1) 方法原理

用热水溶解试样，通过化学分离法将干扰成分如铁、铝、钙和镁离子以沉淀方式分离，在火焰光度计上测出试样的吸光度，在工作曲线上查出相对应的钾、钠浓度。

2) 仪器设备和材料

（1）火焰光度计

同第 2 章"12. 碱含量（火焰光度法）"。

（2）分析天平

分度值 0.0001g。

（3）碳酸铵溶液（100g/L）

将 10g 碳酸铵 $[(NH_4)_2CO_3]$ 溶解于 100mL 水中。此溶液用时现配。

（4）氧化钾、氧化钠标准溶液

精确称取已在 130～150℃ 烘干 2h 的氯化钾（KCl 光谱纯）0.7920g 及氯化钠（NaCl 光谱纯）0.9430g，置于烧杯中；加水溶解后，移入 1000mL 容量瓶中，用水稀释至标线，摇匀，转移至干燥的带盖的塑料瓶中。此标准溶液每毫升相当于氧化钾及氧化钠 0.5mg。

（5）甲基红指示剂溶液（2g/L）

将 0.2g 甲基红溶于 100mL 乙醇中。

（6）其他试剂

其他试剂包括盐酸（1+1）、氨水（1+1）。

3) 绘制工作曲线

（1）分别向 100mL 容量瓶中注入 0.00mL、1.00mL、2.00mL、4.00mL、8.00mL、12.00mL 的氧化钾、氧化钠标准溶液（标准溶液每毫升相当于氧化钾、氧化钠各 0.00mg、0.50mg、1.00mg、2.00mg、4.00mg、6.00mg）；用水稀释至标线，摇匀。

（2）分别于火焰光度计上按仪器使用规程对各溶液分别进行测定，根据测得的检流计读数与溶液的浓度关系，分别绘制氧化钾及氧化钠的工作曲线。

4) 试验步骤

（1）准确称取一定量的试样置于 150mL 的瓷蒸发皿中，用 80℃ 左右的热水润湿并稀释至 30mL；将蒸发皿置于电热板上加热蒸发，保持微沸 5min 后取下，冷却。称样量及稀释倍数见表 6-2。

表 6-2 称样量及稀释倍数

总碱量（%）	称样量（g）	稀释体积（mL）	稀释倍数（n）
1.00	0.20	100	1
1.00~5.00	0.10	250	2.5
5.00~10.00	0.05	250 或 500	2.5 或 5
大于 10.00	0.05	500 或 1000	5 或 10

（2）在蒸发皿中加 1 滴甲基红指示剂，再滴加氨水（1+1），使溶液呈黄色；加入 10mL 碳酸铵溶液，搅拌均匀，置于电热板上加热并保持微沸 10min；用中速滤纸过滤，并以热水洗涤，将滤液及洗液盛于容量瓶中，冷却至室温。

（3）用盐酸（1+1）中和至溶液呈红色，然后用水稀释至标线，摇匀。

（4）用火焰光度计按仪器使用规程进行吸光度测定。

（5）在不加入试样的情况下，按前述步骤进行空白试验，并记录相应的吸光度值。

5）结果计算

（1）氧化钾的质量分数按式（6-24）计算。

$$X_{K_2O} = \frac{c_1 \times n}{m \times 1000} \times 100 \qquad (6\text{-}24)$$

式中　X_{K_2O}——外加剂中氧化钾的质量分数（%）；

　　　c_1——在工作曲线上查得每 100mL 被测定液中氧化钾的含量（mg）；

　　　n——被测溶液的稀释倍数；

　　　m——试样质量（g）。

（2）氧化钠的质量分数 X_{Na_2O} 按式（6-25）计算。

$$X_{Na_2O} = \frac{c_2 \times n}{m \times 1000} \times 100 \qquad (6\text{-}25)$$

式中　X_{Na_2O}——外加剂中氧化钠的质量分数（%）；

　　　c_2——在工作曲线上查得每 100mL 被测定液中氧化钠的含量（mg）。

（3）$X_{总碱量}$ 按式（6-26）计算。

$$X_{总碱量} = 0.658 \times X_{K_2O} + X_{Na_2O} \qquad (6\text{-}26)$$

式中　$X_{总碱量}$——外加剂中的总碱量（%）。

本试验应进行 2 次平行测定，取 2 次测值的平均值。2 次测定的差值（绝对值）不得大于表 6-3 要求，否则试验无效。

表 6-3 重复性限值

总碱量（%）	1.00	1.00~5.00	5.00~10.00	大于 10.00
重复性限（%）	0.10	0.20	0.30	0.50

6）注意事项

（1）当仪器读数超出高标所示刻度或满量程时，可以按比例稀释试液，再进行测试。也可以重新称样，减少称样量或提高稀释倍数。

（2）火焰光度计要定期检查气路的密封性。长期不使用时，也要开机试运转，避免点火困难或进液管路堵塞。

11. 水泥净浆流动度

1）方法原理

通过测量一定配合比掺外加剂的水泥净浆在规定振动状态下的扩展范围来表示外加剂对流动性的影响。

2）仪器设备

（1）净浆搅拌机

同第 1 章第 1.1 节"4. 标准稠度用水量"。

（2）天平

最大称量不小于 500g，分度值不大于 1g；最大称量不小于 100g，分度值不大于 0.01g。

（3）锥模

截锥圆模由金属材料制成，上口直径 36mm，下口直径 40mm，高 60mm，内壁光滑。

（4）钢直尺

量称不小于 300mm，精度不小于 1mm。

3）试验步骤

（1）用湿布擦拭玻璃板（400mm×400mm×5mm）、锥模、搅拌锅及叶片，将锥模放在玻璃板中央并用湿布覆盖。

（2）称取水泥 300g，倒入搅拌锅内，按推荐用量加入处加剂，再加 87g 或 105g 水，立即启动搅拌机搅拌（慢速 120s，停 15s，快速 120s）。

（3）将拌好的净浆迅速注入锥模内，用刮刀刮平。

（4）将锥模按垂直方向提起，同时开动秒表计时。

（5）自提起锥模 30s 时，用钢直尺在玻璃板上量取流动后净浆互相垂直的 2 个方向的最大直径，精确至 1mm。

4）结果计算

计算每个试样 2 个方向最大直径的平均值。水泥净浆流动度应取 2 个试样结果的平均值为结果，如 2 个试样相差超过 5mm，结果无效，应重新试验。

12. 相关标准

《水泥化学分析方法》GB/T 176—2017。

《水泥胶砂流动度测定方法》GB/T 2419—2005。

《行星式水泥胶砂搅拌机》JC/T 681—2005。

《水泥净浆搅拌机》JC/T 729—2005。

第7章 简易土工

7.1 室内试验

1. 概述

室内土工试验是测定经现场采取土样的物理、力学和其他方面性质，以供工程设计和施工控制使用，具体包括：密度、颗粒分析、含水率、界限含水率、击实、压缩、剪切、渗透等。根据具体试验条件的不同，同一性质指标往往会有不同的试验结果。因此，应根据工程实际情况、土的受力条件以及土的性质确定相应的试验条件。

2. 检测项目

室内土工试验的主要检测项目包括：含水率、击实、液限和塑限。

3. 依据标准

《土工试验方法标准》GB/T 50123—1999。

4. 含水率

1）方法原理

在烘箱中将土烘至恒重，以其失去的水分质量与干土质量的比值（百分数）来表征土的含水率。本方法适用于粗粒土、细粒土、有机质土和冻土。

2）仪器设备

（1）电热烘箱

控制温度范围应为 105～110℃。

（2）天平

量程不大于 200g，最小分度值 0.01g；量程不大于 1000g，最小分度值 0.1g。

3）试验步骤

（1）取具有代表性试样 15～30g 或用环刀中的试样，有机质土、砂类土和整体状构造冻土为 50g，放入称量盒内，盖上盒盖，称盒加湿土质量，准确至 0.01g。

（2）打开盒盖，将盒置于烘箱内，在 105～110℃ 的恒温下烘至恒量。对黏土、粉土烘干时间不得少于 8h，对砂土不得少于 6h；对含有机质超过干土质量 5% 的土，应将温度控制在 65～70℃ 的恒温下烘至恒量。

（3）将称量盒从烘箱中取出，盖上盒盖，放入干燥容器内冷却至室温，称盒加干土质量，准确至 0.01g。

4）结果计算

按式（7-1）计算试样的含水率，准确至 0.1%。

$$\omega_0 = \left(\frac{m_0}{m_d} - 1\right) \times 100 \tag{7-1}$$

式中 ω_0——含水率（%）；

m_0——湿土质量（g）；

m_d——干土质量（g）。

取 2 个试样结果的平均值，修约至 0.1%。当 2 个试样结果（小于 40%）的差值大于 1% 时，试验无效，应重新取样进行试验。

5）注意事项

（1）每个土样应取代表性试样平行测定 2 次含水率。对环刀土样如取全部土样烘干，则无含水率平行试验要求。

（2）试样的烘干恒重时间与土的类别、数量以及含水率有关，如取全部环刀土样烘干，则应适当延长烘干时间。

5. 击实

1）方法原理

对固定容积中不同含水率的土样锤击击实，达到规定的单位体积击实功，通过含水率与击实后密度的关系得出最优含水率和最大干密度。

击实试验分为轻型击实和重型击实。轻型击实试验（击实功约 592.2kJ/m³）适用于粒径小于 5mm 的黏性土，重型击实试验（击实功约 $2684.9kJ/m^3$）适用于粒径不大于 20mm 的土（采用 3 层击实时，最大粒径不大于 40mm）。

2）仪器设备

（1）击实仪

击实仪由击锤、导筒、击实筒等组成，有手动和电动两种，如图 7-1 和图 7-2 所示。击锤与导筒间应有足够的间隙使锤能自由下落。电动击实仪还应有击数读数机构以及控制击锤落距的跟踪装置和使锤击点按一定角度均匀分布的装置。

图 7-1　手动击实仪外形

图 7-2　电动击实仪外形

击实仪主要部件的规格见图 7-3、图 7-4 和表 7-1。手动击实仪的击锤与导筒的间隙应为 1～1.5mm；电动击实仪的击锤与导筒的间隙应为 2～3mm，击锤至设定高度时应能自动脱钩，自由落下，无卡滞现象。击锤的锤击速率宜为 10～30 次/min。

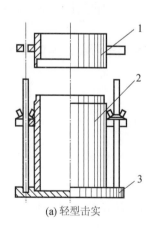

(a) 轻型击实

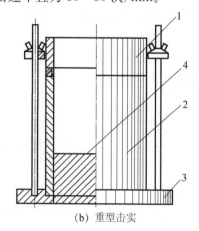

(b) 重型击实

图 7-3　击实筒组件示意

1—套筒；2—击实筒；3—底板；4—垫块

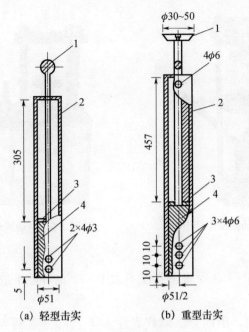

图 7-4　击锤组件示意

1—拉手；2—导筒；3—硬橡胶皮垫；4—击锤

表 7-1　击实仪主要部件规格

试验方法	锤底直径（mm）	锤质量（kg）	落高（mm）	击实筒			护筒高度（mm）
				内径（mm）	筒高（mm）	容积（cm³）	
轻型	51	2.5	305	102	116	947.4	50
重型	51	4.5	457	152	116	2103.9	50

（2）天平

量程不大于 200g，最小分度值 0.01g。

（3）台秤

量程不大于 10kg，最小分度值 5g。

（4）标准筛

孔径分别为 5mm、20mm 和 40mm。

（5）电热烘箱

控制温度范围应为 105～110℃。

（6）脱模器

宜采用液压式千斤顶脱模，如图 7-5 和图 7-6 所示，也可用刮刀或修土刀从击实筒中取出试样。

图 7-5　手动脱模器外形

图 7-6　电动脱模器外形

3）环境条件

击实试验宜在温度 5～35℃、相对湿度不大于 85％的环境下进行。

4）试样制备

（1）干法制备试样时，用四分法取代表性土样 20kg（重型为 50kg），风干碾碎，过 5mm（重型过 20mm 或 40mm）筛，将筛下土样拌匀，并测定土样的风干含水率；根据土的塑限预估最优含水率，并制备 5 个不同含水率的一组试样，相邻 2 个含水率的差值宜为 2％。

（2）湿法制备试样时，取天然含水率的代表性土样 20kg（重型为 50kg），碾碎，过 5mm 筛（重型过 20mm 或 40mm 筛），将筛下土样拌匀，并测定土样的天然含水率；根据土样的塑限预估最优含水率，选择至少 5 个含水率的土样，分别将天然含水率的土样风干或加水进行制备，应使制备好的土样水分均匀分布。

（3）调高土样含水率时，应将土样平铺于搪瓷盘等容器内，将水均匀喷洒于土样上，充分拌匀后装入盛土容器内盖紧，润湿一昼夜，砂土的润湿时间可适当减少。

（4）测定润湿土样的含水率时，应从不同位置取不少于 2 个代表性土样，土样的含水率差值应符合"4. 含水率"的要求。

（5）轻型击实试验制备的 5 个试样的含水率中应有 2 个大于塑限，2 个小于塑限，1 个接近塑限。重型击实试验所制备试样的含水率可向较小方向调整。

5）试验步骤

（1）将击实仪平稳置于刚性基础上，击实筒与底座连接好，安装好护筒，在击实筒内壁均匀涂一薄层润滑油；称取一定量试样，倒入击实筒内，分层击实。轻型击实试样为 2～5kg，分 3 层，每层 25 击；重型击实试样为 4～10kg，分 5 层，每层 56 击，若分 3 层，每层 94 击。每层试样高度宜相等，两层交界处的土面应刨毛。击实完成时，超出击实筒顶的试样高度应小于 6mm。

（2）卸下护筒，用直刮刀修平击实筒顶部的试样，拆除底板，试样底部若超出筒外，也应修平。

（3）擦净击实筒外壁，称筒与试样的总质量，准确至 1g。

（4）用脱模器将试样从击实筒中推出，取 2 处代表性土样测定含水率，2 个含水率的差值应不大于 1%。

（5）对 5 个不同含水率的试样依次进行击实，并记录相应的测量数据。

6）结果计算

（1）按式（7-1）计算各试样的含水率，修约至 0.1%。

（2）按式（7-2）计算各试样的湿密度，修约至 0.01g/cm³。

$$\rho_0 = \frac{m_0}{V} \tag{7-2}$$

式中　ρ_0——湿密度（g/cm³）；

　　　m_0——湿土质量（g）；

　　　V——击实筒体积（cm³）。

（3）按式（7-3）计算各试样的干密度，修约至 0.01g/cm³。

$$\rho_d = \frac{\rho_0}{1+0.01\omega_i} \tag{7-3}$$

式中　ρ_d——干密度（g/cm³）；

　　　ρ_0——湿密度（g/cm³）；

　　　ω_i——某点试样的含水率（%）。

4）干密度和含水率的关系曲线应在直角坐标纸上绘制，如图 7-7 所示，并应取曲线峰值点相应的纵坐标为击实试样的最大干密度，相应的横坐标为击实试样的最优含水率。当关系曲线不能绘出峰值点时，应进行补点，土样不宜重复使用。

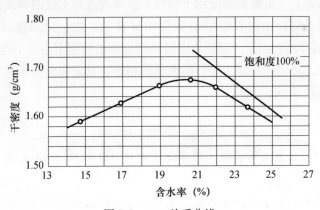

图 7-7　ρ_d-ω 关系曲线

（5）轻型击实试验中，当试样中粒径大于 5mm 的土质量不大于试样总质量的 30% 时，应对最大干密度和最优含水率进行校正。

最大干密度按式（7-4）校正，修约至 0.01g/cm³。

$$\rho'_{dmax} = \cfrac{1}{\cfrac{1-P_5}{\rho_{dmax}} + \cfrac{P_5}{\rho_w \cdot G_{s2}}} \tag{7-4}$$

式中　ρ'_{dmax}——校正后试样的最大干密度（g/cm³）；

　　　P_5——粒径大于 5mm 土粒的质量百分数（%）；

　　　ρ_w——温度 4℃时水的密度（g/cm³）；

　　　G_{s2}——粒径大于 5mm 土粒的饱和面干密度（呈饱和面干状态时土粒总质量与相当于土粒总体积纯水 4℃时质量的比值）。

最优含水率按式（7-5）进行校正，修约至 0.1%。

$$\omega'_{opt} = \omega_{opt}(1-P_5) + P_5 \cdot \omega_{ab} \tag{7-5}$$

式中　ω'_{opt}——校正后试样的最优含水率（%）；

　　　ω_{opt}——击实试样的最优含水率（%）；

　　　ω_{ab}——粒径大于 5mm 土粒的吸着含水率（%）。

（6）气体体积等于零（即饱和度 100%）的等值线应按式（7-6）计算，并应将计算值绘于图 7-7 的关系曲线上。

$$\omega_{set} = \left(\frac{\rho_w}{\rho_d} - \frac{1}{G_s}\right) \times 100 \tag{7-6}$$

式中　ω_{set}——试样的饱和含水率（%）；

　　　ρ_d——试样的干密度（g/cm³）；

　　　G_s——土颗粒密度。

7）注意事项

（1）试样制备时，宜根据工程所用土的含水量情况选择干法制样或湿法制样。

（2）击实仪锤击时，锤击点应沿击实筒内壁移动，按一定角度（轻型 53.5°、重型 45°）均匀分布在试样的表面上。重型击实时每圈应在击实筒中心设 1 击。

（3）分层填装土样时，每层土样的高度尽量相等，且完成全部击实时，超出击实筒顶的余土高度不应超过 6mm。

6. 液塑限（液塑限联合测定法）

1）方法原理

测定金属圆锥在不同含水率土样中的下沉深度，根据下沉深度与相应含水率在双对数坐标中的相关关系得出土的液限和塑限。本方法适用于粒径小于 0.5mm 以及有机质含量不大于试样总质量 5%的土。

2）仪器设备

（1）液塑限联合测定仪

液塑限联合测定仪由圆锥仪、电磁铁、控制开关、示值装置和试样杯等组成，示值装置可分为数显式、光电式、游标式和百分表式，如图 7-8 和图 7-9 所示。圆锥质量 76g，锥角 30°；试样杯内径 40mm，高 30mm。

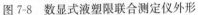

图 7-8 数显式液塑限联合测定仪外形

图 7-9 光电式液塑限联合测定仪外形

（2）天平

量程不宜大于 200g，最小分度值不应大于 0.01g；量程不宜大于 2000g，最小分度值不应大于 1g。

3）试样制备

（1）宜采用天然含水率试样，当土样不均匀时应采用风干试样。当试样中含有粒径大于 0.5mm 的颗粒或杂物时，应过 0.5mm 筛。

（2）当采用天然含水率土样时，取代表性土样约 250g；采用风干试样时，取代表性土样约 200g。将试样放在橡皮板上用纯净水将土样调成均匀的膏状，放入调土皿，浸润过夜。

4）试验步骤

（1）将制备好的试样充分调拌均匀，填入试样杯中，填样时不应留有空隙，对于较干的试样应充分搓揉，密实地填入试样杯中；填满杯后用调土刀将杯口表面刮平。

（2）将试样杯放在测定仪的升降座上，在圆锥锥面上薄抹一层凡士林，接通电流，使电磁铁吸住圆锥。

（3）调节测定仪的零点，调整升降座，使圆锥尖接触试样表面；测定仪指示灯亮起，电磁铁释放圆锥，圆锥在自重作用下沉入试样，经 5s 后测读圆锥下沉的深度。

（4）取出试样杯，挖去锥尖入土处的凡士林；取锥体附近的土样不少于 10g，放入称量盒内，测定含水率。

（5）将全部试样再加水或吹干并调匀，在不同含水率条件下重复以上步骤，分别测定第 2 点和第 3 点试样圆锥下沉的深度和相应的含水率。3 个测点的圆锥入土深度宜为 3～4mm、7～9mm、15～17mm。

5）结果计算

（1）按式（7-1）计算试样各测点的含水率，准确至 0.1%。

（2）以含水率的对数为横坐标、圆锥入土深度的对数为纵坐标，在双对数坐标上绘制关系曲线。3 个测点（a、b、c）应在一直线上，如图 7-10 所示。

当 3 点不在一直线上时，通过高含水率的点（a）和其余 2 点（b、c）连成 2 条直线，在下沉为 2mm 处查得相应的两个含水率。当两个含水率的差值小于 2% 时，以两个含水率平均值对应的点与高含率点（a）连一直线。当两个含水率的差值不小于 2% 时，试验无效。

（3）在直线上取下沉深度为 17mm 所对应的含水率为液限，下沉深度为 2mm 所对应的含水率为塑限，结果修约至 0.1%。

（4）塑性指数和液性指数分别按式（7-7）和式（7-8）计算，塑性指数修约至 0.1%，液性指数修约至 0.01。

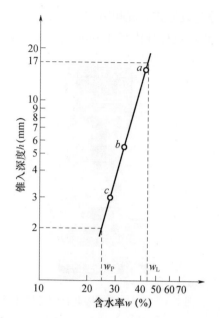

图 7-10　圆锥下沉深度与含水率双对数关系曲线

$$I_P = w_L - w_P \tag{7-7}$$

式中　I_P——塑性指数（%）；

　　　w_L——液限（%）；

　　　w_P——塑限（%）。

$$I_L = \frac{w_0 - w_P}{I_P} \tag{7-8}$$

式中　I_L——液性指数；

　　　w_0——土的实际含水率（%）。

6）注意事项

（1）试验时 3 个测点的土样均为同一土样，在同一调土皿中制备，不应分别取 3 份土样进行测定。

（2）《土工试验方法标准》GB/T 50123 标准中的圆锥为 76g。如采用 100g 圆锥，其结果不应按以上方法取值。

7. 相关标准

《岩土工程仪器基本参数及通用技术条件》GB/T 15406—2007。

《土工试验仪器　液限仪　第 2 部分：圆锥式液限仪》GB/T 21997.2—2008。

《土工试验仪器　击实仪》GB/T 22541—2008。

7.2　现场试验

1. 概述

　　现场土工试验是在工程现场原位土体处直接进行的试验，其目的是确定有关现场土体的强度、变形特性或一些计算需要的参数，如承载力、变形模量、密度、压实系数等。现场试验的优点是无需试样的取样制备工作，代表性强，试验周期短，与室内试验项目各有所长，是建筑工程土工试验的重要组成部分。

2. 检测项目

　　现场土工试验的主要检测项目包括：密度、压实系数。

3. 依据标准

　　《土工试验方法标准》GB/T 50123—1999。

4. 密度（环刀法）

　　1）方法原理

　　将固定体积的金属环刀打入被测土样内，使土样充满环刀，修平环刀的上下面后称量土样的质量，并根据环刀的体积测定土样密度。本方法适用于细粒土。

　　2）仪器设备

　　（1）环刀

　　环刀由金属材质制成，呈环形，一端带有刃口，如图7-11 所示。各类工程中所用的环刀规格较多，本方法采用

图 7-11　环刀外形

的环刀高 20mm，内径 61.8mm（环刀体积 60cm³）或 79.8mm（环刀体积 100cm³），刃口角度 10°。

（2）天平

量程不宜大于 500g，最小分度值不应大于 0.1g；量程不宜大于 200g，最小分度值不应小于 0.01g。

3）试验步骤

（1）清除土层表面的浮土和杂物，在环刀内壁薄涂一层凡士林，刃口向下放在土层上。

（2）将带孔盖板放置在环刀的上端面，用手锤平稳连续锤击盖板，使环刀垂直穿入土层，直至土样高出环刀（通过盖板孔观察）。对于采用取土器或其他方法取出的芯状土样，将环刀的刃口向下放在芯状土样上，将环刀垂直下压，用切土刀沿环刀外侧切削土样，边下压环刀边切削土样，直至土样高出环刀上端面。

（3）完整地取出包含土样的环刀，根据试样的软硬情况采用钢丝锯或切土力修平环刀的两个端面。

（4）擦净环刀外壁，称量环刀和土的总质量；或用修土刀将环刀中的土样全部取出称重。

（5）取具有代表性土样按第 7.1 节"4. 含水率"要求测定试样的含水率。

4）结果计算

按式（7-9）和式（7-10）计算试样的湿密度和干密度，修约至 0.01g/cm³。

$$\rho_0 = \frac{m_0}{V} \tag{7-9}$$

式中　m_0——湿土质量（g）；

　　　V——环刀体积（cm³）；

　　　ρ_0——湿密度（g/cm³）。

$$\rho_d = \frac{\rho_0}{1 + 0.01\omega_0} \tag{7-10}$$

式中　ρ_d——干密度（g/cm³）；

　　　ω_0——试样含水率（%）。

本试验应进行 2 次平行测定，取 2 次测值的平均值。2 次测定的差值不得大于 0.03g/cm³，否则结果无效。

5. 密度（灌砂法）

1）方法原理

将试坑中取出的土样称重，在试坑中灌入已知密度的标准砂，根据标准砂的用量测得被测土样的体积，从而测定土样密度。本试验方法适用于粗粒土。

2）仪器设备

（1）密度测定器

密度测定器也称为灌砂筒，由容砂瓶、灌砂漏斗、底盘和支架等组成，如图7-12和图7-13所示。灌砂漏斗高135mm、直径165mm，尾部有孔径为13mm的圆柱形阀门。容砂瓶容积为4L，容砂瓶和灌砂漏斗之间用螺纹接头连接。

图7-12　灌砂筒外形

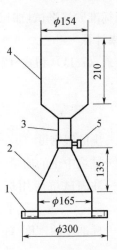

图7-13　灌砂筒结构示意

1—底盘；2—灌砂漏斗；3—螺纹接头；

4—容砂瓶；5—阀门

（2）天平

量程不宜大于10kg，最小分度值不应小于5g；量程不宜大于500g，最小分度值不应大于0.1g。

3）材料

标准砂宜选用粒径0.25～0.50mm、密度1.47～1.61g/cm³的洁净砂。

4）试验步骤

（1）根据试样最大粒径，按表7-2确定试坑尺寸。

表 7-2　试坑尺寸

试样最大粒径（mm）	试坑尺寸（mm）	
	直径	深度
5	150	200
40	200	250
60	250	300

（2）将选定试验处的表面整平，除去表面松散的土层。

（3）按确定的试坑直径划出坑口轮廓线，在轮廓线内下挖至要求深度，边挖边将坑内的试样装入盛土容器内。

（4）称量盛土容器内试样的质量，精确至 10g。

（5）选取有代表性的试样装入塑料袋中密封保存，用于测定其含水率。

（6）向容砂瓶内注满标准砂，关闭阀门，称量容砂瓶、漏斗和砂的总质量，精确至 10g。

（7）将密度测定器倒置（容砂瓶向上）于挖好的坑口上，打开阀门，使砂注入试坑。

（8）当标准砂注满试坑时关闭阀门，称量容砂瓶、漏斗和余砂的总质量，精确至 10g。

5）结果计算

分别按式（7-11）和式（7-12）计算试样的湿密度和干密度，结果修约至 0.01g/cm³。

$$\rho_0 = \frac{m_p}{\dfrac{m_s}{\rho_s}} \tag{7-11}$$

式中　ρ_0——土的湿密度（g/cm³）；

m_p——试坑中土的质量（g）；

m_s——注满试坑所用标准砂的质量（g），为前后 2 次容砂瓶、漏斗和砂总质量之差；

ρ_s——标准砂的密度（g/cm³）。

$$\rho_d = \frac{\dfrac{m_p}{1+0.01\omega_1}}{\dfrac{m_s}{\rho_s}} \tag{7-12}$$

式中　ρ_d——土的干密度（g/cm³）；

ω_1——土的含水率（%）。

6）标准砂密度测定

（1）组装容砂瓶与灌砂漏斗，螺纹连接处应旋紧，称其质量。

（2）将密度测定器竖立（灌砂漏斗口向上），关闭阀门，向灌砂漏斗中注满标准砂。

（3）打开阀门使灌砂漏斗内的标准砂漏入容砂瓶内，同时继续向漏斗内注砂使其漏入瓶内；当砂停止流动（砂注满容砂瓶）时迅速关闭阀门。

（4）倒掉漏斗内多余的砂，称量容砂瓶、灌砂漏斗和标准砂的总质量，精确至 5g。

（5）倒出容砂瓶内的标准砂，通过漏斗向容砂瓶内注水至水面高出阀门，关闭阀门。

（6）倒掉漏斗中多余的水，称量容砂瓶、漏斗和水的总质量，精确到 5g；同时测定并记录水的温度，精确到 0.5℃。重复测定 3 次，取 3 次测值的平均值，3 次测值之间的差值不得大于 3mL，否则结果无效。

（7）按式（7-13）和式（7-14）计算容砂瓶的容积和标准砂的密度。

$$V_r = (m_{r2} - m_{r1}) / \rho_{wr} \tag{7-13}$$

式中　V_r——容砂瓶容积（mL）；

m_{r2}——容砂瓶、漏斗和水的总质量（g）；

m_{r1}——容砂瓶和漏斗的质量（g）；

ρ_{wr}——不同水温时水的密度（g/cm³），见表 7-3。

表 7-3　水的密度

温度（℃）	水的密度（g/cm³）	温度（℃）	水的密度（g/cm³）	温度（℃）	水的密度（g/cm³）
4.0	1.0000	15.0	0.9991	26.0	0.9968
5.0	1.0000	16.0	0.9989	27.0	0.9965
6.0	0.9999	17.0	0.9988	28.0	0.9962
7.0	0.9999	18.0	0.9986	29.0	0.9959
8.0	0.9999	19.0	0.9984	30.0	0.9957
9.0	0.9998	20.0	0.9982	31.0	0.9953
10.0	0.9997	21.0	0.9980	32.0	0.9950
11.0	0.9996	22.0	0.9978	33.0	0.9947
12.0	0.9995	23.0	0.9975	34.0	0.9944
13.0	0.9994	24.0	0.9973	35.0	0.9940
14.0	0.9992	25.0	0.9970	36.0	0.9937

$$\rho_s = \frac{m_{rs} - m_{rl}}{V_r} \tag{7-14}$$

式中　ρ_s——标准砂的密度（g/cm³）；

m_{rs}——容砂瓶、漏斗和标准砂的总质量（g）。

7）注意事项

（1）在注砂过程中（含测定标准砂密度）应避免振动。

（2）在试坑挖凿过程中，应随时将松动的土样收集入盛土容器中，防止土样散失。

6. 压实系数

1）方法原理

通过环刀法或灌砂法测定现场土样的干密度，此干密度与该土样的最大干密度（通过击实试验测得）之比即为压实系数。

2）结果计算

按式（7-15）计算土的压实系数，结果修约至 0.01。

$$\lambda = \frac{\rho_d}{\rho_{dmax}} \tag{7-15}$$

式中　λ——压实系数；

ρ_d——土的实测干密度（g/cm³）；

ρ_{dmax}——土的最大干密度（g/cm³）。

7. 相关标准

《岩土工程仪器基本参数及通用技术条件》GB/T 15406—2007。